2014—2015

农　学

学科发展报告（基础农学）

REPORT ON ADVANCES IN BASIC AGRONOMY

中国科学技术协会　主编

中国农学会　编著

中国科学技术出版社
·北　京·

图书在版编目（CIP）数据

2014—2015农学学科发展报告（基础农学）/ 中国科学技术协会主编；中国农学会编著 . —北京：中国科学技术出版社，2016.3

（中国科协学科发展研究系列报告）

ISBN 978-7-5046-7076-2

Ⅰ.①2… Ⅱ.①中… ②中… Ⅲ.①农学 — 学科发展—研究报告—中国— 2014—2015 Ⅳ.①S-12

中国版本图书馆CIP数据核字（2016）第025867号

策划编辑	吕建华 许　慧
责任编辑	韩　颖
装帧设计	中文天地
责任校对	刘洪岩
责任印制	张建农

出　　版	中国科学技术出版社
发　　行	科学普及出版社发行部
地　　址	北京市海淀区中关村南大街16号
邮　　编	100081
发行电话	010-62103130
传　　真	010-62179148
网　　址	http://www.cspbooks.com.cn

开　　本	787mm×1092mm　1/16
字　　数	260千字
印　　张	12.5
版　　次	2016年4月第1版
印　　次	2016年4月第1次印刷
印　　刷	北京盛通印刷股份有限公司
书　　号	ISBN 978-7-5046-7076-2 / S・596
定　　价	50.00元

2014—2015
农学学科发展报告（基础农学）

首席科学家　　刘　旭

组　　　长　　许世卫　邹瑞苍

副 组 长　（按专题排序）

刘世洪　孟宪学　许世卫　连正兴　肖国樱

张　杰

组　　　员　（按姓氏笔画排序）

王志贤　王泽宇　王德川　孔繁涛　邓力华

邓向阳　朱　亮　刘次桃　许世卫　李　争

李　岩　李文婷　李锦江　束长龙　连　玲

吴宏平　位　韶　张　浩　陈　涛　周向阳

周雪松　郑火国　赵瑞雪　姜丽华　原一桐

翁绿水　郭雷风　寇远涛　蒋　健　韩允垒

韩红兵　雷　洁　鲜国建

学 术 秘 书　　周雪松　李　争　韩允垒

党的十八届五中全会提出要发挥科技创新在全面创新中的引领作用，推动战略前沿领域创新突破，为经济社会发展提供持久动力。国家"十三五"规划也对科技创新进行了战略部署。

要在科技创新中赢得先机，明确科技发展的重点领域和方向，培育具有竞争新优势的战略支点和突破口十分重要。从2006年开始，中国科协所属全国学会发挥自身优势，聚集全国高质量学术资源和优秀人才队伍，持续开展学科发展研究，通过对相关学科在发展态势、学术影响、代表性成果、国际合作、人才队伍建设等方面的最新进展的梳理和分析以及与国外相关学科的比较，总结学科研究热点与重要进展，提出各学科领域的发展趋势和发展策略，引导学科结构优化调整，推动完善学科布局，促进学科交叉融合和均衡发展。至2013年，共有104个全国学会开展了186项学科发展研究，编辑出版系列学科发展报告186卷，先后有1.8万名专家学者参与了学科发展研讨，有7000余位专家执笔撰写学科发展报告。学科发展研究逐步得到国内外科学界的广泛关注，得到国家有关决策部门的高度重视，为国家超前规划科技创新战略布局、抢占科技发展制高点提供了重要参考。

2014年，中国科协组织33个全国学会，分别就其相关学科或领域的发展状况进行系统研究，编写了33卷学科发展报告（2014—2015）以及1卷学科发展报告综合卷。从本次出版的学科发展报告可以看出，近几年来，我国在基础研究、应用研究和交叉学科研究方面取得了突出性的科研成果，国家科研投入不断增加，科研队伍不断优化和成长，学科结构正在逐步改善，学科的国际合作与交流加强，科技实力和水平不断提升。同时本次学科发展报告也揭示出我国学科发展存在一些问题，包括基础研究薄弱，缺乏重大原创性科研成果；公众理解科学程度不够，给科学决策和学科建设带来负面影响；科研成果转化存在体制机制障碍，创新资源配置碎片化和效率不高；学科制度的设计不能很好地满足学科多样性发展的需求；等等。急切需要从人才、经费、制度、平台、机制等多方面采取措施加以改善，以推动学科建设和科学研究的持续发展。

中国科协所属全国学会是我国科技团体的中坚力量，学科类别齐全，学术资源丰富，汇聚了跨学科、跨行业、跨地域的高层次科技人才。近年来，中国科协通过组织全国学会开展学科发展研究，逐步形成了相对稳定的研究、编撰和服务管理团队，具有开展学科发展研究的组织和人才优势。2014—2015 学科发展研究报告凝聚着 1200 多位专家学者的心血。在这里我衷心感谢各有关学会的大力支持，衷心感谢各学科专家的积极参与，衷心感谢付出辛勤劳动的全体人员！同时希望中国科协及其所属全国学会紧紧围绕科技创新要求和国家经济社会发展需要，坚持不懈地开展学科研究，继续提高学科发展报告的质量，建立起我国学科发展研究的支撑体系，出成果、出思想、出人才，为我国科技创新夯实基础。

2016 年 3 月

>>>> 前言

　　基础农学是基础研究在农业科学领域中的应用和体现，在农业科学中具有基础性、前瞻性和主导性作用。基础农学及相关学科的新概念、新理论、新方法是推动农业科技进步和创新的动力，是衡量农业科研水平的重要标志。随着现代科学技术的迅猛发展，特别是数、理、化、天、地、生等基础科学对农业科学的渗透日趋明显，不断产生新的边缘学科、交叉学科和综合学科，基础农学与农业科技与生产的结合越来越密切，逐步走向一体化、集成化和综合化。持续开展基础农学学科发展研究，总结、发布基础农学领域最新研究进展，是一项推动农业科技进步的基础性工作，能够为国家农业科技和农村经济社会发展提供重要依据，对农业科研工作者和管理工作者跟踪基础农学学科发展动态、指导农业科学研究具有非常重要的意义。

　　2014 年，中国农学会申请并承担了"2014—2015 年基础农学学科发展研究"课题，这是继 2006 年起第五次承担基础农学学科发展研究工作。根据基础农学学科及其分支学科领域进展，按照引领未来发展需要，此次课题以农业生物技术和农业信息技术为重点开展研究。在专题设置方面，农业生物技术分别设置了动物生物技术、植物生物技术和微生物生物技术三个专题；农业信息技术也分别设置了农业信息技术、农业信息分析和农业信息管理三个专题。

　　按照中国科协统一部署和要求，中国农学会成立了以刘旭院士为首席科学家，信乃诠研究员为顾问，许世卫、邹瑞苍为组长，45 位专家组成的课题组，针对基础农学两个重点领域六个分支学科开展专题研究。在此基础上，课题组同步组织有关专家深入开展了基础农学综合研究。在研究过程中，课题组得到了中国科协学会学术部以及中国农业科学院、中国农业大学等单位的大力支持，专家们倾注了大量心血，高质量地完成了专题报告和综合报告。在此，一并致以衷心感谢。

　　限于时间和水平，本报告对某些问题研究和探索还有待进一步深化，敬请读者不吝赐教。

中国农学会

2015 年 12 月

>>>> 目录

ABSTRACTS IN ENGLISH

综合报告

基础农学学科发展研究

基础农学是农业科技进步和创新的原动力，是保障粮食安全、农产品有效供给和农业可持续发展的科学基础。2012年中央一号文件指出要"把农业科技摆在更加突出位置"，进一步明确了农业科技发展的战略定位，指出"农业科技的创新重点包括稳定支持基础性、前沿性、公益性科技研究"，包括"大力加强农业基础研究，突破一批重大理论和方法""加快推进前沿技术研究，抢占现代农业科技制高点"，为基础农学研究驱动创新发展指明了方向。

一、基本情况

在中国科协的长期支持下，由中国农学会主持，2006—2015年组织农业科研机构、高等院校专家学者，开展了基础农学学科发展研究。从各年度选择基础农学一、二级学科分支领域，深入开展基础农学学科现状、进展、特点、发展趋势和展望的研究。

2006—2007年基础农学学科发展研究，首席科学家卢良恕，主持人信乃诠、许世卫、孙好勤，选择农业植物学、植物营养学、昆虫病理学、农业微生物学、农业分子生物学与生物技术、农业数学、农业生物物理学、农业气象学、农业生态学、农业信息科学10个分支领域开展专题研究。

2008—2009年基础农学学科发展研究，首席科学家戴景瑞、信乃诠，主持人陈阜、邹瑞苍、刘旭，选择作物种质资源学、作物遗传学、作物生物信息学、作物生理学、作物生态学、农业资源学、农业环境学7个分支领域开展专题研究。

2010—2011年基础农学学科发展研究，首席科学家刘旭、信乃诠，主持人许世卫、邹瑞苍、王全辉，选择农业生物技术、植物营养学、灌溉排水技术、耕作学与农作制度、农业环境学、农业信息学、农产品贮藏与加工技术、农产品质量安全技术、农业资源与区划学 9 个分支领域开展专题研究。

2012—2013 年基础农学学科发展研究，首席科学家刘旭、吴孔明、喻树迅、信乃诠，主持人许世卫、邹瑞苍，根据基础农学学科及其分支领域的进展实际以及未来发展的引领作用，选择作物遗传育种、植物营养学、作物栽培、耕作学与农作制度、农业土壤学、农产品贮藏与加工技术、植物病虫害、农产品质量安全技术、农业资源与区划学、农业信息学、农业环境学、灌溉排水技术 12 个分支领域进行专题研究，覆盖面最广，强化了研究广度的拓展和研究深度的挖掘。

2014—2015 年基础农学学科发展研究，首席科学家刘旭，主持人许世卫、邹瑞苍，选择动物生物技术、植物生物技术、微生物生物技术、农业信息技术、农业信息分析、农业信息管理 6 个分支领域进行专题研究。

中国科协持续立项，深入开展基础农学学科发展研究，表明了该学科在中国农业科技中的基础性、前瞻性、战略性重要作用，同时，也表明了基础农学学科的内涵丰富、领域宽广与博大精深，需要我们不断地去研究、开拓、创新。

二、重要研究进展

2014—2015 年，涵盖基础农学学科一二级 16 个分支领域的研究均取得了重要进展，其中动物生物技术、植物生物技术、微生物生物技术、农业信息技术、农业信息分析、农业信息管理是较为活跃、进展快、创新力度大的研究领域。

（一）动物生物技术

动物生物技术学科是以动物为主要研究对象，以优秀动物个体的高效利用为目标，以分子生物学和细胞生物学为基础，着眼于全基因组、转录组、蛋白质组和细胞组学，采用基因工程、细胞工程、酶工程、蛋白质工程、发酵工程等手段，对动物特定性状和产品品质进行改造或提高的相关生物技术，以此获得新型生物制品，培育高产、优质畜禽品种。

动物生物技术主要的研究方向有以下四类：① 研究现有优良地方品种资源重要性状的遗传基础，解析造成性状变异的原因突变；② 研究重大疾病发生的分子机制，研发高效、快速检测技术和诊断试剂，为畜禽乃至人类重大疾病的预防和治疗以及重要性状（或遗传缺陷）的改造或修复提供重要理论依据；③ 探索畜禽的遗传改造技术，创制人类疾病治疗和健康保护所需的食品添加剂、药物、异种移植所需器官等，有效拓展畜牧产品的人类医学应用；④ 研发高精准、超早期、高通量的数字化品种选育技术，提升畜禽品种资源保护理论与技术水平，结合胚胎移植或体细胞核移植技术实现优良种质的快速、高效扩繁以及濒危物种的资源保护，推进优良品种资源利用效率。本报告拟对动物基因工程、细胞生物工程、动物分子评估技术、动物分子育种技术四个热门方向阐述其研究进展和重大成果。

1. 研究进展

（1）动物基因工程

目前动物基因工程主要围绕提高外源基因在受体细胞中定点整合率、表达水平、精准靶向修饰 DNA 等开展研究，尤其基因编辑技术日新月异，不断创新。外源基因整合进入宿主细胞基因组常采用随机整合，导致外源基因插入染色体的位置、拷贝数、表达水平等情况都不可预知，染色体上外源基因插入区域的状态会影响其表达。基因打靶是通过外源基因与受体细胞基因组中序列相同或相近的基因发生同源重组，将外源基因整合到某一特定位点上，从而实现外源基因的定点整合、修饰和改造受体细胞遗传特性的技术，能够实现外源基因稳定表达。2006 年，Yu 等人将体细胞核移植和基因敲除技术相结合制备了存活的朊蛋白基因敲除山羊，为利用基因打靶技术制备抗疯牛病和羊瘙痒症动物新品种提供了新思路。

近年来，ZFN、TALEN、CRISPA/Cas9 技术通过对靶序列引入双链断裂，极大地提高了特异位点序列的突变频率以及外源模板存在时的同源重组效率。2012 年，TALEN 被 *Science* 评为十大科学突破之一。2013 年，美国两个实验室在 *Science* 杂志发表了基于 CRISPR/Cas9 技术在细胞系中进行基因敲除的新方法。CRISPR/Cas9 是目前最热门的基因组编辑工具，2014 年以来，国内外多个研究小组聚焦这一领域，在 *Science*、*Nature* 和 *Cell* 等杂志上发表多项重要成果，生物技术公司也迅速推出了相关产品。

（2）细胞生物工程

我国干细胞基础研究几乎与发达国家同步，干细胞产业方兴未艾。国家在一系列重大科技专项中，对以临床应用为目标的干细胞技术及产品研发给予了连续的巨额资金支持。目前我国生产的药品 97% 为仿制药，其余基本都是剂型转换、分子结构修饰的所谓"新药"。客观地说，我国在药物开发领域仅有"仿制"的经验，尚未建立完善的"创制"体系。干细胞药品的未知性、高风险是对我国创新体系的全新挑战。干细胞作为战略性新兴产业的典型代表，其自身发展特点决定着所带来的新技术、新产品、新业务在一定时期内超越现有标准和规范，"中国创造"必然会对"中国制造"时代形成的部门管辖条块构成冲击，期待政府尽快作出响应。

2001 年，中国农业大学在唐山芦台经济技术开发区成立了中国第一个体细胞克隆牛胚胎移植中心。次年 4 月，中国第一头地方优质奶牛在芦台经济技术开发区诞生，并于 2004 年利用胚胎移植技术成功培育出具有世界最新药物蛋白基因的 2 头克隆奶牛。中国科学院昆明动物研究所、云南中科院胚胎工程中心和西藏自治区共同合作于 2006 年 6 月利用胚胎移植技术成功获得了 4 头小牦牛崽，同时技术人员成功导入了野生牦牛的遗传基因。新疆维吾尔自治区分别实现了牛、羊和驴的胚胎移植试验，走在全国胚胎移植方向的前列。2004 年 6 月，新疆天山马鹿种源保护与繁育基地利用胚胎移植繁育马鹿，成功产下 7 头活体。2007 年 7 月，新疆农牧科学院畜牧研究所成功获得了全国首例驴胚胎移植成果，成功产下 1 头胚胎移植的策勒驴。

（3）动物分子评估技术

目前，动物分子评估技术普遍采用 SNP 芯片、基因组重测序、简化基因组测序等技术获得基因组范围内的单核苷酸变异（SNVs）和其他基因组结构变异（SVs），用来分析群体遗传结构、鉴定系统分类、挖掘基因功能等。2005 年，*Science* 杂志首次报道利用全基因组关联分析（GWAS）鉴定年龄相关视网膜黄斑变性的结果，随后一大批有关复杂疾病的 GWAS 报道不断出现。随着不同基因组测序的相继完成以及高通量测序技术平台的搭建，GWAS 也开始在畜禽疾病性状和数量性状基因鉴定方面发挥重要作用。国家"863"计划课题"基于高密度 SNP 芯片的牛、猪基因组选择技术研究"以杜洛克种猪和荷斯坦奶牛为研究对象，采用全基因组 SNP 芯片对猪、牛基因组进行分子育种值估计，可以更准确地对种用家畜进行早期选种，开始了我国家畜全基因组分子评估的研究及应用。

（4）动物分子育种技术

全基因组选择。基因组选择是基于对畜禽 GEBV 的选择，因此 GEBV 评估的可靠性是实施基因组选择的关键。影响可靠性的因素主要包括使用标记的数量或密度、标记与功能基因之间的连锁不平衡关系、参考群体的规模及信息的可靠程度、性状本身的遗传特性等。目前的发展动态集中在以下 4 个方面，一是基因组选择模型的发展。目前基因组育种估计方法的研究主要有最佳线性无偏估计（Bestlinear unbiased prediction，BLUP）和贝叶斯（Bayes）两大类方法，另外还有针对不同选择方案对模型的改进和拓展，包括多性状基因组育种值估计时，将剩余多基因效应加入育种值估计模型；基于亲缘关系的基因组选育即一步法（Single-step method）估计基因组育种值等。二是参考群体的扩大和联合。参考群体大小是影响基因组育种值估计准确性的重要原因之一。在育种实践中，为扩大参考群体数量，提高 GEBV 准确性，奶牛育种组织之间已开展国际合作。目前在国际奶牛组织 InterBull 的倡导下，正在试图整合世界主要国家数据组建全球化的参考群，以期进一步提高 GEBV 准确率。三是基因组选择应用于杂交群体。研究结果表明，基因组选择可有效利用杂交群体表型，改进杂交群体的性状表现。在模型中考虑非加性效应，研究了纯系群体基因组选择对杂交后代群体的性状改进，结果表明考虑非加性效应的模型优于加性效应模型。四是高密度 SNP 芯片的开发和使用。遗传标记信息的增加可以提高 GEBV 准确率。当前在畜禽基因组选择研究中普遍采用 50～60K 的 SNP 标记，牛已从 54K 提高到 777K，鸡已从 60K 提高到 600K，高密度的商业化 SNP 芯片已经广泛应用。然而，并非标记密度越高，估计能力越强，只有在标记与 QTL 连锁程度较低时，增加标记密度才能提高基因组育种值估计能力。

转基因育种。我国的基因组编辑技术，尤其是动物机体的基因组编辑技术日益发展。利用这些新型的技术，近年来国内已经在猪、牛、羊等多种家畜中实现了基因组的定点修饰，并且肉品质、生长速度、抗病能力等关键生产性状的基因改良也取得了一定的突破。

我国科研人员于 2014 年利用锌指核酸酶技术对牛成纤维细胞 Myostatin 基因进行了定点敲除，从而为肉用牛的品质改良和育种工作提供了基础资料。2012 年成功获得靶向识别并切割绵羊 MSTN 基因的锌指核酸酶重组腺病毒。2013 年筛选出敲除 BLG 基因奶山羊的锌指核酸酶组合。2014 年利用 TALEN 技术获得了敲除 albumin 基因的阳性猪，为获得新的人血清白蛋白动物生物反应器奠定了基础。在此之后，又相继获得了含 HbgAg 乙型肝炎表面抗原基因的转基因兔、含 EPO 基因和人乙型肝炎表面抗原基因 2 种乳腺特异性表达的转基因山羊、含"生物钢"蛋白基因的转基因老鼠等各种转基因动物模型。

早在转基因技术发展的初始阶段，我国科学家就已经参与其中，培育的转人生长激素基因鱼属世界首例。目前，我国转基因育种的研究主要集中在提高动物生长率、提高动物产毛性能和品质、提高抗病性、改善肉质和奶质等几个方面，科研人员已经成功培育出转基因猪、牛、羊、鸡等重要家禽家畜新品种和家蚕、兔、水貂等经济动物。

2. 重大成果

（1）高通量测序技术的应用

一是我国利用二代 Illumina HiSeq2000 测序平台，对金丝猴进行全基因组重测序。通过比较基因组学，结合功能实验和宏基因组分析，揭示了灵长类植食性适应的分子机制，并阐明了金丝猴属的起源和演化历史。研究结果于 2014 年 11 月 2 日以封面文章在 *Nature Genetics* 上发表。

二是中国联合其他国际研究组，通过绵羊与其他哺乳动物的遗传基础进行比较，解释了绵羊特殊消化系统及绵羊独特脂肪代谢过程，定位了维持其厚实、毛茸茸的皮毛性状基因。相关文章发表于 2014 年 6 月 6 日的 *Science* 杂志上。

三是中国科学家通过比较北极熊和棕熊的基因组，揭示出北极熊是比以前认为的更为年轻的一个物种，分析结果还揭示了与北极熊能够极端适应北极地区生活相关的几个基因。相关研究结果被选作封面故事发表在 2014 年 5 月 8 日的 *Cell* 杂志上。

四是中国联合美国研究人员共同完成构建了覆盖中国 24 个省、市、自治区现有 68 个猪种的中国地方猪种基因组 DNA 库，发现了中国北方猪单倍型很可能来自另一个已经灭绝的猪属（Suide）。这是首次在哺乳动物中发现古老属间杂交导致适应性进化的遗传学证据。该研究于 2015 年 1 月 26 日发表在 *Nature Genetics* 杂志上。

五是中国科学家对藏獒、藏狗及低海拔犬种进行全基因组测序，并结合中国土狗和灰狼的群体 SNP 数据，挖掘到藏獒基因组中高度分化的区域，发现了 EPAS1、HBB16 等低氧选择基因。这些研究结果发表在 *Molecular Biology and Evolution*（2014 年 2 月）和 *Genome Research*（2014 年 8 月）杂志上。

六是中国学者测定了蒙古马和普氏野马的全基因组，确认了蒙古马和普氏野马间的一次染色体罗伯逊易位事件，并且发现罗伯逊易位并没有导致染色体更多的局部重排。研究还发现了两种重复序列对基因组的不稳定性有强烈影响，该成果于 2014 年 5 月 14 日发表在 *Scientific Reports* 杂志上。

七是中国学者在古代动物遗传评估上取得重要进展，成功获取了世界上最古老的鸡骨遗骸线粒体 DNA 序列，证明了一万年前生活在中国北方地区的家鸡原始群体是现代家鸡的祖先群体之一，该研究于 2014 年 12 月 9 日以封面文章发表在 *PNAS* 杂志上。

（2）基因表达技术的发展

基因组编辑技术的快速发展。随着高通量测序技术的发展，后基因组时代的研究重点已转移至如何阐明基因功能，而新的基因组编辑技术的兴起，极大地推进了基因功能研究的进展。研究者采用基因打靶技术可获得许多疾病相关模型，这些模型在基因功能、疾病治疗及基因治疗等方面发挥着越来越重要的作用。2013 年 6 月，上海市调控生物学重点实验室、华东师范大学生命科学院生命医学研究所课题组在 *Nucleic Acids Research* 上发表了关于转录激活样效应因子核酸酶（TALEN）的技术论文，成为世界上最早利用该技术构建基因敲除小鼠的两个团队之一。

2014 年，中国农业大学获得世界上首例利用 CRISPR/Cas9 技术打靶基因的绵羊，建立了定点编辑 Myostatin 基因的绵羊模型，从而为 CRISPR/Cas9 应用于绵羊生产性状和抗病性状的研究提供了参考和依据。南京大学模式动物研究所于 2014 年 12 月成功利用 CRISPR/Cas9 系统在孪生食蟹猴中介导了精确的基因打靶修饰，该成果进一步证实了利用 CRISPR/Cas9 系统在猴子中实现基因编辑的可行性。2015 年 3 月，西北农林科技大学通过 TALEN 技术获得了抗结核的转基因牛。2015 年 4 月，吉林大学利用最新的 CRISPR/Cas9 技术成功培育出两种基因敲除克隆小型猪，即酪氨酸酶基因敲除猪和 PARK2 与 PINK1 双基因敲除猪，建立了人类白化病和帕金森综合征两种猪模型。

转基因动物的高效制备。目前，我国拥有很多优秀的研发团队，拥有很强的科研能力。与发达国家相比，在很多方面我们有自己的特色，某些方面甚至走在世界前列。2014 年，首次利用 CRISPR/Cas9 系统得到了 vWF 基因敲除猪，证明了 CRISPR/Cas9 技术在大动物中的可应用性。同年，世界上第一个利用 CRISPR/Cas9 基因组编辑技术培育出的转基因羊诞生。在高品质转基因奶牛制备方面，中国已建立了具有自主知识产权和国际先进水平的转基因奶牛生产和扩繁技术平台，并已获得原代转基因奶牛 60 多头、第二代转基因公牛 24 头、第三代转基因奶牛 200 多头。经国家农业部批准，这些高品质转基因奶牛已进入转基因生物安全评价生产性试验。而经中国疾病预防控制中心食品研究所等机构检测，转基因奶牛具有正常的生长、繁殖及生产性能。

（3）生物传感器的研发和应用

自 1962 年科学家们首次在水母体内发现绿色荧光蛋白（GFP）以来，这种神奇的蛋白质技术获得了飞速发展，成为生物学功能研究的重要工具之一。除了水母中的绿色荧光蛋白，研究人员还从其他动物体内分离获得了多种 GFP 样的荧光蛋白。在过去的十年里，各种不同光谱的荧光蛋白不断被发现，受到启发的研究人员一直期待着开发出一种工具能够对生物功能进行直接的显像研究。除了最常见的利用荧光蛋白成像观测基因表达和蛋白质动态，现在科学家们又利用荧光蛋白生成了生物传感器，用于检测离子和小分子浓度、酶活性、蛋白质翻译后修饰及蛋白构象改变。此外，一些荧光蛋白所具有的独特特性使得这些荧光蛋白在适当的刺激下可经历结构的改变，打开荧光这个开光或者荧光发射波长改变，从而能够脉冲标记细胞或分子亚群，实现复杂的动力学时空分析。

（二）植物生物技术

植物生物技术学科是一门在植物学、遗传学、细胞生物学、分子生物学等学科基础上发展起来的新兴技术学科，主要目标是应用现代生物技术改良植物遗传性状、培育植物新品种和生产生物新产品。近年来，为了应对全球产业结构调整和贸易全球化对我国农业现代化的影响，国家加大了对植物生物技术的投入，实施了国家转基因生物新品种培育重大科技专项，在国家重点基础发展计划和国家高技术研究发展计划中部署了植物生物技术研究内容，使植物生物技术学科在基础理论、技术手段、安全管理、产业发展等方面均取得了显著成就。

1. 研究进展

（1）植物细胞工程

脱毒及快速繁殖。植物脱毒及快繁的技术和方法已经基本定型，与过去相比没有重大技术升级和突破，产业化应用的规模也比较稳定。目前国内主要是跟随、消化、局部创新国外新技术并引进新物种扩大植物脱毒快繁种类等，而国外在研究成功无土栽培、气雾栽培、光自养微繁技术（无糖组培技术）、快繁生物反应器、人工种子、广谱抑菌剂、LED 新光源等新技术的同时，逐渐进入自动化、规模化生产水平，如日本麒麟公司已能在1000 升容器中大量培养无病毒微型马铃薯块茎作为种薯，实现种薯生产的自动化。

育种研究。远缘杂交胚挽救技术结合分子标记辅助育种技术、染色体片段代换 / 渗入等技术，可实现远缘物种有利基因利用，在育种实践中仍然发挥着重要作用。重要经济植物的体细胞杂交目前较多选用近缘种内或种间以及较近缘属组合，主要是供体 – 受体式不对称融合。体细胞无性系变异通常用于单一或少数性状的变异，适合综合性状良好，但个别性状需要改良的品种。

药物及其他生物制剂的工业化生产。利用细胞悬浮培养、固定化细胞培养、毛状根培养和生物反应器等大批量培养组织、细胞，可以实现药用植物等来源生物产品（次生代谢产物、药物等）的规模化生产，如天然药物（人参皂苷、地高辛、紫杉醇、长春碱、紫草宁等）、食品添加剂（花青素、胡萝卜素、甜菊苷等）、生物农药（鱼藤碱、印楝素、除虫菊酯等）和酶制剂（SOD 酶、木瓜蛋白酶）等。植物细胞大规模培养属于细胞工程中起步较晚的技术，由于关键技术缺乏突破，只有少数有突出需求和价值的产品（人参皂苷、紫草宁、紫杉醇等）在韩国、日本、德国等国实现了商业化应用，我国在此方面技术相对薄弱。

（2）植物染色体工程

倍性育种。葫芦科蔬菜单倍体育种主要集中于西瓜、甜瓜和黄瓜，苦瓜等单倍体育种处于起步阶段。西瓜多倍体的利用以四倍体和三倍体为主；无籽西瓜面积占湖南西瓜面积的约 60%；我国每年都有几十个无籽西瓜品种通过省级或国家审定。香蕉、葡萄、毛白杨等植物的三倍体品种均已大面积推广种植。水稻、小麦等作物的花药培养是快速获得纯合体的有效途径，仍然在育种中发挥着重要作用。利用玉米单倍体育种技术只需 2 ~ 3 年即可育成稳定的纯系，国外大约 60% 的马齿型自交系、30% 的硬粒型自交系是利用单倍体技术选育出来的；我国起步较晚，利用该技术选育出了一些玉米自交系 / 杂交种，如川单 15、正红 211、农大高诱 1 号等。

染色体代换系和渗入系。植物的染色体片段代换系和片段渗入系主要应用于基因定位、基因功能和育种利用研究方面。如利用水稻染色体代换系进行耐冷 QTL 定位、抽穗期 QTL 定位、柱头长度控制基因定位等，普通小麦－长穗偃麦草异代换系抗白粉病种质培育，小麦－华山新麦草异代换系的鉴定，利用玉米片段代换系进行花期、株型相关的QTL 定位，利用大豆片段代换系进行抗黑荚果病基因定位。

（3）植物基因工程

植物表达载体。传统的载体系统涉及一个或几个基因，现阶段常用的植物表达载体有pBI121、CAMBIA 系列载体、利用 Gate-way 技术的系列载体、位点特异性重组（如 Cre/lox、FLP/FRT、R/RS 等）载体以及整合几个技术或几类质粒优点的载体，它们能基本满足当前基因工程研究的需求。高效、大容量的多基因表达载体，对于快速转化多个基因具有重要应用价值；我国科研人员构建了可转化的植物人工染色体载体，可转化 80 ~ 100 kb的大片段，将在多基因转化、代谢途径重构等方面发挥重要作用；利用端粒介导的染色体截断技术成功构建了玉米微小染色体，但它应用于植物基因转移还存在较多技术障碍。

植物基因规模化转化技术平台。虽然植物遗传转化的方法很多，如基因枪介导法、农杆菌介导法和花粉管通道法等，但农杆菌介导法已经成为植物基因转化的主流方法。国内科学家通过改变愈伤组织与农杆菌的共培养方式等条件，可使测试的 4 个水稻品种的转化效率最高达 90%，最终总结出适于多数水稻品种的高效农杆菌遗传转化体系；建立的水稻规模化转基因技术的转化效率常年稳定在 40% ~ 60%，转化周期从传统的 5 ~ 6 个月缩短到 2.5 ~ 3 个月。在主要农作物中，小麦属于遗传转化比较困难的作物，转化效率较低、重复性较差、变化幅度大，国外报道的农杆菌介导的转化率为 0.7% ~ 44.8%。中国科研人员经过近 5 年的研究，建立了小麦规模化转基因技术体系，转化效率为 2% ~ 4%。国外较早建立了玉米规模化转基因技术平台，如美国孟山都公司有 200 人左右进行玉米遗传转化，每年获得 30 万株左右的转基因植株；我国最近也建立了玉米规模化转基因技术体系，以玉米杂交种 HiII 幼胚为受体的农杆菌介导的玉米遗传转化率约 5%，以玉米自交系综 31 幼胚为受体的遗传转化效率为 2% ~ 3%。棉属植物组织培养较难，遗传转化率低，但美棉 Coker201 的转化率较高（10% ~ 100%）。我国建立了以中棉所 24 为受体的农杆菌介导转化体系，总体转化率达 5% 以上。尽管转基因大豆在全球转基因作物中占据主导地位，但大豆的转化效率不高，农杆菌介导的转化效率为 0.03% ~ 32.6%、基因枪的转化效率为0.8% ~ 20.1%；大北农生物技术中心目前已基本实现了批量转化，农杆菌介导的转化效率为 5% ～ 8%，能基本满足产业化需求。

植物基因工程产品和产业化。植物基因工程产品主要以植物品种以及植物品种的大规模种植形式体现。1996 年转基因作物开始规模化种植，当年面积为 170 万公顷，2014 年达到 1.815 亿公顷，19 年增长 106.7 倍，其中发展中国家面积占 53%、发达国家面积占 47%。2014 年全球共计 28 个国家种植了转基因作物，面积依次为美国 7310 万公顷（大豆、玉米、棉花、油菜、南瓜、番木瓜、紫苜蓿、甜菜、西红柿）、巴西 4220 万公顷（大豆、玉米、棉花）、阿根廷 2430 万公顷（大豆、玉米、棉花）、印度 1160 万公顷（棉花）、加拿大 1160 万公顷（油菜、玉米、大豆、甜菜）、中国 390 万公顷（棉花、西红柿、杨树、番木瓜、甜椒）。2014 年，38 个国家和地区累计批准 27 种转基因作物、357 个转基因事件、1458 个食用许可证书、958 个饲用许可证书、667 个种植许可证书，批准转基因事件数量依次为日本 201 个、美国 171 个、加拿大 155 个、墨西哥 144 个、韩国 121 个、澳大利亚 100 个、新西兰 88 个、中国台湾 79 个、菲律宾 75 个、欧盟 73 个、哥伦比亚 73 个、南非 57、中国 55 个。据 2013 年统计，转基因作物的采用率大豆为 79%、棉花为 70%、玉米为 32%、油菜为 24%。1996—2013 年的 18 年间，转基因作物在全球产生了大约 1333 亿美元的农业经济收益，其中 30% 是由减少生产成本所得的收益，70% 来自累计增加的 4.4 亿吨产量带来的收益。

（4）植物基因组定点编辑技术

ZFN 系统。2005 年 ZFN 技术开始在植物上应用。国内外用 ZFN 在烟草内源基因上精确插入报告基因；用 CoDA 方法构建 ZFN 敲除拟南芥内源基因；用 ZFN 介导的双链断裂 - 同源靶向修复对拟南芥原卟啉原氧化酶基因进行了编辑。

TALEN 系统。TALE 核酸酶的可用靶位点更广泛，应用和发展更迅速。2012 年，TALE 核酸酶被 Science 杂志评为当年的十大科技突破之一。国内外用 TALEN 技术敲除水稻的感病基因 Os11N3，提高水稻抗病性；用 TALEN 转化烟草原生质体，基因同源重组效率达 4%；用 Golden Gate 法构建 TALEN 高效敲除了一系列短柄草和水稻中的基因。

CRISPR/Cas9 系统。CRISPR/Cas9 系统建立之后，很快在烟草和拟南芥、水稻、高粱、地钱、甜橙、番茄、大豆等植物上取得成功。与基因打靶、ZFN 和 TALEN 等基因组定点编辑技术相比，CRISPR/Cas9 技术简单、高效、精准，具有很大的发展前途。

（5）植物分子标记技术

主要作物的遗传连锁图谱是基于第一代分子标记建立的，因而以 RFLP 为代表的第一代标记仍然具有参考价值，但基因定位、标记辅助选择实践中一般先将它转化为第二代标记（如 STS 标记）再进行利用。以 SSR 标记为代表的第二代分子标记正在基因组作图、基因定位、亲缘关系鉴定、系统分类、分子标记辅助选择育种等领域发挥重要作用。但随着高通量测序成本和检测仪器价格的下降以及更多植物全基因组被解析，以 SNP 为代表的第三代分子标记技术将发挥更大作用。例如，开发了小麦基于 Illumina 技术平台的 9k 高通量 SNP 分析芯片，用于小麦遗传连锁图谱的构建、DNA 指纹分析、群体结构和连锁不平衡分析以及亲缘关系、品种遗传多样、进化等方面的研究；利用 GWAS 技术对玉米重要农艺性状进行了解析，揭示了玉米籽粒油分的遗传基础，发现微效多基因的累加是人工选育高油玉米的成因；利用一种综合性的基因组分析方法在群体水平上探讨了具有代表性的杂交水稻及亲本的基因组，精细定位了杂种优势位点，发现了一批形成杂种优势的优异等位基因；选用分布于小麦 21 条染色体上的 81587 个 SNP 位点对河南省近年来审定的 96 个小麦品种进行了全基因组扫描，解释了小麦品种的遗传多样性与进化起源。

2. 重大成果

植物细胞工程。植物细胞工程理论、技术已经趋于成熟、完善，在脱毒快繁、细胞大批量培养等方面产业规模稳定，在原来相对落后的花卉产业近几年获得了一些阶段性成果，如"主要鲜切花种质创新与新品种培育"获 2012 年云南省科技进步奖一等奖，"高效诱导培养百合小鳞茎的方法"获 2014 年昆明市发明专利奖一等奖。

植物染色体工程。一是小麦染色体组的起源。2014 年国际小麦基因组测序联盟基于分离染色体臂测序发表了小麦的全基因组草图；Marcussen 等在小麦和多个小麦近缘种（其中 A、D 基因组由中国研究组于 2013 年完成）全基因组草图基础上，进行基因组水平多基因树分析，提出了 A、B 染色体组 700 万年前分支，100 万～200 万年后 A、B 染色体组同倍杂交形成 D 染色体组，不早于 82 万年杂交形成 AABB，43 万年杂交形成小麦（AABBDD）的小麦起源新学说。二是拟南芥染色体工程。通过对拟南芥着丝粒特异性组蛋白基因 CENH3 改造得到突变体 GEM（genome elimination induced by a mixof CENH3 variants）；由于来自突变体的染色体组在合子的有丝分裂中高频丢失，F_1 得到只含有非突变体亲本一套染色体的单倍体植株的频率为 25%～50%。2011 年 Marimuthu 等报道以 2008 年 Ravi 等报道的减数不分离而成的四倍体与 GEM 杂交，获得 33% 源于四倍体配子的种子，即四倍体单性生殖的后代（2n）。2012 年 Wijnker 等报道反向育种（reverse breeding），RNAi 沉默减数分裂同源重组基因完全抑制减数分裂配对重组，其 F_1 与 GME 杂交可获得单倍体，加倍可获得各种染色体组合的二倍体。由于拟南芥染色体分离、重组的分子机理与其他植物有很大的相似性，这些研究结果对其他作物单倍体诱导具有参考价值。三是植物的基因组测序。2012 年中国完成小米基因组草图，同年 8 国联合完成了雷蒙德氏棉全基因组测序，此后，中国相继完成了二倍体棉属植物木本棉的基因组测序（2014）、四倍体陆地棉基因组测序（2015）。2013 年中国完成西瓜全基因测序工作。同年欧洲构建了甜菜的参考基因组、和中外合作完成短药野生稻基因组测序。2014 年中国完成了枣基因组测序工作、发布了蝴蝶兰全基因组图谱，同年几个中外研究组相继公布了辣椒的全基因组序列图。2015 年中国完成了青稞全基因组草图。这些植物基因组图谱的发布，将对植物染色体工程、分子标记、基因工程和基因分子生物学研究具有重要促进作用。

植物基因工程。一是青蒿素的高效生产。青蒿素是治疗疟疾的特效药。通过代谢途径规划，实现了酵母生产青蒿素酸产率达到 25g/L，然后再通过化学修饰半合成青蒿素，但成本仍然较高。据报道，在青蒿中超表达 IPI 基因后青蒿素的量较对照提高 30%～70%，将青蒿 FPS 基因超表达后青蒿素量较对照提高了 34.4%，超表达腺毛体特异表达的细胞色素 P450 蛋白及其伴体蛋白的基因后青蒿素的量较对照提高 2.4 倍，过表达 HDR 和 ADS 基因后青蒿素的量较对照提高 2.48 倍，过表达 DBR2 基因后青蒿素的量最高可达对照的 9.06 倍。二是水稻生产白蛋白。利用转基因水稻种子生产的重组人血清白蛋白在生理生化性质、物理结构、生物学功能、免疫原性与血浆来源与人血清白蛋白一致，并建立了大规模生产重组人血清白蛋白的生产工艺，获得了高纯度和高产量重组人血清白蛋白产品，证明利用转基因水稻种子取代现有基于发酵的表达技术来生产重组蛋白质是经济有效的。该项目获得 2013 年国家发明奖二等奖。三是新批准转基因作物。2012 年至今全球新批准商业化生产的转化事件 35 个，其中玉米 20 个、大豆 8 个、棉花 4 个、油菜 3 个。中国的转抗螟虫基因水稻、转植酸酶基因玉米的安全证书续申请得到批准，有效期为 2014 年 12 月 11 日至 2019 年 12 月 11 日。

植物基因组定点编辑技术。基因组定点编辑技术的重大进展和标志成果是 CRISPR/Cas9 技术。自 2012 年问世以来，其研发和应用迅速成为生物学研究热点，如采用 CRISPR-Cas 技术定点编辑了水稻和小麦两个作物的 OsPDS、TaMLO 等 5 个基因，获得了抗病性较高的水稻及小麦新株系。

植物分子标记技术。中国农业科学院作物科学研究所在发掘 17 个不育位点及广亲和基因基础上，开发相应分子标记，聚合广亲和基因创制广亲和恢复系和粳型亲籼不育系，解决了籼粳杂种半不育难题；在发掘早熟基因基础上，提出基于感光基因型和光钝感基因的分子设计方法，解决了籼粳杂种超亲晚熟问题；在发掘显性矮秆及株型关键基因基础上，开发相应分子标记，为培育籼粳交理想株型奠定基础；该成果获 2014 年度国家发明奖二等奖。北京市农林科学院蔬菜研究中心创新了西瓜分子标记辅助育种技术体系，解决了我国西瓜育种优异性状来源少和遗传基础狭窄的难题，选育出优势突出、综合性状领先的"京欣"系列西瓜品种，该成果获 2014 年国家科技进步奖二等奖。

（三）微生物生物技术

联合国生物多样性公约曾经对生物技术定义进行解释，认为生物技术是利用生物系统和有机体或者衍生物来研究、生产、改进产品，或者用于特殊的用途。按照这种定义，农业种植作物可能被视为最早的生物技术。通过这种早期生物技术，农民选择培育适合的作物、家畜，提高产量，生产足够的食物来支持和保障人口的增长。同时，人们也发现一些特定的物种或副产物可以有效地改善土地肥力，固定氮素，控制害虫，减少病害发生，并进行了选择和利用。人们生产过程中不自觉得应用生物技术，推进了物质文明和社会文明的发展。近年来，生物技术已经拓展成为包含生物学、医学、工程学、数学、计算机科学、电子学等多学科相互渗透的综合性学科。在农业微生物方面，生物技术主要涉及微生物在食品、饲料、兽药、肥料、农药等领域的应用，按照生物技术的定义，任何一种农业有益微生物的利用皆为生物技术的一种体现。由此可以看出，农业微生物生物技术也就是农业有益微生物在农业生产中的应用，此外还包含使其他农业微生物通过生物技术改造向有益微生物转化的过程。

1. 研究进展

随着研究的不断深入，在农业微生物生物技术领域不断涌现出新的理论、方法、观点、技术、成果，为农业科学研究和生产实践注入了新的活力，同时也出现了新的趋势。

（1）微生物生物技术在肥料方面的进展

近两年来，关于微生物肥料的研究主要集中在植物促生微生物的筛选及效果评价，尤其以植物根际促生细菌（plant growth-promoting rhizobacteria，PGPR）最为广泛。在改善作物生长状况和品质方面，中国农业科学院农业资源与农业区划研究所研究团队通过对在含煤土壤中生长的大白菜施用或不施用解磷菌黑曲霉（Aspergillus niger 1107）的比较研究得出，该黑曲霉有效促进了大白菜的生长。南京农业大学研究团队在对番茄—菠菜轮作的农田系统中的PGPR研究时发现，PGPR和蚯蚓粪配合使用时可以起到协同增效作用，可有效提高番茄的维生素C和菠菜中蛋白质的含量（Song等，2015）。在微生物肥料介导的污染土壤植物修复方面，通过植物的种植来修复污染的土壤是目前世界范围内研究的热点，植物在重度污染土壤中的生长状态与其土壤修复效果密切相关。一些微生物可以刺激植物抗逆能力与存活能力，其作用方式也是多样的。因此，筛选具有该种特性的微生物肥料并开展其效果评价成为目前研究的重点。在植物病原体的拮抗剂研究方面，除了环境物理化学胁迫因素影响植物生长与生产性能外，植物病原物是为害植物生长的又一重要因素。利用微生物拮抗抑菌作用防止植物病害一直是人们关注的热点，近年来不断有新的进展。人们发现，有些微生物不仅可以控制病害发生，还可以促进植物生长，提高产量。南京农业大学研究团队研究证明解淀粉芽孢杆菌（Bacillus amyloliquefaciens）NJZJSB3菌株可以有效控制油菜叶片上的核盘菌（Sclerotinia sclerotiorum）。与此同时，该菌还可以产生生物被膜、铁载体和细胞壁降解酶等物质，有效抑制病原菌，更好地促进植物生长。

（2）微生物生物技术在饲料相关研究的动态

近两年来，国内外对于微生物饲料的研究主要集中在微生物饲料添加剂、饲用酶制剂以及微生物提取物。由于抗生素作为饲料添加剂带来的种种问题，如抗生素残留问题和对抗生素产生抗性的病原菌问题等，目前世界范围内对抗生素添加剂陆续禁止，因此微生物饲料添加剂作为抗生素替代物成为国内外研究的热点。而饲用酶制剂也是近几年才陆续被人们认识到可以很好地促进动物生长，其主要研究焦点是其耐热、耐酸等性质上的改进，目前该领域的国内研究处于世界一流水平；近两年关于微生物提取物的研究主要集中在实际工业生产中如何改造更好的工程菌等。

在微生物饲料添加剂研究方面，用于饲料添加的微生物筛选与评价仍然是该领域的研究热点，目前国内相关研究已经比较深入，对菌株的效果评价涉及饲料风味、营养消化吸收、消化道微生物生态、动物生长发育、动物代谢免疫等多个层次。在饲用酶制剂研究方面，华中农业大学研究团队通过8周的草鱼生长情况评价发现，向草鱼饲料中加入植酸酶可以改善草鱼的生长情况，提高其对营养物质的利用率；将植酸酶与饲料提前混合处理比将植酸酶喷洒到池塘中效果更好。在微生物提取物研究方面，北京化工大学与美国佐治亚大学科研团队合作研究，将大肠杆菌进行改造后使之可以克服反馈抑制而持续地将苯丙氨酸转化为酪氨酸，这一研究成果可以作为新的酪氨酸生产方法进行推广使用。天津大学研究团队通过遗传改造了一株大肠杆菌用以表达核黄素（维生素 B_2），而核黄素目前被广泛用于动物饲料添加剂中，该研究成果具有很大潜力应用于核黄素的工业生产中。

（3）微生物生物技术在生物农药方面的研究进展

广义的微生物农药包括活体微生物农药和农用抗生素，而狭义的微生物农药专指活体微生物农药。根据用途和防治对象不同，微生物农药主要包括微生物杀虫剂、微生物杀菌剂、除草剂等，近两年关于微生物生物技术在生物农药方面的研究主要集中在微生物杀虫剂和真菌杀虫剂领域。用作微生物杀虫剂的微生物种类有细菌、真菌、病毒、线虫和微孢子虫。其中细菌类的杀虫剂主要有苏云金芽孢杆菌、球形芽孢杆菌、日本金龟子芽孢杆菌和缓病芽孢杆菌等，目前研究热点包括改善细菌杀虫剂的环境适应性、鉴定克隆关键功能基因、新靶标害虫研究等几个方面。真菌杀虫剂是以昆虫病原真菌为有效成分的生物农药，以真菌分生孢子附着于昆虫的皮肤，分生孢子吸水后萌发而长出芽管或形成附着孢侵入昆虫体内，在体内菌丝体不断生长繁殖，造成病理变化和物理损伤，最后导致昆虫死亡。目前，已发现的杀虫真菌 100 多个属 800 多个种，其中以白僵菌（Beauveria bassiana）和绿僵菌（Metarhizium anisopliae）最多。近年，对昆虫病原真菌的研究主要集中在对其发育、侵染相关功能基因剂型的研究，并在此基础上进行遗传改良。

2. 重大成果

微生物中发现对糖尿病的有效成分。中国农业科学院农产品加工研究所对酵母源葡萄糖耐量因子（GTF）进行了结构解析以及功能评价，其研究通过温和溶剂提取、分子筛与膜组合分离及电感耦合等离子体原子发射光谱法 / 质谱（ICP–AES/MS）等生物技术分析，证实从 GTF 高产酵母中分离获得了两种含铬物质，其中 GTF 为小分子含铬物质，并通过红外光谱、质谱等技术对 GTF 进行结构解析。Ⅱ 型糖尿病模型鼠试验表明，GTF 酵母菌粉可显著降低糖尿病小鼠总胆固醇和甘油三酯含量，高剂量的 GTF 酵母可显著降低糖化血红蛋白；对胰腺组织和 β 细胞有一定保护作用。本项成果为酵母源 GTF 作为补铬营养强化剂及保健食品配料的深度开发提供了重要理论依据。同时，本项目中的高 GTF 酵母制备技术可在保健食品、制药、饲料添加剂等企业转化应用，有助于开发形式多样的保健品中间原料或终端产品。

建立完善饲用酶制剂研究生产体系。中国农业科学院饲料研究所通过对酵母及芽孢杆菌高效表达机制的生物学基础研究，发现了一批新的表达因子及它们的作用机理和功能，并在此基础上构建、完善了饲料用酶高效表达技术体系，保障了饲料用酶的规模化廉价生产，最终突破了一系列饲料用酶研发的关键技术。该团队所从事的多种饲料用酶的开发工作始终保持国际领先地位，其创制的 4 种主要非淀粉多糖酶——木聚糖酶、葡聚糖酶、甘

露聚糖酶和 α – 半乳糖苷酶均具有优良的性能和低廉的生产成本。该项成果荣获 2014 年度国家科技进步奖二等奖。

酵母多糖微量元素多功能生物制剂研究。中国农业科学院兰州畜牧与兽药研究所完成的"酵母多糖微量元素多功能生物制剂研究"采用微波诱变，筛选出既富含锌、铁微量元素，又高产多糖的遗传性状稳定的新酵母菌株，并获得 1 项专利。研制出集酵母多糖和微量元素锌、铁的生理功能于一体的高效、低毒多功能复合型生物制剂。该研究成果达到同类研究国际先进水平。

秸秆无害还田技术取得进展。中国农业科学院油料作物研究所研究团队从油菜根际土壤中分离出了十多种微生物菌株，从中筛选出两株特异功能微生物，分别是能高效腐解油菜秸秆的哈茨木霉菌和高效腐解菌核的棘孢曲霉，并由这两种微生物生成复合菌剂，该菌剂可使油菜秸秆腐解率提高 23.9%、菌核腐解率提高 38.1%，同时可提高土壤理化及生物性状，使后茬水稻产量提高 3.0%，下季油菜菌核病病情指数下降 16.8，菜籽增产 5.0%。目前该微生物菌剂已大面积示范推广。

真菌杀虫剂致病机制研究与改良取得重要进展。浙江大学从 T–DNA 随机插入突变体库中发现了罗伯茨绿僵菌的致病突变体，其中甾醇转运蛋白基因 Mr-npc2a 被破坏。Mr-npc2a 的作用是帮助真菌在昆虫血腔内保持细胞膜的完整性。生物信息学分析表明，绿僵菌在进化过程中通过基因水平转移从寄主昆虫中获得 Mr-npc2a。该研究用实验证明了基因水平转移推动了病原真菌的毒力进化，丰富了真菌毒力进化理论。研究成果已经发表于 *PLoS Pathogens*。除此之外，通过遗传改良在蝗绿僵菌（Metarhizium acridum）中成功高效表达了 3 类昆虫离子通道阻遏多肽，显著提高了其感染蝗虫的能力，其中同时表达钙离子通道、钾离子通道和钠离子通道阻遏子的菌株提高幅度最大，半致死剂量降低 10 倍以上，杀虫时间缩短了 40%，蝗虫死亡前的取食量也显著降低。另外，研究证实高效表达这些多肽，不改变蝗绿僵菌的寄主范围。利用其构建的遗传改良菌株，有望开发出安全、高效的真菌杀虫剂。

Bt 微胶囊制剂理论研究取得重要进展。中国农业科学院植物保护研究所团队发现了控制细胞壁水解的关键基因 cwlB，该基因的缺失导致 Bt 母细胞不能裂解，这为进一步研究开发抗紫外 Bt 微胶囊制剂奠定了基础。该团队还构建了 Bt sigK 缺失突变株，该突变株芽孢发育与细胞裂解受到影响，进一步筛选了可以在该突变体中表达基因的 Bt 启动子并表达了 Cry1Ba 基因，不裂解的细胞壁包裹杀虫蛋白形成了微胶囊，进一步测试结果显示该微胶囊形式的蛋白可以显著抵抗紫外线对杀虫蛋白的灭活作用。

微生物农药、肥料持效性理论研究取得重要进展。微生物农药、肥料在植物根际形成生物被膜是其能否长期定殖、有效的重要因素。近年研究发现，植物本身的遗传、代谢特性与此密切相关，为进一步作物评价提供了新的指标。美国哈佛大学研究团队研究表明，定植于拟南芥的枯草芽孢杆菌形成与否由特定的植物多糖介导，这些多糖作为生物被膜的信号因子通过激酶控制磷酸化的调节因子 spo0A 来转换。除此之外，植物多糖作为糖的来源供给生物被膜形成，该研究成果为由植物介导的枯草芽孢杆菌生物被膜的形成研究提供了证据。

（四）农业信息技术

信息技术是对社会各个层面影响大、渗透力强的高新技术。现代信息技术的发展使人类社会开始步入信息化时代，给人类社会和经济发展带来了广泛而深远的影响。随着现代农业科学理论与信息技术的快速发展和逐步应用，信息技术与农业科学的交叉渗透催生了农业信息技术这一新兴学科领域。概括来说，农业信息技术是指利用信息技术对农业生产、经营管理、战略决策过程中的自然、经济和社会信息进行采集、存储、传递、处理和分析，为农业研究者、生产者、经营者和管理者提供信息查询、技术咨询、辅助决策和自动调控等多项服务的技术的总称。

农业信息技术的基础是传感器技术、测量技术、信息存储技术、信息分析技术与信息表达技术。农业信息技术的内容包括数据库技术（DB）、地理信息系统（GIS）、遥感监测（RS）、全球定位技术（GPS）、决策支持系统（DSS）、专家系统（ES）、作物模拟模型（CSM）、网络技术、智能控制技术、虚拟现实技术等。这些技术与农业技术相结合，应用在农业的方方面面，使农业信息化程度向更广泛、更深入的方向发展，从简单技术应用向综合性信息集成方面发展，从通用性的信息技术应用向通过信息技术集成开发方向发展。

1. 研究进展

随着现代信息技术的发展和渗透，特别是近年来物联网、云计算和大数据等学科理论和技术的突破与熟化，农业信息学学科理论和方法体系的发展也呈现出装备化、集成化、协同化的特征，信息技术在农业生产、经营、管理决策过程中发挥出越来越显著的作用，新型的信息产品和工具不断涌现，为我国农业的发展与转变提供了重要手段。

（1）农业信息技术发展呈现出智能化、集成化特征

现阶段，农业信息技术方法正在逐步成熟，农业信息技术的研究更加面向实际农业科学问题的解决，并越来越注重研究深度和实用性的结合。随着农业物联网技术的发展，农用无线传感器及无线传感器网络技术、RFID 电子标签技术在农业领域得到了广泛应用，为农业数据和信息的获取提供了强有力的手段；而云计算技术的发展，使分布式计算、分布式数据融合、并行计算成为可能，为农业数据和信息的融合、关联提供了技术支撑；大数据技术则进一步将已有技术进行集成，并提供了更加强大的数据抽取、转换、装载；此外，数据分析和数据可视化技术为农业数据和信息的集成、处理和表达提供了方法和工具。因此，农业数据和信息获取、集成、处理、分析和展现的理论、技术和方法日趋成熟，为智能化的农业数据处理、决策奠定了基础，并具备了适用性农业智能装备研发与生产的条件。

（2）现代农业信息技术体系日益完善

农业物联网技术与装备。在农业资源管理物联网建设方面，资源卫星可以获取极为精

细的农业资源信息。可利用分布式多点土壤水分传感器的方法，获得大面积农田的墒情分布数据，结合智能决策平台，实现水资源的自动调度、墒情预警和农业作业指导。随着农业的精细化，农业物联网在农业资源监测调度方面的应用将逐步普及；在农业生态环境监测物联网方面，单一的感知器件不能有效评估生态环境，而综合了感知网络、传输网络、决策应用的物联网技术弥补了这一缺陷。通过分布式感知器件，可以对不用位置的多种环境参数进行感知，并通过无线传感器网络将感知数据汇聚，利用应用系统对数据进行解析，有效评估生态环境。随着纳米技术、光电技术、电化学技术的发展，农业生态环境监测物联网可以感知到更多、更为精细的环境参数；在农产品与食品质量安全管理与溯源方面，农业物联网的应用主要集中在农产品包装标识及农产品物流配送等方面，并在物流配送技术上广泛应用条形码技术（Bar code）和电子数据交换技术（EDI）等先进技术。

精细作业和智能装备技术。精细作业技术与智能装备是指将现代电子信息技术、作物栽培管理决策支持技术和农业工程装备技术等集成组装起来，用于精细农业生产经营。现阶段该领域的研究集中在精细作业技术与智能装备、农田空间信息快速采集技术、精细作业导航与控制技术、国内决策模型与处方生成技术和现代农业生产技术装备及配套生产管理技术等方面。

先进农业传感器技术。根据检测对象的不同，可以将先进农业传感器技术划分为两大类——生命信息传感器技术和环境信息传感器技术。现有的生物、环境信息检测技术大都基于检测对象的静态属性，不能用于实时、动态、连续的信息感知传感与监测，不能适用于现在农业信息技术的实时动态无线传输和后续综合应用系统平台的开发。现阶段已经开发的植物、土壤和气体信息感知设备大多是基于单点测定和静态测定，不能适用于动态、连续测定，同时测定信息参数的无线可感知化和无线传输水平不高，还非常缺乏适用于农业复杂环境下的微小型、可靠性、节能型、环境适应型、低成本和智能化的设备和产品，难以满足农业信息化发展的技术要求。

农业智能机器人。现阶段，对农业机器人的研究主要集中在机器人规划导航技术领域，主要包括两大部分内容，一部分是农业机器人地面移动平台的导航与控制技术，另一部分是农业机器人作业机构的动作规划技术。地面移动平台的导航与控制技术一直是国际上机器人研究领域的热点问题，特别是针对非结构环境条件下的导航问题目前是制约机器人导航技术发展的瓶颈。农业环境是典型的非结构环境，地面凹凸不平、枝叶生长方向不规则、作业对象位置随机、作业环境变化多样等因素都大大增加了导航的难度，农业环境的复杂性、多样性对农业机器人的规划导航技术提出了更高的要求。在未来的规划导航技术研究中，利用机器视觉方法获得环境条件信息将作为重要的规划导航依据，如何充分利用视觉信息形成便于使用规划导航算法的抽象环境模型，将成为农业机器人研究的热点问题。

农业大数据与信息服务。农业大数据是近几年来不断被人们所认识的重要战略性资源和重要技术研究方向，它包括数据的积累、数据的处理与数据的应用三个方面。有关农业大数据技术研究主要集中在农业市场监测预警、农业生产预测、农产品信息分析、农业服务系统等方面。生产监测、市场感知、遥感技术正在向更深层次发展，不断地在数据获取与数据处理及应用服务方面提升新的技术进步水平。随着全球农业信息化建设进程的不断深入和数据库、信息管理系统、信息集成等技术的进步，全球农业信息资源与增值服务不断取得新成功。国内外已建成1000多个农业信息数据库。农业信息资源与增值服务的发展趋势是向海量高效处理和个性服务发展。面对全球不断激增的农业信息数据库，如何存储海量的涉农数据，并从中挖掘出有用的信息，实现涉农数据集成、精细的农业个性化主动信息推荐等增值服务正成为当前农业信息化建设面临的重大挑战。

农村远程教育。中国的远程教育技术已经开始进入以网络为基础的新阶段。在高等教育方面，教育部已经批准45所重点高校开办网络远程教育；在基础教育方面，近年来各地自发涌现出一大批中小学教育网校；在成人教育方面，各地原有的远程教育系统正在向网络转移，形成多种媒体共存的新格局。大力发展现代远程教育，对于促进中国教育的普及和建立终身学习体系、实现教育的跨越式发展，具有重大的现实意义。然而，由于中国目前还没有制订关于网络远程教育的技术标准，各网络教育系统的资源自成体系，无法实现有效交流和共享，造成大量低水平的重复性开发工作，不但带来人力物力的浪费，而且也无法与国际网络教育体系相沟通。

2. 重大成果

2013—2015年，中国农业信息技术学科，特别是作物丰产关键技术应用、农业生产智能装备、遥感监测、农业物联网和农业信息智能服务5个领域特色明显、优势突出、应用前景广阔的学科分支领域在科研项目数量、规模、经费、成果、水平方面不断提高，取得了一批具有创新性和良好应用前景的成果与新进展。

作物丰产信息技术应用。长期以来，作物生产管理作为农业信息技术的重要应用领域，农业信息技术在解决我国主要农作物"优质、高产、高效、安全、生态"一系列关键性、全局性、战略性的重大技术难题中一直发挥着重要作用。近几年来，中国在玉米高产高效生产理论及技术体系研究、水稻高产共性生育模式与形态生理精确定量指标及其使用诊断方法、作物病虫害防治与预警技术、滨海盐碱地棉花丰产栽培技术体系以及作物生长无损监测与定量诊断技术体系取得了丰硕成果，部分技术基本达到国际先进水平。

农业生产智能装备。中国农业生产智能装备研究紧跟国际步伐。随着农业信息技术的快速发展，传感器网络、决策支持、Web服务、3S、智能控制等精准农业技术在农业智能装备得到广泛应用，国内在智能装备研制方面取得了丰硕的成果，在主要作物水肥一体化高效利用技术体系及田间标准化生产管理模式、机械化旱地移栽技术、农机作业智能指挥调度、花生收获机械化关键技术与装备、田间自动导航等方面均取得了重大的突破。

农业遥感技术。在资源的监测与调度、生态环境的监测与管理、农产品质量安全溯源等方面，农业遥感技术都取得了重要的研究成果。中国农业科学院农业资源与农业区划研究所从1998年开始联合国内10多家农业遥感研究单位，结合农业主管部门的灾情信息需求，紧扣"理论创新—技术突破—应用服务"的主线，以农业旱涝灾害遥感监测的理论创新为切入点，突破技术瓶颈，创建了国内首个精度高、尺度大和周期短的国家农业旱涝灾害遥感监测系统，用于农业部、国家防汛抗旱总指挥部、中国气象局和国家减灾中心等部门的全国农业防灾减灾工作，实现间接经济效益 243 亿元。

农业物联网。近年来，农业物联网领域的研究非常活跃，我国也在传感器网络系统、RFID 系统、有线无线通信系统、分析决策与控制系统等领域取得了关键的技术进步，达到了国际先进水平。2010 年 8 月，中国农业物联网研发中心成立，该中心大力推进农业物联网关键技术攻关，在农业领域的一些重要环节初步实现了物联网应用进入国际先进行列，显著提升了我国农业信息化水平。在温室智能测控系统方面，2015 年河海大学完成的"植物生长的智能视觉物联网测控系统"荣获中国仪器仪表学会科技成果奖，该项目通过智能视觉物联网技术对温室植物的生长环境与生长状况进行实时监测与控制，完成了一系列工程技术的集成创新，提高了温室种植的质量和产量，降低了劳动生产成本，实现了技术装备化。

农业信息服务技术。农业信息服务是农业信息学最早的应用领域，也一直是农业信息学理论、方法和技术创新的热点领域。中国农业科学院农业信息研究所等单位长期开展农业信息智能服务关键技术创新与应用研究，从农业信息服务需求分析入手，围绕农业信息规范化采集、智能化处理和精准化服务开展技术攻关和产品研发，取得了一系列原创性成果，如创建了三维模型农情信息标准体系的构建方法；建立了具有自学习能力的作物生产测报智能建模方法，提高了测报的准确率；研发了主动性推送信息服务系统、农业农村综合信息服务系统、农产品价格信息发布预测分析系统等软件，探索建立了多级网络型、普适终端自助型农业信息服务新模式，实现了基层信息个性化、协同式精准服务。

（五）农业信息分析

农业信息分析逐渐应用到农业生产与管理活动之中，并在理论方法研究、关键技术创新和设备系统研发等方面取得重要进展，从而催生出以农业信息流运动规律为研究对象的农业信息分析学（agricultural information analytics）。农业信息分析学是信息分析在农业生产、市场流通、农产品消费和农业经营管理等领域实践活动的科学归纳和抽象总结。农业信息分析学定义为：以农业信息流为研究对象，以农业、信息、经济、管理等学科为基础，以信息技术为手段，通过分析农产品生产、流通和消费等环节信息流，揭示农业产业链中各类信息变化规律的新型交叉学科。

1. 研究进展

经过多年的积累和发展，农业信息分析学科取得了显著进展，提出了基于农业大数据的农业监测预警工作思维方式和工作范式，研发了农业信息监测设备，研建了中国农产品监测预警系统、农情监测系统、在线会商系统等，构建了农业风险分析和管理研究框架，突破了农业生产风险评估和农业风险识别核心技术，研制了基于无人机的农业生产风险监测设备和基于 3S+3G 的农业灾害损失勘查采集设备，开发了中国农作物生产风险评估和区划系统、农业保险信息管理系统及平台。最近几年，国内农业信息分析工作者起草了农产品全息市场信息采集规范、农产品市场信息分类与计算机编码等国家行业标准，获得了便携式农产品市场信息采集器、农产品市场监测预警系统等实用新型专利，注册了农信采、农情采、农牧采、农调采等商标，取得了 100 多项软件著作权，在《中国农业科学》《中国软科学》《农业经济问题》、*Journal of Integrative Agriculture*、*China Agricultural Economic Review* 等国内外核心期刊发表了一大批学术论文。具体来看，农业信息分析学科取得的研究进展集中在信息采集、信息分析和信息服务三个方面。

（1）信息采集

信息采集设备研制。在农情与市场信息监测设备研发方面，一是探索研发了耕地信息采集设备。以耕地为对象，研究了基本粮田耕地信息的数字化技术，为每块耕地进行标定、编码，建立了多层视图的地理信息系统；研制了耕地信息自动获取和处理技术及信息采集设备。二是研制了生产风险因子数据采集设备。开展了现有传感器信号转换与处理技术的集成应用研究，开发出智能化生产风险因子主要信息获取设备，可自动采集光照、温度、降水、风力等气象信息及土壤养分、土壤墒情等农业生产环境要素信息。三是研制了农情信息采集设备。基于农产品产量预测，以基本农情为对象，研制出移动便携式农情采集设备，可精确、及时传输上报采集点的种植面积、作物长势、种植结构等相关信息。四是研制了市场信息采集设备。针对农产品市场行情，研究开发便携式集数据采集、数据上传等功能为一体的先进农产品市场信息采集设备。

先进信息技术应用。现代信息技术发展日新月异，并不断应用于信息采集工作，极大地推动了农业信息学科的发展。国内科研人员十分关注先进信息技术在信息采集工作中的应用，开展了大量的研究工作。依托先进信息技术，农业信息采集的方法和手段呈现出智能化趋势。目前，卫星遥感、物联网、云计算、无线传感、人工智能、Web 挖掘、大数据等现代信息技术广泛应用于农业生产、农产品市场、农产品消费、突发事件等相关领域的数据采集、传输、处理与监控中，使获取数据的时效性、动态性、准确性、针对性明显增强。

农业信息数据库建设。农业信息分析的数据信息逐步积累，一批较有影响力的农业信息数据库逐渐建成。国家农业科学数据共享中心包括作物、动物、区划、渔业、草地等 7 个数据分中心，集成了作物科学、动物科学与动物医学、农业区划数据、渔业与水产科学、热作科学、农业资源与环境科学、农业微生物科学等 12 个领域的农业科学数据库。

（2）信息分析

农业信息监测预警。在理论方法研究方面，中国农业科研工作者针对农业信息监测预警数据语义不清的现状，提出了农产品信息监测全息化理论；针对农业信息监测预警系统化特点，研究提出了模块化系统方法论；针对农产品展望支撑技术缺乏，利用现代信息技术并融合经济学机制与生物学机理，开展了涵盖气象因子、投入因子和管理因子的监测预警模型与系统研究。在关键技术研究方面，最近几年中国农业科研人员加强了农业预警信息的分类方法研究，探索了农业预警信息间的关联关系；开展了农业预警知识库划分标准和类型设计研究，构建了农业预警知识库群。在系统研发方面，针对农业信息分析中的大数据获取与科学处理问题，围绕大数据中的疏密度数据聚合化、智能分析、高价值数据快速应用等难题，积极开展研究，探索建立统一管理、全面覆盖、全方位服务的农业信息分析巨系统与服务平台；开展了基于多 Agent 技术的智能预警技术研究及业务组件的开发，探索实现各种预警结果与应对方案的智能化生成；开展了预警方案与主要结果可视化表达技术研究，开发出动态多维度的可视化表达组件。

农业风险分析。在理论方法研究方面，中国农业信息研究人员分析了不同类型农业风险的形成过程及传递特征，建立了各类农业风险发生的机理模型，运用现代数理技术和信息技术形象模拟和展示了农业风险发生、发展和扩散机理和传导路径。在关键技术研究方面，中国农业信息研究人员围绕农业发展中面临的各类风险，根据不同类型风险的特点，研究了风险因子识别方法和技术；同时，围绕农业产业发展中面临的不同类型风险，研究了各种风险的时空分布特征和计量方法，建立了各类农业风险评估理论模型；比较分析了常规风险和极端风险性质和特征，研究了基于中值理论和极值理论的常规风险评估模型和极端风险评估模型；依据各类风险时空分布规律和特征，研究了农业风险时空分布多维表达技术，制作了不同类型、不同级别、均值极值等各类时空分布的风险图，实现了农业风险时间变化和空间分布的准确表达。在系统研发方面，围绕农业发展中面临的不同类型风险，依据不同类型和性质的农业风险管理需求，研究了农业风险转移和分散技术和针对性风险管理工具，并综合考虑风险及风险管理工具间的相互作用，研究提出了农业风险的一体化管理工具组合技术；运用现代信息网络技术，研究了开发农业生产风险分析系统、农业风险评估系统、农业风险区划系统、农业保险管理系统、农业风险管理评价系统等；构建了农业风险信息管理平台，在确保农险信息安全性、全面性、准确性的基础上，进行农险信息的采集、存储、加工和分析，探索实现农业风险管理工作的实时监督、在线管理和智能分析，为政府科学决策提供参考依据。

食物安全仿真决策。在理论方法研究方面，一是围绕我国食物安全目标，开展了食物数量安全、质量安全和可持续安全仿真决策方面的理论研究；二是开展了农产品消费相关理论的探讨研究，提出了农产品消费与食物安全仿真决策模型设计框架；三是加强了粮食安全与农业展望理论研究，拓展了农业展望新理念。在关键技术研究方面，一是探索建立了食物安全数据库，该数据库集成全国食物安全供给与需求、市场与贸易、宏观政策、气候与灾害、世界经济形势、国际市场与贸易等历史数据；二是研究了仿真模拟的理论与方法，分析了食物安全仿真模拟的特征和需求，针对自然灾害、宏观政策等外部冲击对食物安全影响的机理，研究了食物安全情景仿真模型；三是依据不同影响因素和冲击发生的概率和频次，模拟了不同外部冲击和政策情景下食物安全状况，探索采用定量的方法对各种仿真模拟结果进行等级评估。在系统研发方面，一是重点研究了建立各类食用农产品基础信息数据库，开发了不同类型决策分析模型，建立了辅助决策的知识仓库，研制了适应不同决策需要的推理机，探索开发了粮食与主要食用农产品安全管理的决策支持子系统、人机交互子系统以及综合决策平台；二是利用建立的数据资源、模型群、知识仓库与推理机，分别开展了粮食及主要食用农产品安全性评价，研究了国内外不同环境条件下政策方案的生成、最优方案选择准则、当前政策条件下食物安全状况的模拟分析等内容；三是开展了食物数量安全与质量安全相结合的研究，开展了全产业链条的食物安全研究及分产业、分品种、分区域、分环节的专项研究。

（3）信息服务

食物安全信息公共服务技术研究。一是研究了食物安全舆情信息挖掘与专题推送技术。重点研究了食物安全舆情源信息采集技术、目标表示技术、特征提取技术、特征匹配技术、文本与非文本信息处理技术等，开发了不同类型的目标表示模型、权值评价模型，开展了特定食物安全命题的舆情信息挖掘研究，采用多种技术手段与服务模式，向不同用户开展专题推送服务。二是研究了安全信息共享技术。重点研究了食物安全信息共享元数据标准、数据格式转换模式、数据共享编码策略、信息共享数据模型等，为食物安全信息共享提供了技术支撑。三是研究了重大食物公共安全事故影响评价技术。主要研究了重大食物安全事件分级标准、安全事件影响度评价指标体系与评价模型，探索了不同类型、不同影响度条件下食物安全重大突发事件应对方案。四是研究了重大食物安全政策动态跟踪与实施效果评估技术。综合利用信息监测技术、数据挖掘技术、GIS技术及追溯技术，开展了重大食物政策动态跟踪研究，分析了政策作用机理与路径，建立了政策实施效果评价指标体系与评价模型，并开展相关典型政策实施效果实证研究。

涉农信息应用系统研建。20世纪90年代以后，国家"金农"工程、国家科技支撑计划、农业市场预警等一系列重大科学工程和科研项目实施，通过协作研究和示范，将农业信息分析应用到农业各个领域。农业生产、农产品市场流通、农产品消费、疫情监控、病虫害防控等生产和管理工作中的预测预警系统不断完善，并在生产实践中得到广泛应用。涉农信息分析系统开发明显加快，由点到面覆盖领域明显拓宽。据不完全统计，目前全国与农业相关的主要监测和预警系统共有84个，其中食物保障预警系统12个、食品安全监测预警系统18个、市场分析与监测系统35个、作物分析与预警系统19个。

政府决策参考支持。农业部自2002年开始市场分析预测工作以来，农产品监测预警工作效果显著。由农业部信息中心、农业部农村研究中心、中国农业科学院农业信息研究所组成的信息分析员队伍对大米、小麦、玉米、猪肉、棉花、油料、禽蛋、奶类、蔬菜、水果等农产品进行了常规分析监测和应急跟踪监测，并将根据数据信息和分析预测结果形成的日报、周报、月报、专报、专刊等形式的系列农产品市场监测数据与深度分析报告上报国务院或农业部。2010年以来，分品种监测由常规监测延伸到热点监测，一些已经发生或潜在发生的事件被及时监测预警并及时上报，为相关部门及时有效地进行宏观调控提供了决策参考。其中，西南干旱对蔬菜价格影响、绿豆价格暴涨、个体奶站疯狂抢奶、美国鸡蛋沙门氏菌事件、小龙虾安全事件等热点引起了国务院和农业部领导的高度重视。

2. 重大成果

农产品市场信息采集技术研发取得突破。2015 年，"农产品市场信息采集关键技术及设备研发"项目获得 2014—2015 年度中华农业科技奖科学研究成果奖一等奖。项目研发出标准化农产品市场信息采集技术与分类系统，突破了农产品市场信息实时定位采集技术，创新设计理念研制了具有便捷性、高适应性和易用性的先进专用设备（农信采），研发了农产品市场信息采集数据智能处理与分析预警技术，有效解决了该领域信息感知、传输、处理环节的相关科技问题，推动了农业信息科学理论与技术创新，为实现农产品市场的信息采集与分析预警提供了有效手段。

农业信息分析理论研究取得重要进展。针对国内外不断深入的农业信息分析实践，中国农业科学院农业信息研究所专家在多年理论探索与实践运用的基础上开展农业信息分析学理论方法和技术体系建立，编著《农业信息分析学》并于 2013 年 11 月出版发行，这是迄今为止农业信息分析学科的第一部专著，也是农业信息分析学的"开山之作"。《农业信息分析学》全面系统地阐述了农业信息分析的相关理论、分析方法和模型系统，体现了近二三十年来农业信息分析工作实践与理论的创新成果，成为反映最近国内外前沿研究成果的创新性著作。《农业信息分析学》是农业信息分析领域最新科研成果的全面凝练和总结，此书的出版发行是近些年农业信息分析学科建设取得的重要标志性成果。

农业风险识别与评估技术研究成就显著。国内研究人员以水稻、小麦和玉米等粮食作物为研究对象，分析了中国不同自然灾害的危害程度与危害频率、演变趋势和空间分布，拟合了作物因灾损失率序列的概率分布，估算了不同灾害因子对作物生产的危害程度，创新了农作物自然灾害风险损失识别技术。农业生产风险评估是我国农业稳定发展急需解决的现实问题，也是农业风险评估学科亟待解决的科学问题。国内研究人员基于现代风险分析和评估理论，分别构建了"剔除趋势—拟合分布—度量风险"的农业常规灾害风险评估模型和"计算损失—超越阈值—拟合分布—度量风险"的农业极端灾害风险评估模型，有效地解决了农业常规灾害和极端灾害损失的概率分布难题。

监测预警技术支撑中国农业展望报告发布。2014 年 4 月 20—21 日，由中国农业科学院农业信息研究所主办的首届中国农业展望大会在北京召开，开启了提前发布市场信号、有效引导市场、主动应对国际变化的新篇章，结束了中国没有农业展望大会的历史。会议发布了《中国农业展望报告（2014—2023）》以及粮食、棉花、油料、糖料、肉类、禽蛋、奶类、蔬菜、水果等农产品分品种展望报告。2015 年 4 月 20—21 日，2015 年中国农业展望大会再次在北京成功召开。在近年来我国农业信息分析理论逐渐成熟、方法体系日趋完善的背景下，作为我国农业监测预警领域研究成果的集中展示，连续两届中国农业展望大会的成功召开，标志着我国农业信息采集能力显著增强、农业信息分析水平大幅提高、农业信息发布机制日益完善。

（六）农业信息管理

依托农业科学理论、信息技术与系统科学，现代农业生产系统在农业生产与研究的各个领域逐步渗透，产生大量的信息流，对这些信息流的获取、加工及有效配置催生了农业信息管理这一新兴学科。在农业信息管理学科的形成与发展过程中，专家学者从不同角度给出了定义。概括来说，可以将农业信息管理定义为：以农业管理科学、信息科学及系统科学为基础，以现代新兴信息技术为支撑，针对农业生产活动中产生的信息流进行计划、组织、协调、领导与控制，实现农业信息的充分开发与合理利用。

农业信息管理学科基本内容由理论研究、技术方法研究以及组织管理研究三部分组成。农业信息管理作为交叉学科，涉及管理科学、信息科学、系统科学、传播科学、农学等多个学科领域，主要集中在以信息技术与管理方法为主线对信息流进行有效配置，应用于农业产业规划、预测与研究。农业信息管理技术方法研究涉及计算机技术、多媒体技术、数据库技术、数据挖掘技术、网络技术、通信技术等多方面，通过对新兴信息技术的追踪与应用，支撑与推进信息资源管理模式的发展。农业信息管理组织管理研究信息源、信息采集、信息组织、信息检索、信息系统等方向，通过筛选信息源、规范信息采集途径与方法、进行有效的信息组织与信息系统规划管理，以实现信息资源建设与评价、知识组织与农业科技情报研究。

1. 研究进展

随着信息技术的发展，信息管理学科不断与时俱进，融合信息科学理论、计算机科学理论、管理科学理论等多种理论，通过开展农业信息资源建设、信息组织及开发利用、农业信息资源效益评价等研究，重点突破信息资源分析评价、知识组织、本体论、数据挖掘与知识发现、数字资源长期保存等关键技术，完善了农业信息管理学科。近几年农业信息管理领域取得了不少重要的研究进展。

（1）农业信息资源建设方面

自20世纪80年代初，我国数据库建设得到了飞速的发展。图书馆数据库种类繁多，资源的学科分布也随着国家发展目标、科学研究和教育的需要以及信息市场需求的变化而变化。从最初的书目（索引、文摘）数据库发展到如今的全文数据库、数值数据库和事实数据库；从指南型数据库（指引用户到另一信息源查找信息）建设发展到了源数据库（直接给用户提供原始资料或具体数据）的建设。从数据库的内容来看，既有大型综合型数据库，又有自建的专题特色数据库。大体可划分为4种：一是书目数据库，包括索引、文摘等二次文献数据库等；二是数值数据库，主要包含数字数据，如统计数据、科学实验数据、科学测量数据等；三是事实数据库，收录人物、机构、事务等的现象、情况、过程之类的事实性数据，如机构名录、大事记等；四是全文数据库，提供完整的原始文献数据集，集检索功能与浏览原文功能为一体，是目前最便捷、最具潜力的电子资源。

最近几年，国内关于农业信息资源建设方面的研究主要集中在以下领域：一是标准与政策层面，包括数字化标准建设、开放获取政策等；二是技术层面，包括文献资源数字化与精细化管理技术（文字字符识别、数字内容标引、数字影像处理互联网信息自动采集、智能分类以及保存管理技术，知识仓库构建技术等；三是应用层面，包括科学数据的管理与共享平台、开放获取应用研究等。

（2）知识组织方面

知识组织体系是通过知识分析、知识揭示和关联关系计算等方式构建的系统，用以实现知识的有序组织和高效利用，目的是给科研人员提供更多的知识发现途径。

最近几年，国内关于知识组织方面的研究主要集中在以下领域：一是理论体系层次，包括知识组织结构体系、本体研究与应用等；二是知识组织技术，包括叙词表向本体转化、农业科学叙词表的网络化适应性改造、领域本体与科研本体构建及关键技术等；三是应用层面，包括知识组织系统、网络信息资源集成揭示与导航体系构建等。其中，农业本体论研究正在成为农业信息领域的研究热点，包括中国农业科学院农业信息研究所、广东农业科学院情报研究所在内的多家机构共同合作，承担了"十五"国家攻关计划"农业信息化技术研究"中"农业信息只能检索与发布技术研究"研究课题，从事农业本体论的研究及其在农业知识组织中的应用。该项研究于2005年通过农业部组织的成果鉴定，并获得中国农业科学院科技进步奖二等奖。完成的中国科技文献信息智能检索系统和农业本体管理系统在诸多农业领域得到应用，同时形成了我国第一个农业本体论的研究团队。

（3）知识服务方面

从1999年开始，经过十余年的发展，知识服务的特点、服务模式、实施对策以及方案研究已经取得了长足的进步和发展，当前知识服务的研究内容主要集中在服务模式以及新技术应用（如本体技术、知识挖掘、语义网格、Web2.0相关技术等）。

最近几年，国内关于知识服务方面的研究主要集中在以下领域：一是理论体系层次，包括学科化服务、学科资源评价、技术竞争情报等；二是技术方法层面，包括学科化服务平台建设、基于文献计量学方法的相关技术、元数据仓储技术等。其中，元数据仓储是实现图书馆数字资源组合的最有效手段，它的主要工作是采集各异构数据源的元数据信息。中国国家图书馆用两年的时间完成了对近两亿条元数据的整合，于2012年8月27日推出了文津搜索系统，这是我国首家建立本地元数据仓储库的实例。清华大学利用元数据仓储在数据集成和数据挖掘方面进行了探索和实践。在数据集成方面，清华大学尝试在检索平台"水木搜索"上综合运用多种数据开源，用户可在一个检索结果页面获得不同层次、不同视角的信息内容。在数据挖掘方面，采用分析关键词在时间轴上分布的方法来给出领域的发展趋势，同时可以建立分析作者与合作者之间的关系，形成以人为中心的知识关联网络。

2. 重大成果

大规模文献数字化智能化处理技术。在农业科技文献资源数字化加工过程中，国内科研人员引入工作流、流程监控、精细化管理等理念与方法，设计并研建了"文献资源数字化智能加工与精细化管理技术平台"。该平台将数据加工规范、任务流程管理以及协同工作环境等集于一体，实现网络环境下数字化加工全程跟踪管理、多人协同加工、质量控制以及流程监控等。科研人员在大规模中外文引文数据加工过程中，引入智能化的加工处理流程和技术，在深入分析大量引文著录规律的基础上提出十余种典型的引文著录类型，设计了自动批量拆分的工作流程，建立了基于特征词分类和期刊名称知识库的计算机自动批量拆分软件及配套的质检程序和批量修复工具，显著提高了数据加工的效率和质量，确保引文数据年加工能力在 500 万条以上。

多层次农业知识组织体系建设。在农业领域，国内科研人员与联合国粮农组织（FAO）开展广泛合作，完成了农业多语种叙词表（AGROVOC）的中英文翻译任务、AGROVOC 与农业科学叙词表概念映射（Mapping）等工作，为充分整合利用国际范围内的农业科技资源奠定了语义资料基础。采用 W3C 推荐的本体描述语言 RDF、OWL 及 SKOS 等，对农业科学叙词表中的 6 万多个叙词及 13 万多条"用、代、属、分、参"等词间语义关系进行不同形式的规范化描述，并开发了叙词表向本体转化的自动批量转化工具，构建了更适合网络环境下开展应用的轻量级农业本体。突出的技术与成果有网络环境下农业科学叙词表的新发展，农业科学叙词表向关联数据转化、叙词向概念转化以及与其他农业知识组织系统的映射互联等。

农业知识服务系统研究进展。为了满足新形势下科研用户的需求，提高对各专业研究所一线科研活动的信息保障和信息服务能力，国内开展了所级数字图书馆建设，面向专业研究所的科研人员、主要学科、科研团队，通过对各类科研资源的组织和信息服务的整合，构建有效支持科研人员进行资源搜索、团队协作、知识管理和知识创新的学科化、知识化服务平台。所级数字图书馆是把国家农业图书馆的资源和服务送到专业所、把知识送到科研人员手中的媒介和有效途径，是一个以用户需求为导向的专业化、个性化知识服务平台。平台除了集成原有传统图书馆服务外，还重点拓展了"一站式"资源检索、科研动态监测、专业知识导航、研究所知识仓储以及用户需求反馈等功能，同时建立了学科组科研信息环境、个人学术空间等支持团队和个人进行知识管理与共享的数字空间，将知识服务融入到用户科研环境中。

机构知识库研究与建设。目前，中国香港和台湾地区的机构知识库联盟发展较为规模化，如台湾学术机构典藏（TaiwanAcademic Institutional Repository, TAIR）和香港机构知识库整合系统（Hong Kong Institutional Repositories, HKIR）。台湾学术机构典藏是台湾大学图书馆受台湾教育部门委托建设的台湾学术成果入口网站，以达到长久保存学术资源及提供便利使用为目的，使台湾整体学术研究成果产出更容易在国际上被发现与使用，进而与世界学术研究接轨。

我国大陆地区的机构知识库联盟建设还处于探索试验阶段，目前建设得比较完善的案例主要有中国科学院机构知识库网格、CALIS 机构知识库以及学生优秀学术论文机构库（Outstanding Academic Papers by Students，OAPS）。调研相关文献发现，中国农业科学院的机构知识库 CAAS-IR 建设采取了"集中揭示、分布部署"的院所两级模式，为每个研究所建立独立的所级 IR，承担本所知识资产的收集、管理和服务；院级 IR 通过收集或导入研究所知识元数据实现全院知识资产的集中揭示和展示利用。

科技热点及重大事件信息服务系统。目前，已建立了农业热点及重大事件信息监测服务平台，并在农产品质量安全信息监测、农业科技动态追踪、转基因生物安全信息监测等方面进行了应用。针对食物与营养、农业立体污染、节水农业以及转基因新品种培育等国家重点领域，建立了对应的信息资源门户网站，为中国科技工作者提供权威及时的信息服务和资源导航，助力该领域的科技人员及时了解领域研究热点及国内外科研发展态势，提高网络信息资源利用效率，形成能够支撑和保障本领域科研需求的、可靠的科技信息门户。

移动环境下的微信息服务。随着移动互联网的发展，越来越多的图书馆机构开设微博作为信息发布的渠道、参考咨询服务的平台及馆员读者互动的空间。国家农业图书馆微博开通于 2011 年 8 月，由国家农业图书馆馆员负责微博信息的发布与回复等事项。截至 2015 年 3 月 6 日，关注国家农业图书馆官方微博的用户数 5901 人，发布包括中国农业科学院农业信息研究所新闻、网上数据库培训通告、涉农书评及相关博文共计 1664 篇。期间响应中央一号文件，借助中国农业科学院农业信息研究所基本科研业务费支持，利用国家农业图书馆官方微博作为服务平台开始为广大地方乡镇农业局、农术推广站、动植物疫病防控站、种植养殖企业等机构或涉农个人快速提供中文农业实用技术文献查询和网络传递服务。2014 年共通过国家农业图书馆官方微博提供咨询 61 次，收到了来自基层农业机构、农村合作社和种植养殖户等用户的积极响应和广泛好评。

伴随移动媒体时代的到来，微信作为一种新型的社会化媒体，成为继微博之后又一高效的服务应用。2014 年 11 月，为更好地宣传和推广图书馆资源与服务，国家农业图书馆开通了官方微信服务，提供本馆介绍、服务公告、农业学术搜索、馆藏书刊目录、电子期刊导航、网上咨询、教育培训、专题信息等。服务开通后用户反响良好，截至目前关注用户 650 人且还在快速增长。用户可通过在微信软件中直接搜索"国家农业图书馆"或扫描 NAIS 平台首页（http://www.nais.net.cn）的二维码，关注国家农业图书馆官方微信。

三、学科发展的基本特点

基础农学学科是认识与农业有关的自然现象、揭示农业客观规律及其原理、研究农业生产体系中的自然现象及其现象本质的学科。其目的是充分开发利用和保护农业自然资源，协调作物与环境之间的关系，防止有害生物和不良环境对农业的破坏，以获得农业生产最佳组合，提高农产品产量和品质及其生产效率，促进高产、优质、高效、生态、安全农业的发展，有效保障国家食物安全、生态安全，持续增加农民收入，提高农产品的国际竞争力。

人类生产、生活实践催生了基础农学的形成与发展。基础农学学科概念是一个综合、动态、发展的概念，随着经济和科学技术的快速发展，在不同历史时期有着不同的内涵。进入 21 世纪以来，随着新一轮科技革命和产业变革的孕育兴起，一些重要科学问题和关键技术、核心技术呈现出革命性突破的先兆，带动了现代科学技术交叉融合、综合发展，变革突破的能量正在不断积累，成为推动基础农学创新发展的强大潜力。基础科学对基础农学渗透日趋明显，不断产生新的边缘学科、交叉学科和综合学科，带动了基础农学学科的快速进展；同时，基础农学研究与农业科技和生产结合越来越密切，正在走向一体化、集成化和综合化，加速了农业持续发展和新兴产业升级。

基础农学研究向微观和宏观两个方向发展，既结合又促进，加快了科研进展与突破；基础农学研究借助现代实验工具和理论方法，实现了试验研究手段的现代化；基础农学研究国际间竞争与合作、交流与限制并存，形成了十分复杂的态势。随着基础农学研究驱动创新发展及其成果转移、转化与推广，必将在新一轮科技革命浪潮中为解决全球人口高峰期的食物安全问题做出重要贡献。

四、发展趋势和展望

目前，随着我国基础农学学科及分支学科（领域）的快速发展，已初步形成了门类比较齐全的学科体系，并产生了相关的新理论、新方法、新技术，涌现出一些新思路、新观点、新亮点，在一些领域接近或达到世界先进水平。但是，从基础农学学科研究整体水平来看，我国同欧美发达国家比较还有较大差距。

面向未来，我国基础农学学科呈现出新的快速驱动创新发展之势，主要表现在：作为社会基础性、公益性事业，国家公共财政投入大幅增加；微观与宏观研究相结合，加快了科研进展与新的突破；现代生物技术、信息化技术等将成为现代农业新的生长点；研究成果转移、转化与推广速度明显提升，推动现代农业可持续发展；国际间的合作与交流进一步得到加强等。

我们要在"自主创新，重点跨越，支撑发展，引领未来"的方针指引下，通过深化科研体制改革，培养精干、高效的创新队伍，加快重点实验室和基地平台建设，积极推进国际间双边和多边的交流与合作，创造有利于基础农学研究持续稳定发展的社会环境等政策措施，实现跨越式发展，为我国现代农业和社会主义新农村建设奠定坚实的技术基础。

—— 参考文献 ——

［1］ Mali P, Yang L, Esvelt KM, et al. RNA-guided humangenome engineering via Cas9［J］. Science, 2013, 339
（6121）:823-826.
［2］ Jinek M, East A, Cheng A, et al. RNA-programmedgenome editing in human cells［J］. e Life, 2013（2）:471.

［3］ Qi LS, Larson MH, Gilbert LA, et al. RepurposingCRISPR as an RNA-guided platform for sequence-specificcontrol of gene expression［J］. Cell, 2013, 152（5）: 1173-1183.

［4］ 孙敬三，朱至清. 植物细胞工程实验技术［M］. 北京：化学工业出版社，2006.

［5］ 万建民. 中国水稻分子育种现状与展望［J］. 中国农业科技导报，2007, 9（2）：1-9.

［6］ Bi Y, Zhang Y, Shu C, et al. Genomic sequencing identifies novel Bacillus thuringiensis Vip1/Vip2 binary and Cry8 toxins that have high toxicity to Scarabaeoidea larvae［J］. Applied microbiology and biotechnology, 2015, 99（2）: 753-760.

［7］ Ca CQ, Ji C, Zhang JY, et al. Effect of a novel plant phytase on performance, egg quality, apparent ileal nutrient digestibility and bone mineralization of laying hens fed corn-soybean diets［J］. Anim Feed Sci Tech, 2013, 186（1-2）: 101-105.

［8］ Penrose DM, Glick BR. Methods for isolating and characterizing ACC deaminase-containing plant growth-promoting rhizobacteria［J］. Physiologia plantarum, 2003, 118（1）: 10-15.

［9］ Zoghi A, Khosravi-Darani K, Sohrabvandi S. Surface Binding of Toxins and Heavy Metals by Probiotics［J］. Mini-Rev Med Chem, 2014, 14（1）: 84-98.

［10］ 李道亮. 农业物联网导论［M］. 北京：科学出版社，2012.

［11］ 许世卫. 大数据助力现代农业转型升级［N］. 2015.

［12］ 王文生. 以"互联网＋农业"为驱动打造我国现代农业升级版［N］. 2015.

［13］《中国农村科技》编辑部. 农业站在"互联网＋"的风口上［J］. 中国农村科技，2015（4）: 57-59.

［14］ 刘旭. 信息技术与当代农业科学研究［J］. 中国农业科技导报，2011, 13（3）: 1-8.

［15］ 许世卫. 农业信息分析学［M］. 北京：高等教育出版社，2013.

［16］ 许世卫. 农产品数量安全智能分析与预警的关键技术及平台研究［M］. 北京：中国农业出版社，2013.

［17］ 裴新涌. 国外农业信息服务体系建设的启示［J］. 农业图书情报学刊，2015, 27（1）: 154-158.

［18］ 孙九林. 农业信息工程的理论、方法和应用［J］. 中国工程科学，2000, 2（3）: 87-91.

［19］ 寇远涛. 面向学科领域的科研信息环境建设研究［D］. 北京：中国农业科学院，2012.

［20］ 邱均平. 机构知识库的研究现状及其发展趋势的可视化分析［J］. 情报理论与实践，2015（1）: 3.

［21］ 黄筱瑾，黄扶敏，王倩. 我国机构知识库联盟发展现状及比较研究［J］. 图书馆学研究，2014（12）: 94-98.

［22］ 赵瑞雪，杜若鹏. 中国农业科学院机构知识库的实践探索［J］. 现代图书情报技术，2013（10）: 72-76.

［23］ Kawtrakul A. Ontology Engineering and Knowledge Services forAgriculture Domain［J］. Journal of Integrative Agriculture, 2012, 11（5）: 741-751

［24］ Ai H, Fang X, Yang B, et al. Adaptation and possible ancient interspecies introgression in pigs identified by whole-genome sequencing［J］. Nat Genet, 2015, 47（3）: 217-225.

［25］ Bouquet A, J Juga. Integrating genomic selection into dairy cattle breeding programmes: a review［J］. Animal, 2013, 7（5）: 705-713.

［26］ 王鹏，张凯，孟宪宝. 基因组选择技术在奶牛育种规划中的应用［J］. 黑龙江畜牧兽医，2014（15）: 77-82.

撰稿人：许世卫　邹瑞苍　周向阳

专题报告

动物生物技术发展研究

一、引言

动物生物技术学科是以动物为主要研究对象，以优秀动物个体的高效利用为目标，以分子生物学和细胞生物学为基础，着眼于全基因组、转录组、蛋白质组和细胞组学，采用基因工程、细胞工程、酶工程、蛋白质工程、发酵工程等手段，对动物特定性状和产品品质进行改造或提高的相关生物技术，以此获得新型生物制品，培育高产、优质畜禽品种。

动物生物技术主要的研究方向有以下四个方面：① 研究现有优良地方品种资源重要性状的遗传基础，解析造成性状变异的基因突变；② 阐明重大疾病发生的分子机制，研发高效、快速检测技术和诊断试剂，为畜禽乃至人类重大疾病的预防和治疗以及重要性状（或遗传缺陷）的改造或修复提供重要理论依据；③ 探索畜禽的遗传改造技术，创制人类疾病治疗和健康保护所需的食品添加剂、药物、异种移植所需器官等，有效拓展畜牧产品的人类医学应用；④ 研发高精准、超早期、高通量的数字化品种选育技术，提升畜禽品种资源保护理论与技术水平，结合胚胎移植或体细胞核移植技术实现优良种质的快速、高效扩繁（以及濒危物种的资源保护），推进优良品种资源利用效率。

动物生物技术学科是一门新兴学科，其发展、成熟与推广受到了国家科学技术水平和人类生活水平的制约，特别是生物技术药物，尽管其具有极高的经济附加值，但其资金和技术投入也相对较大。进入21世纪，人口数量增加、城市化进程加剧造成耕地减少、生态环境恶化、农业污染加剧，为了保证国家的粮食安全和生态安全，急需环境友好型、资源节约型的现代养殖业，而通过动物生物技术能够解决传统育种技术因育种周期长、难以满足粮食大量需求的瓶颈。世界上80%的生物技术药物是由动物细胞生产的，展示了动物生物技术在人类医学领域的广阔前景。

本报告拟对动物基因工程、细胞工程、动物分子评估技术、动物分子育种技术四个热门方向阐述其现状及发展方向。

（一）动物基因工程

动物基因工程作为基因工程学分支，是动物生物技术学科重要组成部分，其核心内容是按照人类的意愿操作动物细胞DNA，生产满足人类需求的产品。动物基因工程主要有两方面的技术应用，一是结合胚胎工程形成动物转基因技术，生产转基因动物及基因编辑动物，改变动物遗传性状、动物疾病模型等；二是融合细胞工程衍生出动物细胞基因表达技术，其主要目的是生产人类需要的药用蛋白、多肽等。

对动物细胞DNA进行精准的编辑是真正实现人类改变动物遗传性状的重要前提，因而动物基因组编辑技术成为基因工程研究热点和前沿，最近开发的第三代基因编辑技术CRISPR/Cas9系统优于前面两代技术，不仅效率高，而且操作简单，是目前主流基因编辑技术，在动物基因编辑领域广泛应用。我国近几年在动物基因工程领域设立多项研究项目，尤其是转基因动物新品种培育重大专项的实施，使我国动物基因工程技术取得了突破性进展，在农业大动物转基因技术、基因编辑技术等领域赶超了国际先进水平。动物基因编辑技术将是未来几年研究的热点。

（二）动物细胞工程

动物细胞工程学是指对细胞或其组分进行操作、加工或改造，使其按照人的意图发生结构或功能等生物学特性的改变，获得人类所需的生物产品或创造新的动物品种的科学。

动物细胞工程学的主要研究内容包括细胞培养、细胞融合、单克隆抗体制备、染色体工程、干细胞工程、转基因动物及生物反应器、动物克隆等。

1. 动物细胞、组织和器官的培养

动物细胞、组织或器官的培养指将取自动物的细胞、组织块或整个器官进行体外培养或体内培养，在人类医学临床治疗上发挥了巨大的作用，具有广阔的应用前景。

2. 细胞的融合技术

动物细胞融合指借助于化学或物理方法，使两个细胞或多个不同的细胞融合为一个细胞。在动物上多用于产生杂种细胞、制备单克隆抗体、制备克隆动物等。

3. 染色体工程

动物染色体工程是指采用化学或物理方法，有目标地改变细胞内染色体的数目、结构或成分的一种技术。可用于动物新品种或品系的培育，在家畜遗传育种研究领域具有重要的科学和实用价值。如在绵羊的育种中，短腿性状是在自然条件下产生的染色体突变，利用该突变可培育短腿绵羊群体。

4. 动物干细胞工程

动物干细胞工程是指利用干细胞的生物学特性定向诱导分化，产生机体各种功能细胞或组织的生物工程技术。干细胞具有自我更新和持续增殖能力及多种分化潜能。成体细

胞向干细胞的逆分化技术，将动物终端分化的功能细胞转移到干细胞的胞质内，使其去分化，失去原有的生物学功能，并再转变为干细胞，重新回转到干细胞状态。这项新技术首次由美国哈佛大学的研究人员 William J. Cromie 于 2005 年报道并获得成功，并称之为"遗传时钟的倒转"。

5. 动物生物反应器

动物生物反应器是指利用动物的某种细胞、组织或器官作为反应生成的载体，生产人类需要的生物制品。一个动物体就相当于一个生物工厂。如利用乳腺生物反应器或血液生物反应器生产具有生物活性的人凝血因子、促红细胞生成素、抗胰蛋白酶等医用蛋白，或生产提高动物乳汁中的乳蛋白等食用蛋白。根据人类的意图，利用转基因动物技术制作高表达的动物生物反应器，生产特定的转基因生物制品，具有很大的商业价值，将成为未来医药工业或食品生产的重要途径。

6. 动物胚胎工程

动物胚胎工程是指对配子或胚胎进行人为干预，改变其自然状态下的生殖、生长发育模式的一系列操作技术。严格地分，它可分成配子操作和胚胎操作两个层次。胚胎工程技术广泛用于生殖生物学、胚胎学、发育生物学、遗传育种学和生殖医学的研究应用，并成为这些研究领域的重要技术手段。

7. 动物克隆技术

动物克隆技术用于生物学、生殖学、遗传学和育种学等研究领域，在拯救和保护濒危动物，尤其在珍贵遗传资源的保存及畜牧业生产应用方面展现了光明的前景。在人类的临床医学治疗领域也具有重要的研究和潜在的应用价值，如利用克隆技术治疗性克隆产生人的早期胚胎，从其中分离胚胎干细胞以用于人的疾病治疗。这项技术是目前生物工程领域最前沿的技术之一，备受社会关注。

（三）动物分子评估技术

采用分子标记对动物群体或个体进行遗传评定，用于基因定位、基因功能鉴定、物种亲缘关系和系统分类分析、疾病诊断和遗传性状连锁分析等均称为动物分子遗传评估。动物遗传多样性由其分子结构多样性决定，因此对动物个体和群体的分子评估能准确反映其遗传信息。

（四）动物分子育种技术

目前的动物分子育种新技术主要包括全基因组选择、基因组编辑、转基因育种。

1. 全基因组选择

Meuwissen 等人于 2001 年最早提出全基因组选择。简单来讲，就是利用全基因组高密度标记进行的标记辅助选择。基因组选择理论基于假设影响数量性状的每一个数量性状基因座（QTL）都与高密度全基因组标记图谱中的至少一个标记处于连锁不平衡状态，基因组选择能够追溯到所有影响目标性状的 QTL，因此使用全基因组标记可以进行育种值估计，得到基因组育种值。鸡、牛、猪、羊等家畜基因组序列图谱及单核苷酸多态性标记（SNP）图谱的完成，为基因组研究提供了大量的标记，确保了有足够高的标记密度，而且随着大规模高通量 SNP 检测技术的相继建立和应用（如 SNP 芯片技术等），使 SNP 分型的成本明显降低，全基因组选择方法得以在家畜家禽中广泛应用。

2. 基因组编辑技术及转基因育种

基因组编辑技术是一种能精确改造生物基因组，实现基因定点敲除和外源基因定点整合的技术。通过基因组编辑技术，可实现基因组某个位点的特定突变，从而获得基因型改变的模式动物，为后期基因功能的研究与遗传育种提供基础。与传统的基因克隆技术不同，基因组编辑技术可直接在基因组上进行 DNA 序列的敲除、插入、定点突变以及组合编辑等，实现基因功能与调控元件的系统研究。基因组编辑技术使得定点、高效率的大家畜基因改良成为可能，对推动转基因动物产业发展具有重要的影响。

动物转基因技术打破了远缘有性杂交的束缚，实现了不同物种生物体之间的基因交流，从而可以最大限度地利用和创造遗传变异，改良家畜的性状，培育出自然界和常规育种难以产生的具有特别优良性状的品种或种群。

二、本学科最新研究进展

（一）学科发展历史回顾

1. 动物基因工程

1973 年，Cohen 等人将大肠杆菌 R6-5 质粒 DNA（含卡那霉素抗性基因）和大肠杆菌 pSC101 质粒 DNA（含四环素抗性基因）重组后转化大肠杆菌，产生同时表现出两种抗性的细菌，拉开了基因工程的序幕。

1977 年，Gorden 将外源 mRNA 和 DNA 注射到蟾蜍的卵细胞，基因能够正常表达。1982 年 Palmiter 将小鼠金属硫蛋白基因启动子和大鼠生长激素基因构建的融合基因用受精卵原核显微注射法制备了表达大鼠生长激素的转基因小鼠，其体重是非转基因小鼠的 2～3 倍，此项研究成果真正开启了基因工程在动物上的应用，并相继利用动物基因工程技术生产出转基因小鼠、大鼠、家兔、绵羊、山羊、猪、牛、鸡和多种鱼类。1997 年，克隆羊"多莉"的出现为基因工程生产转基因动物带来革命性改变。

1998 年，Fire 等在线虫中首先发现小双链 RNA 引起细胞内目标基因的转录后沉默，提出了 RNA 干扰（RNAi）理论，随后在高等动物中也证实该理论成立。基于 RNAi 理论，通过基因工程开发了 RNAi 表达载体，从 siRNA 表达载体到 shRNA 表达载体以及发展到腺病毒介导的 RNAi 表达载体，表达效率以及稳定性一直不断提高。RNAi 技术目前在基因功能分析及抗病毒性疾病转基因动物生产中有广泛的应用。

1998 年，Bitinaite 等将多个锌指串联形成的 ZFP 结构域与 IIs 型限制性内切酶 FokI 的切割结构域相连接，构建锌指核酸酶（ZFN），实现对靶序列的切割，增加串连锌指的数目，可识别更长的靶序列，增加了 DNA 靶向修饰的特异性。2007 年，Cui 等利用 ZFNs 技术完成了小鼠和大鼠的靶向修饰特定 DNA，ZFN 的出现使得基因打靶效率达到 30% 左右，比被动的同源重组有了质的提升。2009 年，Moscou 等又发现了另一种可以靶向修饰 DNA 基因编辑技术 TALE 核酸酶（TALEN），在特异的靶 DNA 序列上产生双链断裂以实现精确的基因编辑，效率和可操作性得到了提高，效率接近 40%。

2012 年，Doudna 研究小组首先利用 CRISPR/Cas9 系统对体外的 DNA 靶序列进行了精确切割，为 DNA 靶向修饰提供了有力工具。2013 年，Zhang Feng 等证明了经过修饰的 Cas9 蛋白可以在 crRNA：tracrRNA 的指导下对 293FT 细胞的特定位点进行精确切割，同时发现对 Cas9 蛋白的 RuvC I 结构域进行修改之后，Cas9 对目标基因进行单链切割在人源细胞中同样可以实现。之后，不同的研究小组也利用了 CRISPR/Cas9 系统对人、小鼠和斑马鱼细胞进行了同样精确的基因组编辑。2014 年，我国在农业大动物猪和羊上首次利用 CRISPR/Cas9 技术实现了 DNA 靶向修饰。

2. 动物细胞工程

动物细胞工程学是在细胞生物学、实验胚胎学、生殖生物学、发育生物学、遗传学和细胞生理学等学科的理论和实验基础上逐渐发展起来的理论性和实验性很强的新型学科。1839 年，德国动物学家 T. A. H. Schwann 在其研究结果中指出动物体也是由细胞组成的，在总结前人研究工作的基础上，创立了"细胞学说"，基本明确了细胞的定义和功能。1907 年，Harrison 利用悬滴培养法体外成功培养出神经细胞，观察到了神经纤维发生的动态变化，并建立起无菌操作技术。1951 年，Earle 等人开发出了可供动物细胞体外长期培养的培养基，建立了动物细胞体外长期、规模化培养的技术平台。1975 年，Kohler 和 Milstein 通过将肿瘤细胞和 B 淋巴细胞融合制备出杂交瘤，开创了单克隆抗体细胞工程制备的新纪元。

哺乳动物核移植研究的最初成果在 1981 年取得，Illmensee 和 Hoppe 用鼠内细胞团细胞直接注入去核的合子后，培育出发育正常的 3 只小鼠，但这一试验未能被重复。1983 年，McGrath 和 Solth 首次利用显微操作技术和细胞融合技术，以单细胞期的小鼠胚胎作为供核细胞进行核移植，得到了核移植后代，并建立了重复性很高的核移植操作程序。1994 年，Collas 和 Barrnes 将供核细胞通过卵母细胞内直接注射的方法构建了核移植重构胚胎，并得到了犊牛；这一时期许多研究者对胚胎干细胞和成年动物体细胞的核移植试验也做了大胆尝试，但进展不大。1997 年，在细胞核移植研究历史上发生了一件具有轰动效应的事件，英国罗斯林研究所的研究人员首次利用成年母绵羊的乳房上皮细胞，通过细胞核移植技术得到了体细胞克隆羊 Dolly，这一事实证明，完全分化的体细胞不仅可以被逆转，而且完全可以发育成一个新的个体。从此，全世界掀起了体细胞克隆的热潮。1998 年，Wakayama 等利用小鼠卵丘细胞进行体细胞核移植研究获得成功。1999 年，Wells 等用牛颗粒细胞进行核移植获得成功。2002 年，Keefer 等人将 91 枚重构胚移植到 8 只受体山羊体内，50%受孕并生出 7 只小山羊，核移植效率明显提高。至此，体细胞核移植技术得到广泛应用。

3. 动物分子评估

自 1953 年 Watson 和 Crick 发现了 DNA 双螺旋结构，开启了分子生物学时代，遗传学的研究进入了分子层面。分子标记类型和检测技术的不断发展推动着分子评估技术。分子标记类型包括限制性片段长度多态性（RFLP）、随机扩增多态性 DNA（RAPD）、简单重复序列 DNA（SSR）、扩增片段长度多态性（AFLP）和单核苷酸多态性（SNP），检测技术包括 PCR 扩增、电泳、GeneScan、MassARRAY、芯片、高通量测序等。随着分子标记数量增加、检测通量提高和分析技术完善，尤其在高密度 SNP 芯片和二代测序技术出现后，分子评估技术已经发展到从全基因组水平揭示动物的基因功能和系统进化的研究阶段。

4. 动物分子育种技术

（1）标记辅助选择

自 20 世纪 80 年代以来，随着分子生物学技术的不断发展，大量分子遗传标记及其检测技术纷纷涌现。借助遗传标记信息可以对候选个体进行遗传评估，该技术即为标记辅助选择（MAS）。MAS 在畜禽遗传改良上已经有一些成功的应用。在猪上，HAL 基因、ESR 基因的 DNA 标记检测已经在育种实践中应用。美国 PIC 公司利用 DNA 标记技术清除其育种群的氟烷敏感基因 HAL，使猪只死亡率由过去的 4‰ ~ 16‰降至 0，同时商品猪的肉质也得到了明显的改进；他们将 ESR 基因型加入核心群母系的选择指数中，使产仔数的遗传进展提高了 30%，这些核心群母猪的后代杂种母猪的平均窝产仔数也有明显的提高。在其他畜种上，如牛的双肌（DM）基因、鸡的矮小（dw）基因等也已经在育种和生产中应用，我国的农大 3 号矮小蛋鸡就是以吴常信院士为首的研究团队将 dw 基因引入蛋鸡品种中建立的矮小蛋鸡品系，其突出优点就是体重小、节粮。MAS 由于充分利用了遗传标记、表型和系谱的信息，因此具有比常规遗传评定方法更大的信息量，可提高个体遗传评定的准确性，进行早期选种，缩短世代间隔，提高选择强度，从而提高选种的效率，主要用于质量性状的改进提高。

（2）全基因组选择

畜禽育种所关注的重要经济性状绝大部分都是数量性状，为微效多基因控制，这些位点被称为数量性状基因座（QTL）。在没有主效基因的情况下，常规的标记辅助选择对选种效率的提高作用不明显，因此，为了提高数量性状选种的准确性，Meuwissen 等于 2001 年首次提出了全基因组选择（whole genome selection, WGS），即利用全基因组范围内的高密度标记进行标记辅助选择。随着各畜禽基因组计划的陆续出台和完成，相应的高密度 SNP 芯片被开发，其应用成本直线下降，而各种低密度定制芯片的问世也加快了基因组选择应用的进程。基因组选择在奶牛生产领域应用最为广泛，据国际公牛组织 Interbull 网站（http://www.interbull.org/）所公布的数据，目前已有阿根廷、澳大利亚、奥地利、比利时、保加利亚、加拿大、英国、美国等 32 个国家在其国家奶牛育种群中应用基因组选择。美国农业部已于 2009 年 1 月、加拿大奶业网于 2009 年 4 月开始在官方正式颁布奶牛育种值中合并基因组育种值和传统育种值，称为 GPTA（Genomic Predicted Transmitting Ability），并将之用于青年公牛选择；丹麦的 Viking Genetics 公司已经在丹麦荷斯坦青年公牛选择中应用了 gEBV；澳大利亚于 2006 年开始在奶牛中采用基因组选择。

Van der Werf 等（2009）通过对基因组选择在肉羊和细毛羊群体的应用进行模拟研究发现，相比传统育种方法，基因组选择使肉羊和细毛羊经济选择指数分别提高 30% 和 40%。Daetwyler 等（2010）检测了由 7180 只美利奴羊构成的参考群基因组中 50 000 个 SNP，针对产肉和产毛性状进行研究，发现产毛性状基因组育种值准确性为 0.15 ~ 0.79，产肉性状的准确性为 –0.07 ~ 0.57。

在蛋鸡育种研究中，Wolc 等（2011）利用鸡 24K 芯片对由 5 个世代 2708 只蛋鸡表型数据构建的群体进行育种值估计，结果表明基因组选择在蛋鸡早期和晚期选择中能够分别提高 200% 和 88% 的准确性。在肉鸡生产领域，Gonzalez-Recio 等（2009）构建了由 333 只公鸡组成的参考群和 61 只后裔测定的公鸡组成的验证群体，对肉鸡饲料转化率进行研究。该研究共利用 3481 个分子标记，结果显示所使用的基因组选择方法准确性均高于传统 BLUP。同时，该研究依据信息熵减标准对所有标记进行筛选，获得了 400 个低密度标记，使用这些低密度标记估计所得的基因组育种值的准确性高于使用全部标记。Chen 等（2011）用 GBLUP 方法对两个肉鸡品系各 3 个世代共 348030 只鸡进行了育种值估计，发现无论针对高遗传力或低遗传力性状，充分利用基因组标记信息的一步法 GBLUP 对育种值估计的准确性都比传统的 TP-BLUP 方法提高 50%。

限于芯片开发进度和应用成本，基因组选择在猪、羊及鸡等畜禽实际育种工作中的应用范围不及奶牛。但随着猪（Illumina Porcine SNP60，62163 SNPs）、羊（Illumina Ovine SNP50，54241 SNPs）、马（Illumina Equine SNP50，54602 SNPs）及鸡（Illumina iSelect 60K chip，57636 SNPs）的全基因组芯片面世，将大大促进全基因组选择在畜禽育种领域的应用。

（3）基因组编辑技术及转基因育种

转基因动物实验可追溯到 1974 年，Brackets 等将兔的精子与 SV40 病毒 DNA 孵育后，进行体外受精获得转基因兔。同年，Jaenisch 等将 SV40 病毒 DNA 注射到小鼠胚胎囊腔中，获得携带外源基因的嵌合体小鼠。1980 年，Gordon 等首次报道用原核注射获得了转基因小鼠。此后，世界各国相继开展转基因动物的研究。1982 年，美国科学家 Palmiter 等将大鼠生长激素（GH）基因导入小鼠受精卵中获得转基因 "超级鼠"，被认为是世界上首批转基因动物。1985 年，世界上首次报道转基因家畜兔、绵羊、猪的诞生。1997 年，英国罗斯林研究所首次利用羊体细胞获得克隆羊 Dolly，表明高等动物也可以由无性生殖来繁殖。同年，乳腺中表达人凝血因子 IX 的转基因克隆羊 Polly 培育成功。2005 年抗乳房炎转基因牛的诞生和 2006 年多不饱和脂肪酸转基因克隆猪的培育成功，标志着转基因动物育种进入了新的发展历程。2009 年生产高比例的抗原特异性人源抗体的转染色体牛的出生，是转基因动物生产药用蛋白的又一个里程碑。

在早期的转基因技术中，外源基因是随机整合在基因组上的。这种方法效率低、成本高，随机整合的位点无法控制，可能带来不可预知的结果。在对传统基因打靶技术改良的探索中，基因组编辑技术应运而生。它通过生物体自身特异性识别DNA序列的特殊蛋白结构，加入了人工再设计的思路，使之能够特异性地识别给定的序列，定点切割DNA双链，将同源重组的效率提高了上百倍，从而对人们感兴趣的基因和位点进行敲除、替换和外源基因的定点整合。目前常用的基因编辑技术包括：① ZFN基因组编辑技术。ZFN技术是首个基因组编辑技术，是基于具有独特的DNA序列识别的锌指蛋白发展起来的。从1986年Diakun等发现了Cys2-His2锌指模块，到1996年Kim等人首次人工连接了锌指蛋白与核酸内切酶，再到2005年Urnov等人发现一对由4个锌指连接而成的ZFN可识别24bp的特异性序列，由此揭开了ZFN在基因组编辑中的应用。② TALEN基因组编辑技术。2009年，研究者在植物病原体黄单胞菌（Xanthomonas）中发现一种转录激活子样效应因子，其蛋白核酸结合域的氨基酸序列与其靶位点的核酸序列有较恒定的对应关系。随后，TALE特异识别DNA序列的特性被用来取代ZFN技术中的锌指蛋白。由于其可设计性更强、不受上下游序列影响，因此比ZFN具有更广阔的应用潜力。③ CRISPR/Cas9基因组编辑技术。1987年，日本科学家在K12大肠杆菌的基因组内发现了独特的正向重复间隔串联序列，随后发现该重复序列广泛存在于细菌和古细菌的基因组中。2002年被科学家定义为CRISPR/CAS系统。经过几十年的研究，2007年丹麦的Danisco食品公司用噬菌体免疫嗜热链球菌（将乳糖转换成乳酸）使其具有抗噬菌体能力，证明CRISPR与原核生物的获得性免疫相关。在这个系统中，只凭借一段RNA便能识别外来基因并将其降解为功能蛋白，引起了研究者的兴趣。直到2012年，Jinek等第一次在体外系统中应用CRISPR/Cas9为一种可编辑的短RNA介导的DNA核酸内切酶，标志着CRISPR/Cas9基因组编辑技术成功问世。

（二）学科发展现状及动态

1. 动物基因工程

（1）基因打靶技术

目前动物基因工程主要围绕提高外源基因在受体细胞中定点整合率、表达水平、精准靶向修饰DNA等开展研究，尤其是基因编辑技术日新月异，不断创新。外源基因整合进入宿主细胞基因组常采用随机整合，导致外源基因插入染色体的位置、拷贝数、表达水平等情况都不可预知，进而影响其表达。而基因打靶是通过外源基因与受体细胞基因组中序列相同或相近的基因发生同源重组，将外源基因整合到某一特定位点上，从而实现外源基因的定点整合、修饰和改造受体细胞遗传特性的技术，能够实现外源基因稳定表达。2006年，Yu等将体细胞核移植和基因敲除技术相结合制备了朊蛋白基因敲除山羊，为利用基因打靶技术制备抗疯牛病和羊瘙痒症动物新品种提供了新思路。

（2）人工染色体

外源基因表达受很多因素的影响，如启动子及增强子的选择、外源基因拷贝数、密码子偏好性、外源基因与内源基因相互作用等。不同物种在编码蛋白时，对简并密码子具有偏好性，导致受体系统对外源基因的翻译效率有较大影响，因此在外源基因导入时需要针对受体系统的密码子偏好性进行改造。同时，选择具有组织发育特异性调控作用的增强子是提高外源基因表达的有效策略之一。人工染色体（BAC）和酵母人工染色体（YAC）系统可以降低外源基因与内源基因的互作效应，达到一种绝缘整合的效果。由于其片段大（通常为 100 ~ 300Kb）并携带有完整的基因调控元件，故能高效稳定表达外源蛋白。研究表明，人工染色体是高效稳定表达目的蛋白的理想载体，国际上很多课题组围绕人工染色体开展了大片段基因转移和基因置换的研究。

（3）新的基因编辑技术

近年来，ZFN、TALEN、CRISPA/Cas9 技术通过对靶序列引入双链断裂，从而极大地提高了特异位点序列的突变频率以及外源模板存在时的同源重组效率。2012 年，TALEN 被 *Science* 杂志评为十大科学突破之一。2013 年，美国两个实验室在 *Science* 杂志发表了基于 CRISPR/Cas9 技术在细胞系中进行基因敲除的新方法，该技术与以往的技术不同，是利用靶点特异性的 RNA 将 Cas9 核酸酶带到基因组上的具体靶点，从而对特定基因位点进行切割导致突变。该技术迅速被运用到基因敲除小鼠和大鼠动物模型的构建之中。通过一系列研究，首先证明了通过 RNA 注射的方式将 CRISPR/Cas9 系统导入小鼠受精卵比 DNA 注射能更有效地在胚胎中产生定点突变。在此基础上，又发现了该方法没有小鼠遗传品系的限制，能够对大片段的基因组 DNA 进行删除，也可以通过同时注射针对不同基因的 RNA 序列达到在同一只小鼠或大鼠中产生多个基因突变的效果。CRISPR/Cas9 是目前最热门的基因组编辑工具，2014 年以来，国内外多个研究小组聚焦这一领域，在 *Science*、*Nature* 和 *Cell* 等杂志上发表多项重要成果，而生物技术公司也迅速推出相关产品。CRISPR/Cas9 系统具有如下技术优势：① 只需合成一个 sgRNA 就可对目的基因和位点进行特异性的准确编辑修饰；② Cas9 蛋白不具有特异性；③ 编码 sgRNA 的序列 100bp 左右，比构建 ZFN 和 TALEN 模块要简单快速得多；④ 较短的 sgRNA 避免了超长、高度重复 TALENs 编码载体带来的并发症。周期短、成本低、高效率的 CRISPR/Cas9 基因组编辑技术已经成为现阶段基因功能研究的重要手段，这些技术方法也提高了转基因动物的制备效率，使转基因动物的基因表达调控更加精确，加快了转基因动物培育的速度。

2. 细胞生物工程

（1）干细胞研究

我国干细胞研究几乎与发达国家同步，但面对干细胞产业整装待发，我国政府显得始料未及。国家在一系列重大科技专项中对以临床应用为目标的干细胞技术及产品研发给予了连续的巨额资金支持。目前我国生产的药品 97% 为仿制药，其余基本都是剂型转换、分子结构修饰的所谓"新药"。客观地说，我国在药物开发领域仅有"仿制"的经验，尚未建立完善的"创制"体系。而干细胞药品的未知性、高风险更是对我国创新体系的全新挑战。干细胞作为战略性新兴产业的典型代表，其自身发展特点决定着所带来的新技术、新产品、新业务在一定时期内超越现有标准和规范，"中国创造"必然要会对"中国制造"时代形成的部门管辖条块构成冲击，期待政府尽快作出响应。

（2）转基因动物研究

2001年，中国农业大学在唐山芦台经济技术开发区成立了中国第一个体细胞克隆牛胚胎移植中心，次年4月，中国第一头地方优质奶牛在芦台经济技术开发区诞生，并于2004年利用胚胎移植技术成功培育出具有世界最新药物蛋白基因的2头克隆奶牛。芦台经济技术开发区克隆牛的成活率处于我国领先水平，可为国内牛胚胎移植提供很好的参考和技术服务。中国科学院昆明动物研究所、云南中科胚胎工程中心和西藏自治区共同合作，经过不到一年的攻关，于2006年6月利用胚胎移植技术成功获得了4头小牦牛崽，同时技术人员成功导入了野生牦牛的遗传基因，有效改良了牦牛的遗传性能和生产性能，为今后牦牛品质选育、良种扩繁、牦牛生产性能提高以及牦牛生产周期缩短等起到了重要作用。新疆的畜牧资源丰富，经过多年发展，分别实现了牛、羊的胚胎移植试验，走在全国胚胎移植方向的前列。2004年6月，新疆天山马鹿种源保护与繁育基地利用胚胎移植繁育马鹿，成功产下7头活体。2007年7月，由全国著名胚胎移植专家、新疆农牧科学院畜牧研究所所长陈静波主持的课题组成功获得了全国首例驴胚胎移植成果，成功产下一头胚胎移植的策勒驴。

迄今为止，全世界已有乳腺细胞、卵丘细胞和输卵管上皮细胞、颗粒细胞、肌肉细胞、皮肤细胞、睾丸支持细胞、胎儿成纤维细胞和耳皮肤成纤维细胞9种体细胞克隆后代成功诞生。近年来随着分子遗传学的迅速发展，目前已能得到一些真核细胞的克隆化基因，把这些基因通过显微操作导入小鼠受精卵的原核中，再植入假孕的子宫，通过发育得到的个体不但能表达该基因决定的性状，并能将该基因传给第二代。转基因技术可用于研究基因组织特异性表达和特异生长阶段表达的分子基础，可以引起正常基因产物的过量表达，也可以阻断一个基因的表达，有助于查明该基因对哺乳动物发育是否必需。基因转移的直接意义在于通过改变或去除某一个基因，研究蛋白质和基因间的关系，利用转基因动物进行蛋白质、酶类、激素等生产。

3. 动物分子评估技术

目前，动物分子评估技术普遍采用SNP芯片、基因组重测序、简化基因组测序等技术获得基因组范围内的单核苷酸变异（SNVs）和其他基因组结构变异（SVs），用来分析群体遗传结构、鉴定系统分类、挖掘基因功能等。2005年，*Science*杂志首次报道利用全基因组关联分析鉴定了年龄相关视网膜黄斑变性结果，随后一大批有关复杂疾病的GWAS报道不断出现，随着不同基因组测序的相继完成以及高通量测序技术平台的搭建，GWAS开始在畜禽疾病性状和数量性状基因鉴定方面发挥重要作用。国家"863"计划课题"基于高密度SNP芯片的牛、猪基因组选择技术研究"以杜洛克种猪和荷斯坦奶牛为研究对象，采用全基因组 SNP 芯片对猪、牛基因组进行分子育种值估计，更准确地对种用家畜进行早期选种，开始了我国的家畜全基因组分子评估的研究及应用。

4. 动物分子育种技术

（1）全基因组选择

基因组选择基于对畜禽 GEBV 的选择，因此 GEBV 评估的可靠性是实施基因组选择的关键。影响可靠性的因素主要包括使用标记的数量或密度、标记与功能基因之间的连锁不平衡关系、参考群体的规模及信息的可靠程度、性状本身的遗传特性等。目前的发展动态集中在以下 4 个方面：① 基因组选择模型的发展。目前基因组育种估计方法的研究主要有最佳线性无偏估计（Bestlinear unbiased prediction，BLUP）和贝叶斯（Bayes）两大类方法。BLUP 方法主要有岭回归 BLUP（Ridge Regression BLUP、RR-BLUP）和 GBLUP，而 Bayes 方法主要有 BayesA、BayesB、BayesLASSO 和 BayesMixture 等。近年来的研究主要集中在如何根据所研究的性状以及群体结构的不同，采用最有效的分析方法达到最高的遗传评估准确性。Wellmann 等将显性效应加入分析模型中，GEBV 的准确率可提高 17%。Su 等和 Yang 等也分别提出新方法用于估计非加性效应，Su 等利用丹麦杜洛克猪的体重数据进行验证，发现包含非加性效应的模型，GEBV 可靠性可提高约 3%。② 参考群体的扩大和联合。参考群体大小是影响基因组育种值估计准确性的重要原因之一。Meuwissen 等发现当参考群数量从 500 提高到 2200 时，GEBV 与真实育种值的相关系数提高了约 20%。在育种实践中，为扩大参考群体数量、提高 GEBV 准确性，奶牛育种组织之间已开展国际合作，如 UNCEIA（法国）、VikingGenetics（丹麦、瑞典和芬兰）、DHVVIT（德国）和 CRV（荷兰）4 个欧洲育种组织分别提供 4000 头荷斯坦奶牛构建了总数达 16000 头的共享参考群，使用该共享参考群比使用单独的参考群 GEBV 可靠性平均提高达 10%。目前在国际奶牛组织 InterBull 的倡导下，正在试图整合世界主要国家数据组建全球化的参考群，以进一步提高 GEBV 准确率。③ 基因组选择应用于杂交群体。除纯系群体外，杂交群体也普遍存在于畜禽育种中，如家禽、猪和肉牛的商业品系繁育。研究结果表明，基因组选择可有效利用杂交群体表型，改进杂交群体的性状表现。Zeng 等在模型中考虑非加性效应，研究纯系群体基因组选择对杂交后代群体的性状改进，结果表明考虑非加性效应的模型优于加性效应模型。Christensen 等针对杂交群体对基因组选择一步法进行改进，该改进模型可同时估计纯系和杂交品系基因组育种值。④ 高密度 SNP 芯片的开发和使用。遗传标记信息的增加可以提高 GEBV 准确率。当前在畜禽基因组选择研究中普遍采用 50 ~ 60K 的 SNP 标记，牛已从 54K 提高到 777K，鸡已从 60K 提高到 600K，高密度的商业化 SNP 芯片已经广泛应用。然而，并非标记密度越高，估计能力越强，只有在标记与 QTL 连锁程度较低时，增加标记密度才能提高基因组育种值估计能力。

（2）基因组编辑技术及转基因育种

我国的基因组编辑技术，尤其是动物机体的基因组编辑技术日益发展。近年来利用这些新型的技术，国内已经在猪、牛、羊等多种家畜中实现其基因组的定点修饰，并且肉品质、生长速度、抗病能力等关键生产性状的基因改良也取得了一定的突破。

2014年，赵宇航等利用锌指核酸酶技术对牛成纤维细胞Myostatin基因进行了定点敲除，从而为肉用牛的品质改良和育种工作提供了基础资料。2012年，张存芳等成功获得靶向识别并切割绵羊MSTN基因的锌指核酸酶重组腺病毒。2013年，熊锴筛选出敲除BLG基因奶山羊的锌指核酸酶组合。2014年，唐成程利用TALEN技术获得了敲除albumin基因的阳性猪，为获得新的人血清白蛋白动物生物反应器奠定了基础。在此之后又相继获得了含HbgAg乙型肝炎表面抗原基因的转基因兔、含EPO基因和人乙型肝炎表面抗原基因2种乳腺特异性表达的转基因山羊、含"生物钢"蛋白基因的转基因老鼠等各种转基因动物模型。

早在转基因技术发展的初始阶段，我国科学家就已经参与其中，朱作言院士培育的转人生长激素基因鱼属世界首例。目前，我国科研人员已经成功培育出转基因猪、牛、羊、鸡等重要家禽家畜新品种和家蚕、兔子、水貂等经济动物。目前转基因育种的研究主要集中在提高动物的生长率、提高动物产毛性能和品质、提高抗病性、改善肉品质和奶品质等几个方面。

提高农业动物的生产能力、为社会提供更优质的动物产品、提高畜牧业的生产效率一直以来都是育种人员的研究重点。通过转基因技术改良动物的生长速度、肉质组成、乳成分和产毛性能等性状，可以在短时间内大幅改良动物特定的生产性状，具有重要的应用价值。

利用转基因技术可以改善畜产品的肉质组成，得到的畜产品具有瘦肉率高、脂肪量少等特点。Myostatin基因是肌肉生长抑制素基因，其自发突变的牛、狗和人的肌肉生长显著增强，表现出"双肌性状"。中国农业大学李宁教授团队利用锌指核酸酶对鲁西黄牛的Myostatin基因进行敲除，得到了2头健康存活的基因敲除公牛并且具有双肌性状，为我国培育高品质转基因肉牛新品种提供了良好的育种材料。2014年，中国科学院周琪研究员利用Cas9技术获得vWF基因敲出转基因猪；同年中国农业大学连正兴和赵要风教授团队利用Cas9技术获得Myostatin基因敲除转基因羊。为Cas9技术在农业动物上的应用提供了实践经验。

通过转基因技术，在牛奶中表达人乳所特有的成分，可以得到"人乳化牛奶"。乳铁蛋白能够促进婴儿对铁的吸收，提高婴儿的免疫力，抵抗消化道疾病的感染。乳铁蛋白在人乳中的含量为1～2g/L，而在牛奶中的含量仅为0.1g/L。通过转基因的方法使奶牛产出的牛奶中的乳铁蛋白含量达到人乳的水平，是牛奶"人乳化"的重要一步。溶菌酶是人乳中重要的抗菌蛋白，可以增强婴儿对肠道感染的抵抗力。中国农业大学李宁教授及其科研团队利用转基因克隆技术成功获得了人乳铁蛋白、人溶菌酶转基因克隆奶牛，人乳铁蛋白在转基因牛牛乳中的平均表达量达到3.43g/L，为我国"人乳化牛奶"产业化奠定了重要的基础。

疾病防治在畜牧业生产中占有极其重要的地位，培育具有抗病能力的家畜新品种将大大降低畜牧业的成本和风险，促进畜牧业的健康、可持续发展。2006 年，莱阳农学院董雅娟等与日本山口大学合作，成功培育出 2 头具有抗疯牛病基因的转基因奶牛。2007 年，该研究组通过基因打靶技术将牛的 PRNP 基因双位点灭活，获得了存活两年以上的转基因牛。这些牛在临床解剖、生理发育、组织病理以及免疫和生殖发育方面都很正常，而且在体外试验中能够很好地抵抗疯牛病的传染，这为生产不含朊蛋白的肉、奶制品提供了一种很好的方法。2008 年，吉林大学欧阳红生等获得抗猪瘟的克隆猪，其供体细胞表达特异性干扰猪瘟病毒 Npro 基因和 NS4A 基因的 siRNA，可有效抑制猪瘟病毒的复制。

江苏省转基因动物制药工程研究中心已经获得了乳腺特异表达人生长激素、乙型肝炎病毒表面抗原、促红细胞生成素、人乳铁蛋白、人溶菌酶等转基因山羊、小鼠和鸡，使目的基因在其体内表达，获得可用于治疗或预防人类疾病的转基因生物药品。中国科学院昆明动物研究所成功培育出转基因猕猴，此成果为人类重大疾病的非人灵长类动物模型的深入研究奠定了坚实基础。由于非人灵长类在生物学、遗传学和行为学等方面与人类高度相似，使之成为人类疾病理想的甚至是不可替代的动物模型，在药理药效的临床前安全评价中有至关重要的作用。中国农业大学李宁教授团队利用猪腮腺分泌蛋白基因启动子启动细菌植酸酶在转基因小鼠体内表达，获得的两组转基因小鼠其粪便中磷含量相对野生型小鼠分别减少 8.5% 和 12.5%，成功建立了模型动物，对磷污染的清除效果达到国际领先水平。

转基因动物新品种培育已经得到了我国政府的高度重视，2008 年 7 月，国务院常务会议审议并原则通过了转基因生物新品种培育科技重大专项，投入资金约 200 亿元进行优势基因发掘、转基因生物新品种培育和产业化方向研究，力争在 10 年内，使我国生物技术基础研究水平进入世界先进行列，同时培养 2 万 ~ 4 万人的研究队伍，使生物产业年产值超过 3000 亿元。

（三）学科重大进展及标志性成果

1. 高通量测序技术的应用深入解析动物结构基因组

我国利用二代 Illumina HiSeq2000 测序平台，对一只雄性川金丝猴（R. roxellana）（疣猴亚科，仰鼻猴属 Rhinopithecus）进行了 de novo 测序（测序深度达到 146×），并对同属的滇金丝猴（R. bieti）、黔金丝猴（R. brelichi）和缅甸金丝猴（R. strykeri）进行了全基因组重测序（各 30× 左右），通过比较基因组学，结合功能实验和宏基因组分析，揭示了灵长类植食性适应的分子机制，并阐明了金丝猴属的起源和演化历史。研究结果于 2014 年 11 月 2 日以封面文章在 *Nature Genetics* 上发表。

中国联合其他国际研究组通过绵羊与其他哺乳动物的遗传基础进行比较，解释了绵羊特殊消化系统及绵羊独特脂肪代谢过程，定位了维持其厚实、毛茸茸的皮毛性状基因。相关文章发表于 2014 年 6 月 6 日的 *Science* 杂志上。

中国科学家通过比较北极熊和棕熊的基因组，揭示出北极熊是比以前认为的更年轻的一个物种，其与棕熊在不到 50 万年前发生了分歧。分析结果还揭示了与北极熊能够适应北极地区生活相关的几个基因。研究结果被选作封面故事发表在 2014 年 5 月 8 日的 *Cell* 杂志上。

中国联合美国研究人员共同完成构建了覆盖我国 24 个省、直辖市、自治区现有 68 个猪种的中国地方猪种基因组 DNA 库，鉴别了 4100 万个基因组变异位点，其中 2100 万个为新发现的位点（占 52%），极大地丰富了国际猪基因组遗传变异位点数据库，为全球特别是中国地方猪种质特性遗传机制研究和优良基因资源挖掘提供了重要的基础性科学数据。利用这些数据与公共数据库中的欧洲猪种基因组数据进行比较，发现中欧猪种之间存在广泛的基因交流，证实了中国地方猪对全球现代商业猪种的培育作出过重要贡献。同时，意外发现了中国北方猪单倍型很可能来自另一个已经灭绝的猪属（Suide），该属间杂交事件据推算发生于数十万年前。这是首次在哺乳动物中发现古老属间杂交导致适应性进化的遗传学证据，改变了人们对哺乳动物适应性进化的认识。该研究于 2015 年 1 月 26 日发表于 *Nature Genetics* 杂志上。

中国科学家对藏獒、藏狗及低海拔犬种进行全基因组测序，并结合中国土狗和灰狼的群体 SNP 数据，挖掘到藏獒基因组中高度分化的区域，发现了 EPAS1、HBB16 等低氧选择基因。该研究为藏獒的品种资源保护以及家养动物高原适应的分子机制提供重要信息。这些研究结果发表在 *Molecular Biology and Evolution*（2014 年 2 月）和 *Genome Research*（2014 年 8 月）杂志上。

中国学者测定了蒙古马和普氏野马的全基因组，确认了蒙古马和普氏野马间的一次染色体罗伯逊易位事件，并且发现罗伯逊易位并没有导致染色体更多的局部重排，说明罗伯逊易位和染色体局部重排可能由不同的机制引起。研究还发现了两种重复序列对基因组的不稳定性有着强烈的影响。该成果于 2014 年 5 月 14 日发表在 *Scientific Reports* 杂志上。

中国学者在古代动物遗传评估上也取得重要进展，成功获取了世界上最古老的鸡骨遗骸线粒体 DNA 序列，证明了一万年前生活在中国北方地区的家鸡原始群体是现代家鸡的祖先群体之一，提出了中国北方地区是除南亚、东南亚地区之外的另一个重要家鸡起源地——中国北方地区的家鸡驯化大约从新时期时代早期就已经开始，为探寻世界范围内家鸡的传播路径和节点时间奠定了重要的研究基础。该研究于 2014 年 12 月 9 日以封面文章发表在 *PNAS* 杂志上。

2. 基因编辑技术的发展推进了遗传修饰动物培育

（1）基因组编辑技术的快速发展

随着高通量测序技术的发展，后基因组时代的研究重点已转移至如何阐明基因功能。而新的基因组编辑技术的兴起极大地推进了基因功能的研究。研究者采用基因打靶技术可获得许多疾病相关模型，这些模型在基因功能、疾病治疗及基因治疗等方面发挥着越来越重要的作用。2013 年 6 月，上海市调控生物学重点实验室、华东师范大学生命科学院生命医学研究所刘明耀教授和李大力副教授课题组在 *Nucleic Acids Research* 发表了关于转录激活样效应因子核酸酶（TALEN）的技术论文，成为世界上最早利用该技术构建基因敲除小鼠的两个团队之一。

2014年，中国农业大学连正兴课题组获得世界上首例利用CRISPR/Cas9技术打靶基因的绵羊，建立了定点编辑Myostatin基因的绵羊模型，为CRISPR/Cas9技术应用于绵羊生产性状的研究提供了参考和依据。南京大学模式动物研究所的黄行许博士于2014年12月成功利用CRISPR/Cas9技术在猴子中介导了精确的基因打靶修饰。2015年3月，西北农林科技大学张涌团队通过TALEN技术获得了抗结核的转基因牛。2015年4月，吉林大学赖良学教授研究团队利用最新的CRISPR/Cas9技术成功培育出两种基因敲除克隆小型猪，即PARK2和PINK1双基因敲除猪，建立了人类白化病和帕金森综合征两种猪模型。

（2）转基因动物的高效制备

我国自转基因动物新品种培育重大专项启动以来，克隆和验证了一批有育种价值的功能基因，并建立了高效的表达技术体系，其在转基因动物新品种培育中发挥了巨大作用，先后获得了一批抗病力高、肉质好、重要经济性状明显提高的转基因动物。

通过高效表达TLR4基因，培育了一批抗布氏杆菌转基因羊，病原菌攻毒验证转基因羊感染率降低20%，使布病疫区转基因羊自然感染率降低了12%，表现出良好的应用前景。克隆转基因获得IGF-1超细毛羊，羊毛产量提高了20%。利用组织特异性表达技术，开发了乳腺生物反应器，构建乳腺特异表达载体，在牛乳房特异性表达高附加值外源蛋白，培育了人乳铁蛋白转基因牛，其牛奶中人乳铁蛋白含量达到10g/L，是国际上含量最高的转基因动物。利用BAC技术，制备了牛奶高表达人溶菌酶牛乳腺生物反应器。优化线虫fat-1基因密码子，构建适合哺乳动物的表达载体，培育了转sfat-1基因猪，其肌肉组织中ω-3多不饱和脂肪酸的含量与普通猪（2.20%）比较，达到了15.26%。利用RNAi技术，对口蹄疫病毒保守的VP1区域设计和验证了靶点，制备了抗口蹄疫病毒的转基因羊30余只，转基因羊病毒颗粒比非转基因细胞减少了100倍以上，证实转基因山羊细胞可以抑制口蹄疫病毒基因组的复制，初步显示转基因羊具有抗口蹄疫能力。上述实践证明动物基因工程与胚体工程相结合，能够快速、定向地改变动物遗传性状，加快动物新品种培育的进程。

高品质转基因奶牛具有高产奶量和高乳蛋白量，并含有具有提高免疫力、促进铁吸收、改善睡眠等特殊功能的重组人乳蛋白。中国已建立具有自主知识产权和国际先进水平的转基因奶牛生产和扩繁技术平台，获得原代转基因奶牛60多头、第二代转基因公牛24头、第三代转基因奶牛200多头，经国家农业部批准，这些高品质转基因奶牛已进入转基因生物安全评价生产性试验。而经中国疾病预防控制中心食品研究所等机构检测，转基因奶牛具有正常的生长、繁殖及生产性能。

基因编辑技术已经在农业大动物应用上取得了成功，加速了生物育种的速度。目前，中国拥有很多优秀的研发团队，拥有很强的科研能力。与发达国家相比，在很多方面我们有自己的特色，某些方面甚至走在世界前列。

（3）生物传感器的研发和应用

自从1962年科学家们首先在水母体内发现绿色荧光蛋白（GFP）以来，这种神奇的蛋白质技术获得飞速发展，成为生物学功能研究的重要工具之一。除了水母中的绿色荧光蛋白，研究人员还从其他的动物体内分离获得了多种GFP样的荧光蛋白。在过去的十年里，各种不同光谱的荧光蛋白不断地被发现，受到启发的研究人员一直期待着开发出一种工具能够对生物功能进行直接的显像研究。除了最常见的利用荧光蛋白成像观测基因表达和蛋白质动态，现在科学家们又利用荧光蛋白研发了生物传感器，可用于检测离子和小分子浓度、酶活性、蛋白质翻译后修饰及蛋白构象改变。此外，一些荧光蛋白所具有的独特特性使得这些荧光蛋白在适当的刺激下可经历结构的改变，通过打开荧光这个开光，或者改变荧光发射波长，从而能够脉冲标记细胞或分子亚群，实现复杂的动力学时空分析。

三、本学科国内外研究进展比较

（一）动物基因工程

近两年，我国动物基因工程快速发展，取得了长足的进步，尤其是动物基因工程在农业大动物上的应用方面，我们在国际著名杂志 *Nature Biotechnology*、*Nature Communications*、*PNAS* 和 *Cell Research* 等发表了多篇研究成果，体现了我国在本领域的研究水平和优势，但同时也看到了我国与国外的差距。

一是原创性研究少，追踪性研究多。在动物基因工程领域，我国原创性成果屈指可数，基础性和技术研发能力落后问题凸显，基本上以跟踪国外研究为主。如在外源基因表达技术上，虽然开发了多基因聚合表达，但关键的表达元件是国外开发研制的；条件控制基因表达技术使用的几乎是国外开发的Tet-Off/Tet-On及Cre-LoxP系统，缺乏自主的技术体系；目前的基因编辑技术ZFN、TALEN和CRISPA/Cas9全部由国外开发，国外控制了核心技术，我们在本领域基本没有原创性研究，都是在国外基础上对动物进行应用性的尝试，缺乏自主知识产权。

二是技术研发匮乏，系统性、集成性水平落后。国外本领域技术更新换代速度非常快、研发机制效率高，而我国略显不足。

（二）细胞生物工程

利用我国现有的理论和技术，在细胞生物工程方面，我们取得了显著的成绩，尤其在基因组编辑技术、生物芯片及干细胞研究上取得了一系列的成绩，极大地推动了我国动物生物技术研究的发展。在动物细胞工程方面，与国外同类学科相比，我国的优势与劣势是并存的。关于动物细胞工程在农业畜牧上的应用，中国理论性研究占到了很大的部分，实践应用性研究较少，未能直接提高经济效益和畜牧产业发展；国外在本学科更加注重新的经济性状的畜牧产品的培育，增加优良品系，改善现有的动物产业结构。中国作为发展中国家，基本国情决定了科学技术的投入，有限的基础研究经费使创新能力、人才和基础设施方面与国外相比略有不足。国外的科研管理体制更加完善，投入力度较大。中国动物细胞工程的重点应是提高创新能力，优先支持基因组学、蛋白组学等学科及其相关的新理论、新方法研究，进一步投入产业化，实现科研和应用的良好结合。

（三）动物分子育种技术

1. 基因组选择

（1）奶牛的全基因组选择

针对中国奶牛育种实际情况，中国农业大学、中国奶业协会、全国畜牧总站、北京奶牛中心、北京首农畜牧发展有限公司、上海奶牛育种中心有限公司联合开展了奶牛基因组选择理论和方法研究，建立了中国荷斯坦牛基因组选择技术平台，并在中国奶牛育种中实施应用。构建了中国第一个奶牛基因组选择参考群，目前该群体由 6000 头母牛和 400 头验证公牛组成，包括高密度 SNP 基因型数据和产奶、健康、体型、繁殖 4 类 34 个性状的表型数据，为中国实施奶牛基因组选择奠定了基础。同时，根据中国奶牛育种的实际情况，首次提出了基因组信息和传统育种信息结合的基因组性能指数（GCPI），并制订了青年公牛基因组选择具体实施方案，该成果提出的基因组选择方案已被农业部采用，并在全国奶牛育种中使用。

自 2012 年起，连续三年累计为全国 28 个公牛站的 1547 头青年公牛进行了基因组遗传评估，选出 724 头优秀青年公牛参与国家良种补贴项目，其冷冻精液已在全国范围内推广，促进了优良基因的快速传递，缩短了世代间隔，降低了育种成本，提高了中国荷斯坦牛的遗传改良速度。然而，与发达国家相比，中国奶牛基因组选择方法的应用还受到很多因素的制约，如参考群体的大小。欧洲联合基因组选择项目（Euro Genomics）的运行，建立起世界最大规模的奶牛基因组选择资源群体，同时随着各地区基因组选择项目的运行及数据积累，参考群体规模也将不断扩展。目前北美、欧洲和澳大利亚大多采用公牛及其女儿牛的群体作为参考群体，其参考群体内具有表型值和基因型值的公牛和女儿牛数量比较多，而中国由于后裔测定数量有限，每年参加测定的青年公牛很少，很难组建这种公牛加女儿牛的群体，因此我国目前在基因组选择方面更多的还是采用女儿牛群体进行分析。从各个国家不同群体规模和不同育种值估计方法的效果来看，参考群体数量大的基因组选择育种方案准确率较高，因此在模拟计算和育种实践中应增加参考群体规模。

（2）猪的全基因组选择

在国家"863"重大专项支持下，华南农业大学、广东温氏食品集团组建的国家生猪种业工程技术研究中心联合中国科学院院士吴常信、中国工程院院士李宁课题组和美国明尼苏达大学教授杨达课题组等历时 3 年攻关完成"基于高密度 SNP 芯片的猪基因组选择技术研究"，该研究采用全基因组 SNP 芯片对猪基因组育种值估计，这是我国首次开展的家畜全基因组选择技术研究及应用。该技术基于畜禽全基因组高密度 SNP 芯片平台，获得覆盖全基因组的标记信息，通过与对应的重要经济性状的表型信息进行全基因组关联分析，估计出基因组中每个标记的效应，最后利用估计的标记效应估算出个体的育种值（gEBV）。项目结合我国种猪育种实践，构建了杜洛克公猪基因组选择的参考群体，创建了基因组选择的核心技术体系和实施条件；依据研究性状成功建立了群体表型数据库以及准确、有效的全基因组选择新方法，提高了 gEBV 估计准确性，扩大了 gEBV 估计的适用范围；在广东温氏食品集团有限公司新兴育种公司种猪场开展了杜洛克种公猪的选种并用于后续的种猪生产。

（3）家禽的全基因组选择

目前国际肉鸡育种主要被安伟捷等少数几个大型家禽育种公司主导和控制。中国农业科学院畜牧兽医研究所文杰研究员报道分别用 GS 选择法、同胞选择法和随机留种法对三个群体进行选种，其中 GS 选择群体综合参考群基因型和表型、GS 待测群的基因型，利用 GBLUP 方法计算获得待测群全基因组估计育种值（GEBV）进行选种。选择两个世代后，利用全基因选择和同胞选择方法选择的群体平均肌内脂肪含量达 2.93%，均比随机留种鸡群提高 10%，遗传进展显著。证明全基因组选择方法在对肉质性状等活体不易测量的复杂性状的选择中具有应用前景。但是，基因组选择在商业公司的应用还未见报道。

2. 基因组编辑技术及转基因育种

动物基因组编辑技术应用正走向产业化的道路，具有十分广阔的前景。如基因组编辑技术可用来改良动物品种、提高生产性能、生产药物蛋白，其器官组织可作为人类器官移植的供体，建立诊断、治疗人类疾病及新药筛选的动物模型。中国动物基因组编辑技术发展速度落后于世界发达国家。由于起步较晚、队伍零散、支持力度不大，目前中国动物基因组编辑研究大都集中在建立基本的实验技术、探索物种特异性的技术方法等阶段。总体来讲，中国动物基因组编辑技术的研究具有以下几方面的问题：① 基础研究体系尚未完全建立；② 技术水平相对落后，不论是 ZFN、TALEN，还是 Cas9，大多以跟踪性研究为主，发展水平还处在建立基本方法的阶段，离应用开发尚有一定的距离；③ 原创性技术与知识产权严重缺乏；④ 技术的系统性、集成性还有待不断完善和提高。因此，建立一套准确、可靠、高效的基因组编辑技术体系是目前研究的另一个重点。

中国转基因动物科研水平很高，拥有很多具有发展潜力的科研成果，并培育出了提高肉质、提高动物抗病能力、改善牛奶品质、提高羊毛质量等转基因的猪、牛、羊。但是相比美国，我国在产业化方面还是存在较大的差距。美国所有的研究基本上是第一篇论文由科学界完成，其余的工作都是由企业完成或者在企业的支持下完成。产业化主要依靠企业投入，需要企业不断地跟踪、深入、系统化。比如，培育新的品种，需要对产品活性、产品纯化、产品安全进行评估，高校和研究院所很难从事这些系统规范化的工作，这时企业应该接过接力棒来完成这些工作。而中国的企业在这方面所做的努力比较少，或者说没有这个实力从事前沿技术产业化的探索，这是中国动物转基因技术和国外相比一个比较大的问题。

四、本学科未来发展展望与对策

（一）未来几年发展的战略需求、重点领域及优先发展方向

1. 动物基因工程

品种是畜牧业发展的核心竞争力，中国动物种业基本被国外大型育种公司垄断，而生物育种已经显现其优势，是加快中国自主品种培育的利器。动物基因工程技术的发展是生物育种的基础，因此未来几年重点研究的领域及优先发展方向有以下几方面：

一是加强乳腺高效基因表达技术研发，加速乳腺生物反应器发展。目前国外已有几种利用乳腺生物反应器生产的药物蛋白上市，获取了高额利润，凸显了基因工程生产药用蛋白的优势。虽然中国拥有良好乳腺生物反应器研究基础，但与国外还有一定差距，尤其在外源基因表达技术上需要加大力度研发，一方面筛选适合乳腺表达的高附加值蛋白，另一方面挖掘乳腺特异表达调控元件，高表达调控元件，开发乳腺高效表达外源基因的技术体系。

二是增强基因编辑理论和技术创新，为基础研究和应用研究提供有力工具。近两年，CRISPR/Cas9 基因编辑系统以其高效、便利等优势成为研究热点，但由于是新出现的技术，理论基础还不是很完善，有许多未知的东西需要发现，因此未来几年应该抓住机遇，集中力量研究 CRISPR/Cas9 基因编辑系统，在理论上取得新的突破，凸显本领域的国际地位。同时在技术上加大投入，拥有自主知识产权，为带动相关基础和应用研究提高基础。

三是加大基因编辑技术应用系统开发，推动动物生物育种跨越式发展。基因编辑技术在不同动物上的应用效果有一定差异，应该针对不同动物开发不同的基因编辑技术系统，着力研发 CRISPR/Cas9 技术介导的基因敲入和敲除，提高基因编辑效率，促进转基因动物的生产，推动中国生物育种的进程。

2. 细胞工程

动物细胞工程学作为一个独立的生物科学主导领域，其诞生和发展的历史虽然不长，但进入 21 世纪以来，细胞工程的研究进展及其在生产实践中产生的效益已是举世瞩目。它已成为高新技术开发的重要领域。

目前，人工授精、胚胎移植等技术已广泛应用于畜牧业生产。精液和胚胎的液氮超低温（-196℃）保存技术的综合使用，使优良公畜、禽的交配数与交配范围大为扩展，并且突破了动物交配的季节限制。另外，可以从优良母畜或公畜中分离出卵细胞与精子进行体外受精，然后再将人工控制的新型受精卵种植到种质较差的母畜子宫内，繁殖优良新个体。综合利用各项技术，如胚胎分割技术、核移植细胞融合技术、显微操作技术等在细胞水平改造卵细胞，有可能创造出高产奶牛、瘦肉型猪等新品种。特别是干细胞的建立，更展现了美好的前景。

动物克隆技术在人类的临床医学治疗领域具有重要的研究和潜在的应用价值，如利用

克隆技术治疗性克隆产生人的早期胚胎，从其中分离胚胎干细胞用于人的疾病治疗。这项技术是目前生物工程领域最前沿的技术之一，备受社会的关注。虽已成功地诞生了诸多克隆动物后代，但在人的克隆问题上，各国政府都通过立法或声明明确禁止克隆人，即生殖性克隆（reproductive cloning）。不过许多国家的政府和科学家有条件地支持治疗性克隆，即通过克隆产生人的早期囊胚（blastocyst），分离胚胎干细胞用于人类的疾病研究和临床治疗。

3. 动物分子评估技术

分子评估应用于动物资源系统分析、功能基因挖掘和品种选育，为动物育种实践工作开辟了新的领域且取得了一系列的成果。未来几年，仍需要继续利用我国丰富的动物品种资源进行特色性状功能基因的鉴定，为分子育种提供可靠的素材和信息。

4. 动物分子育种技术

（1）基因组选择

基因组测序技术的飞速发展、高通量数据的产生必将推动畜禽育种进入一个新局面，相信不久的将来还会有更多的革新出现在育种实践和理论研究中。基因组选择已经成为目前育种的最新手段，已经或者将要应用于主要农业动物（奶牛、肉牛、羊、猪、鸡、水禽）的选育工作中。因此，做好基础的数据记录和收集工作是应用这些先进技术手段的前提，开展联合育种、资源共享扩大参考群体的数量是利用该技术的基础，另外还要根据实际育种情况选择适合的统计模型和高通量数据分析技术，更好地分析和利用畜禽遗传变异，准确地评估畜禽育种值，为选育工作提供理论支持。做到真正科学、有效、适当地采用各种先进技术用于整个畜禽育种体系，推动我国畜牧业的健康、可持续发展。

（2）基因组编辑及转基因育种

首先，应该加强 CRISPR/Cas9 基因组编辑技术在动物育种中的应用。从目前国际研究进展可以看出，近两年兴起并引起高度关注的 CRISPR/Cas9 基因组编辑技术被誉为生命科学领域的革命性技术，能够实现对动物基因组的精确删除、插入和突变，达到按照人类需要改造动物基因组的目的。基因组编辑技术作为一种全新的基因操作方法，正在极大地改变着基因组研究的水平，也必将为动物育种带来深刻而长远的革命性影响。

CRISPR/Cas9 基因组编辑技术可从根本上提升畜牧业的整体水平和综合竞争能力，现已成为构筑中国现代畜牧业的基石和进一步实现跨越式发展的极为关键的条件和迫切需要；从生命科学研究和医药研发角度看，转基因技术会不断发展，不断创新，为人类带来更多更好的生物医药产品。有理由相信，在国家的宏观统筹和大力支持下，这样的技术进步必将加快生命科学的研究进程，推动优质、高效畜牧业的发展，对确保科学技术发展、食物安全保障和国民生活水平的提高都具有十分重要的战略意义。

虽然基因组编辑技术目前在安全性、技术成熟度、社会的认可度等方面都存在一些不确定的因素，但是从一个国家的战略高度来看，在抢占技术优势和科技先机的激烈竞争中，时机确是稍纵即逝的，而现在就是中国发展这一技术的最佳时机。中国的举国体制促成了一些基因组编辑技术重大专项的启动，使我们有能力在动物基因组编辑技术上进行集中攻关，特别是针对牛、羊和猪这样生物体系复杂、生殖周期长、饲养管理成本大的大动物，必须是国家体制的宏观协调才可能使这一技术从科研走向应用。

其次，需要加快转基因动物育种产业化发展。传统的动物育种方法受到种源的限制，其过程需要耗费大量的人力、物力和财力，经历漫长的培育过程，而且不同种间的杂交很困难，育种成果很难取得突破性进展。而利用新兴的基因组编辑技术，尤其是 CRISPR/Cas9 基因组编辑技术可以突破种源的限制及种间杂交的瓶颈，创造新性状或新品种，使分子育种更为直接，其在未来的动物育种中将发挥巨大的作用。

随着各国政府和投资机构对转基因动物产业的大力投入，国外的转基因动物育种产业发展已经形成了一定的规模。据不完全统计，截至 2013 年年底，全球共有超过 18 家动物转基因研发公司上市，最高市值超过 100 亿美元。我国的转基因动物育种产业尚处于形成阶段，大多数转基因动物育种技术都还掌握在高校和科研院所中，尚未完全转化。加快产业化发展是转基因动物育种的大趋势。

（二）未来几年发展的战略思路与对策措施

1. 细胞生物工程

细胞工程的应用广度和深度在生物、农业、医学、制药、工业等领域独树一帜，并且广泛地渗透到人类生产和生活的各个方面，并产生了极其深远的影响。随着动物细胞工程学在理论和技术上的不断深入和突破，其实际应用的价值之大、优势之强将是传统技术无可比拟的。因此，我国应大力发展动物细胞工程项目与推广，在生物制药、动物遗传育种、濒危动物保护和蛋白质生产等方面进行深而优的研究。

（1）医学及制药

细胞工程技术可大量工业生产天然稀有的药物，而且其产品具有高效性和对疾病的针对性。因而，细胞工程药物的发展必将给制药工业带来一次革命性飞跃，在人类的医疗保健中发挥越来越重要的作用。同时干细胞包括胚胎干细胞和组织干细胞技术的开发在人类疑难病症的临床治疗中的优势和地位越显突出。一直以来，干细胞都被称为医学界的万能细胞，具有再生各种组织和人体器官的潜在功能，具有重要的医学意义。骨髓干细胞移植和外周血造血干细胞移植技术在白血病、再生障碍性贫血、先天免疫缺陷、自身免疫性疾病、恶性实体瘤、放射性疾病、地中海贫血等 60 多种疾病的治疗中取得了巨大的成就。现在世界许多国家或地区已建立了造血干细胞库，国际骨髓移植登记处早在 1972 年就已诞生，欧洲骨髓移植小组于 1975 年正式成立，我国于 1992 年也建立了中华骨髓库。2013 年 12 月 1 日，美国哥伦比亚大学医学研究中心的科学家首次成功地将人体干细胞转化成了功能性的肺细胞和呼吸道细胞。2014 年 4 月，爱尔兰首个可用于人体的干细胞制造中心获得爱尔兰药品管理局的许可，在爱尔兰国立戈尔韦大学成立。我国也应大力发展干细胞研究，深化理论，完善技术，将干细胞工程产业化。

细胞工程技术在制药业中的应用开辟了现代制药的新领域。生物制药已成为现代制药业中发展最为迅速、研究最为活跃、成果最为丰富、前景最为广阔的产业，具有传统化工制药所不具备的优势和特点。动物细胞工程技术和植物细胞工程技术与微生物细胞工程技术一样是生物制药研究、开发和生产的重要技术手段，在现代制药业中其优势越发明显，已经取得了显著的成就。如干扰素、激素、细胞因子、蛋白酶、抗体、人用疫苗、兽用疫苗、新兴抗生素、核酸和蛋白类药物甚至包括保健药物等，尤其是动物细胞大规模体外培养技术的发展和成熟，不仅为生物制药的产业化创造了条件，而且为新研制药物在人或动物机体内的作用部位、作用方式和作用机制的分析研究提供了方便。未来的动物细胞工程结合基因工程，在家畜和人类的烈性传染病，特别是人类目前尚难以对抗的人畜共患病的新兴疫苗（包括 DNA 疫苗）的研究和开发方面具有极大的应用价值。

（2）动物遗传育种与繁殖

高产优质的家畜生产目标的实现在于家畜品种的改良，动物细胞工程作为一项高科技生物技术为家畜品种的遗传改良发挥了巨大的作用，这里主要是指胚胎工程的系列技术的应用。精液稀释、冷冻保存、性别精子分离、超数排卵、卵母细胞的采集、体外成熟、体外受精、体外发育、性别鉴定、胚胎分割、胚胎冷冻、胚胎移植、转基因技术和动物克隆等广泛用于家畜品种的改良和繁殖。相对于哺乳动物，鱼、贝、虾类和两栖类动物的遗传保守性较差，但操作相对简单，动物细胞工程育种在水产养殖动物上的进展更快一些。早在 20 世纪的 60 年代，我国就进行了鱼的胚胎细胞核移植研究，并获得了移核鱼。转基因技术在鱼的培育中的应用也取得了显著成绩，我国已成功培育出转人生长激素基因鱼，其体重比原品种增大了数倍。同时多倍体技术和雌核发育（gynogenesis）技术在水产养殖动物的育种与繁殖中得到应用。

（3）蛋白质生产

目前，利用转基因山羊、绵羊、猪和牛的血液和乳腺为生物反应器可生产人血红蛋白、球蛋白、组织纤维溶酶原激活因子、乳清蛋白、抗胰蛋白酶、乳铁蛋白、酪蛋白、生长因子。大规模动物细胞培养技术体系的建立与成熟，使规模化生产干扰素、激素、疫苗和单克隆抗体和细胞因子等成为现实。工程菌虽能表达、合成和生产人或动物的蛋白质，但由于微生物细胞缺少蛋白质转录后的修饰机制，因此工程菌所产生的蛋白质分子不具有生物学活性。

由于起步较晚，基础理论研究还有待深入挖掘，同时相关理论与技术人员匮乏，目前细胞工程科研成果转换还存在一定障碍。虽然细胞工程技术服务产生了一定经济效益，但相当一部分还未能走入市场，其相关上市审批存在障碍，导致科研成果难以转化、企业不愿投入科研资金。近年来，我国细胞工程如干细胞研究、动物胚胎工程和动物生物反应器等在某些领域已处于世界前沿，我们必须抓住这一契机，促进我国在动物细胞工程方面的高速发展。

2. 动物分子评估技术

利用分子评估技术加强系统性和创新性研究，推动了生物多样性演变机制及资源生物持续利用的分子基础研究，解决了一些长期悬而未决的重要科学理论问题，推动了我国珍稀濒危动物保护和家养动物经济性状挖掘，为国家战略遗传资源的可持续利用，以及我国西南部生物多样性保护的发展提供理论依据和科技支撑。

3. 动物分子育种技术

（1）基因组选择

第一，需要构建全国性的共享参考群体。发达国家已经建立跨地区的奶牛参考群体，以期扩大规模，提高基因组选择的准确性。我国畜禽的生产性能测定起步较晚，数据收集不全面，更应该借鉴发达国家的经验，广泛开展区域联合，构建足够数量和有代表性的参考群体。建立多个群体数量大、测定性状具较大代表性和覆盖度的全国性基因组选择参考群体，获得表型和基因型公共数据；一些家禽育种公司也可根据自身育种需要建立小规模的基因组选择参考群，然后综合利用国家建立的公共参考群体和自身参考群体的表型和基因组信息以及育种公司育种候选群体的信息开展家禽基因组选择。既可保证国家公共资源的共享，也实现了各育种公司根据其育种目标的独立育种，可大幅提高育种效率。

第二，需要构建基因分型平台。虽然基因芯片分型费用一直在下降，但目前仍然是实施基因组选择的最大成本。通过依托科研院所等公益性科研机构构建全国性基因分型平台，对参考群体和候选个体进行集中分型，可以有效降低基因分型费用。同时由于采用同一标准进行分型，降低了系统误差，有利于数据共享。

第三，需要构建基因组选择公共信息平台。由于基因组育种值估计的复杂性和计算量巨大，前期需要投入大量资金用于计算服务器集群建设。基因组育种值估计对运算的需求更高，相应的计算机硬件投入更多。为避免重复建设和有效利用资源，建议在国家层面成立畜禽育种遗传评估超级计算中心，建立全国性的基因组育种值遗传评估公共平台，供国内科研机构研究和育种公司商业育种使用。

（2）基因组编辑

首先，需要加强基因组编辑技术理论、方法和材料的研发与创新。目前，技术的瓶颈制约着我们对于动物基因组的结构、功能、表达调控机制的认识，已有的研究也仅对少数基因进行了遗传操作和功能分析。这些基础研究的滞后，一方面影响着有价值的、功能明确的基因挖掘利用，另一方面也制约着基因编辑技术的不断发展和完善。目前出现的问题有国内缺乏具有自主知识产权的基因和调控元件、外源基因在受体动物染色体中的定位整合和在特定组织及发育阶段的表达无法控制、转基因遗传的不稳定性以及转基因动物出现的各种类型的发育异常等，我们必须加大对新出现的基因组编辑技术（如 ZFN、TALEN 及 CRISPR/Cas9）基本原理和机制的全面了解与跟踪，同时在方法与材料的选择上应大胆创新与动物遗传育种工作相结合，逐步培育出优良性状的动物模型和个体，满足我国日益增长的农畜产品需要。

其次，基因组编辑技术平台需要进一步建立和完善。近年来，随着部分基因组编辑技术相关的重大专项工作推进，我国规模化基因组编辑技术研究取得长足的发展：发掘出大批功能基因；搭建 ZFN、TALEN、CRISPR/Cas9 介导的高效基因修饰技术平台及其切割效率检测平台；对供体细胞的分离、培养和筛选流程进行优化；完善体细胞核移植和原核显微注射体系平台，并与新型的基因组编辑技术有机结合，实现目的基因定点、高效、安全的整合；通过再克隆、胚胎移植、人工授精及常规育种等多种技术的集成创新，建立转基因动物扩繁技术体系，可在较短时间内扩大转基因种群数量，并且实现了这些技术体系的资源共享，为众多单位提供了技术服务支撑，使基因编辑技术得到普遍应用。

（3）转基因育种

首先，需建立一套科学的评价办法，正确宣传转基因技术及其产品。科学工作者以及管理部门要以高度负责的态度对转基因动物产品进行长期安全性评估。安全标准不能停留在理论上，而需要更多的安全性试验和长期的跟踪观察，让有良知的专家教授实事求是地向民众介绍转基因的动植物及其产品，严禁虚假宣传，贻害百姓。其次，还需进一步整合资源，加强安全管理。转基因技术研究需要大量的资金支持，从以克隆羊 Dolly 闻名于世的苏格兰生物技术公司 PPL 公司的研究报告来看，采用转基因技术，每获得一个转基因羊后代，需要 51.4 头羊；而采用基因打靶技术，每获得 1 头转基因羊后代，也需要 20.8 头羊。目前我国参与转基因技术研究的队伍迅速扩张，管理十分混乱，缺乏政策法规和道德伦理方面的约束，更没有长期计划与管理办法。因此，建议国家重点支持一部分有条件、有技术的人员专门从事这项研究，建立资源（包括成果和信息）共享机制，减少不必要的浪费。同时要加强转基因动物（特别是转基因动物生产方法）安全技术的研究，开发出减少或消除对动物健康产生危害的新技术和新方法。

— 参考文献 —

［1］ Ai H, Fang X, Yang B,et al. Adaptation and possible ancient interspecies introgression in pigs identified by whole-genome sequencing［J］. Nat Genet, 2015,47（3）:217-225.

［2］ Bouquet A, J Juga. Integrating genomic selection into dairy cattle breeding programmes: a review［J］. Animal, 2013,7（5）:705-713.

［3］ Carneiro M, Rubin CJ, Palma FD, et al. Rabbit genome analysis reveals a polygenic basis for phenotypic change during domestication［J］. Science, 2014, 345（6200）:1074-1079.

［4］ Chen VP, Xie HQ, Chan WK, et al. The PRiMA-linked cholinesterase tetramers are assembled from homodimers: hybrid molecules composed of acetylcholinesterase and butyrylcholinesterase dimers are up-regulated during development of chicken brain［J］. J Biol Chem, 2010（285）: 27265-27278.

［5］ Daetwyler HD, Hickey JM, Henshall JM, et al. Accuracy of estimated genomic breeding values for wool and meat traits in a multi-breed sheep population［J］. Animal Production Science, 2010（50）:1004-1010.

［6］ Gonzalez-Recio O, Gianola D, Rosa GJ, et al. Genome-assisted prediction of a quantitative trait measured in parents and progeny: application to food conversion rate in chickens［J］. Genet Sel Evol, 2009（41）:3.

［7］ Gou X, Wang Z, Li N, et al. Whole-genome sequencing of six dog breeds from continuous altitudes reveals adaptation to high-altitude hypoxia［J］. Genome Res, 2014, 24（8）:1308-1315.

［8］ Huang J, Zhao Y, Shiraigol W, et al. Analysis of horse genomes provides insight into the diversification and adaptive evolution of karyotype［J］. Sci Rep, 2014（4）:4958.

［9］ Jiang Y, Xie M, Chen W, et al. The sheep genome illuminates biology of the rumen and lipid metabolism［J］. Science, 2014,6（344）:1168–1173.

［10］ J ö nsson H, Schubert M, Seguin–Orlando A, et al. Speciation with gene flow in equids despite extensive chromosomal plasticity［J］. Proc Natl Acad Sci U S A, 2014, 111（52）:18655–18660.

［11］ Klein RJ, Zeiss C, Chew EY,et al. Complement factor H polymorphism in age–related macular degeneration［J］. Science, 2005, 308（5720）: 385–389.

［12］ Li Y, Wu DD, Boyko AR, et al. Population variation revealed high–altitude adaptation of Tibetan mastiffs［J］. Mol Biol Evol, 2014,31（5）:1200–1205

［13］ Liu S, Lorenzen ED, Fumagalli M,et al. Population genomics reveal recent speciation and rapid evolutionary adaptation in polar bears［J］. Cell, 2014, 157（4）: 785–794.

［14］ Poelstra JW, Vijay N, Bossu CM,et al. The genomic landscape underlying phenotypic integrity in the face of gene flow in crows［J］. Science, 2014, 344（6190）:1410–1414.

［15］ Pryce JE, WJ Wales, Y de Haas, et al. Genomic selection for feed efficiency in dairy cattle［J］. Animal, 2014,8（1）:1–10.

［16］ Smaragdov M G. Genomic selection of milk cattle. The practical application over five years［J］. Genetika, 2013,49（11）:1251–1260.

［17］ Stock K F, R Reents. Genomic selection: Status in different species and challenges for breeding［J］. Reprod Domest Anim, 2013,48（1）:2–10.

［18］ Van der Werf J.H.J. Potential benefit of genomic selection in sheep［J］. Proc. Assoc. Advmt. Anim. Breed. Genet, 2009（18）:38–41.

［19］ Van Grevenhof I E, J H Van der Werf. Design of reference populations for genomic selection in crossbreeding programs［J］. Genet Sel Evol, 2015,47（1）:14.

［20］ Wolc A, Arango J, Settar P,et al. Persistence of accuracy of genomic estimated breeding values over generations in layer chickens［J］. Genet Sel Evol, 2011（43）:23.

［21］ Xiang H, Gao JQ, Yu BQ, et al. Early Holocene chicken domestication in northern China［J］.Proc Natl Acad Sci U S A, 2014,111（49）:17564–17569.

［22］ Zhou X, Wang B, Pan Q, et al.Whole–genome sequencing of the nub–nosed monkey provides insights into folivory and evolutionary history［J］. Nature Genetics, 2014（46）:1303–1310.

［23］ 成文. 奶牛基因组选择介绍［J］. 中国奶牛，2014（16）:45–49.

［24］ 刘天飞，瞿浩，王劼，等. 家禽基因组选择研究进展［J］. 中国家禽，2014（10）:2–5.

［25］ 石玉珍，梁文帅，张哲，等. 基因组选择在家畜改良上的研究进展［J］. 现代畜牧兽医，2014（5）:48–52.

［26］ 王鹏，张凯，孟宪宝. 基因组选择技术在奶牛育种规划中的应用［J］. 黑龙江畜牧兽医，2014（15）:77–82.

［27］ 吴晓平. 基于SNP芯片和全测序数据的奶牛全基因组关联分析和基因组选择研究［D］. 北京：中国农业大学，2014.

撰稿人：连正兴　连　玲　韩红兵　张　浩　李　岩

　　　　吴宏平　原一桐　李文婷　王志贤　位　韶

植物生物技术发展研究

一、引言

（一）学科概述

植物是自然生态系统的初级生产者，尤其是驯化培育的农作物更是人类获取基本生活物质的初级来源。随着人类农业生产和科学试验及其他基础学科的发展和学科间的交叉渗透，尤其是植物细胞工程、染色体工程、分子生物学技术（特别是基因工程、基因组定点编辑技术、分子标记技术）、常规育种等技术发展和有机结合，植物生物技术已经从实验室进入产业化水平，朝着宏观产业化和微观精确解析两个方面发展，逐步实现了植物生物技术在农业、林业、医药等领域的广泛应用。

植物生物技术学科是一门在植物学、遗传学、细胞生物学、分子生物学等学科基础上发展起来的新兴技术学科，主要目标是应用现代生物技术改良植物遗传性状、培育植物新品种和生产生物新产品。近年来，为了应对全球产业结构调整和贸易全球化对我国农业现代化的影响，国家加大了对植物生物技术的投入，实施了国家转基因生物新品种培育重大科技专项，在国家重点基础发展计划和国家高技术研究发展计划中部署了植物生物技术研究内容，使植物生物技术学科在基础理论、技术手段、安全管理、产业发展等方面均取得了显著成就。

1. 植物细胞工程

植物细胞工程是以植物细胞全能性为理论基础，以植物组织和细胞培养为主要技术支撑，在细胞和亚细胞水平对植物进行操作，实现在细胞水平上对植物的改良、保存、繁殖和生产的技术学科。主要应用于：① 脱毒及快速繁殖：无病毒苗的培育和应用，组织培养快速繁殖优良无性系；② 育种研究：配子培养、远缘杂交的离体受精和幼胚培养、体细胞杂交育种、组织培养突变体的选择与应用、转基因育种；③ 药物及其他生物产物的工业化生产：通过大规模的植物细胞或组织培养，生产植物细胞中的功能成分；④ 低温储存种质，保护物种；⑤ 植物细胞的基础研究。

2. 植物染色体工程

染色体是高等生物体内携带物种遗传信息的最主要载体，其数目和 / 或结构变化及功能进化是产生新物种的基础。植物染色体工程是运用植物生物技术手段，有目标地实现植物染色体的数目增减、片段增减或代换，在染色体或染色体组水平上对植物进行遗传改良的技术学科。主要应用于：① 育种研究，如单倍体育种、三倍体育种、多倍体育种、染色体单体、缺体、三体、异附加系、异代换系、易位系等；② 染色体基础研究，如染色体复制分离、片段重组、基因剂量效应、基因定位、缺失变异等。

3. 植物基因工程

植物基因工程是利用生物技术手段有目的地把外源基因加入到植物遗传系统，实现在基因水平上对植物进行遗传改良的技术学科。它能打破物种间存在的生殖隔离，实现所有物种之间遗传物质的定向转移和改良，但现阶段外源基因在宿主遗传系统中的定点整合还处于研发的初级阶段。主要应用于：① 育种研究，如转基因抗除草剂、抗逆、抗虫、抗病育种；② 功能物质生产，如富含维生素 A 前体的黄金大米、富含植酸酶的玉米；③ 基因的基础研究，如基因功能验证、基因调控等；④ 合成生物学，如规划代谢途径实现青蒿素的高效生产、规划水稻 C_4 光合途径实现高光效育种。

4. 植物基因组定点编辑技术

基因组定点编辑技术广义可指在基因组任意特定位点进行有目的编辑（如改变 DNA 序列、调节 DNA 转录表达、改变碱基修饰和改变组蛋白修饰等）的技术；狭义是指利用能识别特定 DNA 序列的蛋白或 RNA 指导偶合的核酸酶定点形成 DNA 切 / 缺口，随后触动内在的 DNA 修复重组系统，实现定点突变或外源基因（元件）或特定 DNA 序列的定点整合，获得特定位点发生遗传改变的生物技术。目前技术主要有 ZFN、TALEN、CRISPR/Cas。它与普通植物基因工程的明显区别是外源基因或元件在宿主遗传系统中的整合位置基本上能人为确定，整合位点具有目标性，是今后植物基因工程的发展方向。主要应用领域与植物基因工程基本相同，如育种研究、功能物质生产、基因的基础研究等。

5. 植物分子标记技术

植物分子标记技术是显示植物在 DNA 水平上遗传差异的技术。它以个体间核苷酸序列的差异作为标记的技术基础，相比于形态学标记、细胞学标记、生化标记，分子标记具有许多明显的优点：① 不受组织类别、发育阶段等影响，生物的任何组织在任何发育时期均可用于分析；② 不受环境影响，因为环境只影响基因表达，而不改变基因结构；③ 标记数量多，遍及整个基因组；④ 多态性高，自然存在许多等位变异；⑤ 有许多标记表现为共显性，能够鉴别纯合基因型和杂合基因型，提供更丰富的遗传信息；⑥ 技术简单、快速、易于自动化；⑦ 提取的 DNA 样品在适宜条件下可长期保存，有利于进行追溯或仲裁性鉴定。该技术主要应用于：① 育种研究，如分子标记辅助选择育种、全基因组选择育种；② 遗传学基础研究，如植物遗传图谱的构建、植物遗传多样性分析与种质鉴定、重要农艺性状基因定位与图位克隆；③ 分类和进化研究。

（二）学科发展历史回顾

1. 植物细胞工程

1902 年 Haberlandt 预言植物细胞存在全能性，即植物体每一个细胞都具有长成完整个体的潜在能力，首次开展植物细胞培养，并首次使用悬滴培养、微量移液管等技术。20 世纪 20 年代育种家用幼胚离体培养挽救自然情况下败育的杂种胚，是最先实用化的植物细胞工程技术，如亚麻种间杂交胚挽救。1934 年 White 和 Gautheret 分别独立培养根尖、形成层建立了活跃生长的组织；White 发现有些条件下病毒不侵入生长点；Kogl 等（1934）和 Thimann 等（1935）分别从不同来源分离和鉴定了 IAA。1937 年 White 用 B 族维生素代替酵母粉建立了成分明确的组织培养基。1939 年 White 和 Gautheret、Nobecourt 分别独立培养出能持续生长的未分化愈伤组织，进一步证实 B 族维生素和 IAA 的促进生长作用，标志着严格意义上的植物组织培养技术正式诞生。1943 年罗士韦、王伏雄报道由几个细胞组成的幼胚（松、杉）离体培养成功。1946 年 Ball 用茎尖培养再生出羽扇豆和金莲花的完整植株。1948 年 Skoog 和崔澂培养烟草外植体形成不定芽并发现腺嘌呤或腺苷可以解除 IAA 对芽形成的抑制。1950 年 Ball 培养北美红杉愈伤组织获得器官再生。1952 年 Morel 和 Martin 用顶端分生组织培养获得再生的无毒大丽花。1954 年 Muir 等用看护法培养单细胞。1955 年 Miller、Skoog 等发现了植物细胞分裂素。1957 年 Skoog 和 Miller 发现改变植物细胞分裂素和生长素的比例可调控植物器官的形成。1958 年 Steward 和 Reinert 分别由野生胡萝卜细胞悬浮系和愈伤组织获得根 – 芽结构并再生完整植株，并能正常生长、开花、结果，初步证实了 Haberlandt 的细胞全能性观点。1960 年 Kanta 通过试管受精技术获得虞美人植株；Cocking 建立酶解细胞壁大量制备原生质体技术；Bergmann 和 Jones 等分别建立单细胞分离微培养技术；Morel 建立微繁技术培养无病毒兰花。1962 年 Murashige 和 Skoog 改进培养基配方，得到 MS 培养基。1964 年 Guha 和 Maheshwari 培养曼陀罗花药获得胚状体，之后（1966 年）获得单倍体植株。1965 年 Vasil 和 Hildebrandt 由杂交烟草单细胞在无看护微室培养条件下再生完整植株，进一步证实了 Haberlandt 的细胞全能性观点。1967 年 Kaul 和 Staba 发现阿密茴细胞培养次生代谢产物含量与植株相等。1970 年 Carlson 通过组织培养和诱导选择获得目标突变体；Power 等实现烟草原生质体融合；Backs-Hüsemann 和 Reinert 由胡萝卜单细胞在无看护微室培养条件下经体细胞胚途径再生完整植株，各阶段的显微照相无争议地证实了 Haberlandt 的细胞全能性观点。1971 年 Takebe 等通过烟草原生质体培养获得再生植株。1972 年 Carlson 等通过烟草原生质体融合获得种间杂交体。1973 年 Nitsch 和 Norreel 报道烟草游离花粉培养获得单倍体植株。1974 年 Binding 通过原生质体培养获得矮牵牛单倍体植株。1976 年 Seibert 实现超低温保存的荷兰香石竹的尖芽萌动；San-Noeum 由未传粉子房培养出单倍体大麦。1977 年 Noguchi 等实现 2 万升生物反应器培养烟草细胞。1978 年 Melchers 等用番茄与马铃薯体细胞杂交培养出番茄薯（pomato）；Zelcer 等用不对称体细胞杂交法将普通烟草细胞质雄性不育性转入美花烟草；Tabata 等工厂化细胞培养生产紫草素。1980 年 Alfermann 等利用细胞固定化技术实现洋地黄素向地高辛的生物转化。1993 年 Kranz 和 Lorz 用电击辅助法实现分离单配子体外受精，再经微室单细胞看护培养、胚发生再生玉米植株，为研究受精、胚发生机理建立了新系统。至 20 世纪 90 年代，植物细胞工程的主要技术基本建立、日臻完善并得到广泛应用。

2. 植物染色体工程

1869 年 Miescher 发现细胞核中可染色的小点，称为染色质。1876 年 Wilson 开展小麦与黑麦属间杂交，不断杂交选育产生了可育小黑麦双二倍体杂种。1879 年 Flemming 证实染色体的存在并推测它与遗传有关。1902 年 Boveri 和 Sutton 指出染色体在细胞分裂中的行为与孟德尔的遗传因子平行，认为染色体很可能是遗传因子的载体。1904 年 Nilsson-Ehle 在斯陪尔脱小麦中分离出第一个植物单体。1908—1933 年 Morgan 等通过果蝇突变体细胞遗传学实验证实了染色体是基因的载体，发现了连锁、交换的遗传规律，并把 400 多个突变基因定位在染色体上，绘制出染色体基因连锁图谱。1917 年 Winge 提出由种间杂交产生的结合双亲染色体数的异源多倍体是自然界物种形成的途径之一。1922 年 Blakeslee 和 Bergner 等报道曼陀罗单倍体、三倍体、四倍体及各自减数分裂的染色体行为特点。1924 年 Leighty 和 Taylor 在小麦和黑麦的远源杂交后代中发现穗轴有毛的小麦 – 黑麦 5R 异附加系；Belling 和 Blakeslee 分离出自然产生的曼陀罗全部不同染色体的初级三体。1927 年 Muller 报道 X 射线能诱导果蝇染色体突变。1928—1930 年 Stadler 用 X 射线诱导玉米、大麦、小麦产生突变。1928 年 Jorgensen 报道龙葵与黄茄种间杂交出现孤雌生殖。1929 年 Kostoff、Clausen 和 Lammerts 分别报道烟草种间杂交出现孤雄生殖。1930 年 McClintock 等报道了以三倍体人工构建的全套玉米初级三体，并以此构建玉米细胞遗传图谱（1935）。1931 年 McClintock 和 Creighton 显微观察发现玉米染色体重排（转座）的直接证据，最终发现转座子（1951）。1933 年 Rhoades 发现玉米细胞质雄性不育系。1937 年 Blakeslee 和 Avery 利用秋水仙素诱导获得曼陀罗四倍体；Sears 在小麦中国春中发现两个自然发生的单倍体植物给正常植株授粉，从得到的后代中找到了 5 种单体植株；其后用同样方法制作成一套单体系统（1954 年）。1940 年 O'mara 提出系统产生普通小麦异附加系的方法，即用普通小麦与近缘属种杂交，杂种 F_1 用秋水仙素处理加倍获得双二倍体，然后再用普通小麦回交两次获得单体附加系，单体附加系自交获得二体附加系，用此法选出了三个小麦 – 黑麦异附加系。1944 年 Jones 和 Davis 发现洋葱核 – 质互作雄性不育系；Clausen 等通过 20 年工作使普通烟草成为第 1 个分离出全套单体的植物。1944 年 Sears 等、木原均通过染色体组分析分别提出普通小麦是二粒小麦与山羊草杂交后自然加倍形成的异源多倍体，并进而实现普通小麦的人工合成（1944 年、1949 年）。1946 年 Battaglia 在菊科金光菊属发现半融合生殖。1951 年 Kihara 等在秋水仙素诱导获得西瓜四倍体（1939）基础上创制三倍体无籽西瓜。1953 年 Sears 等提出系统产生普通小麦异代换系的方法，即受体单体与相应的二体附加系杂交，在杂种 F_1 选择双单体，双单体植株自交并从中选择异代换系；Hyde 报道获得小麦 – 簇毛麦异附加系一套。1954 年 Sears 等经过多年工作构建成小麦单体、缺体、三体、四体完整系统。1956 年 Sears 等首先利用异附加系小麦花药进行 X 射线辐射后授粉普通小麦，诱导随机易位使小伞山羊草的染色体片段易位到小麦 6B 染色体上，并经褐锈病鉴定和细胞学检查选出了抗叶锈的 Lr9 易位系。1958 年 Sears 和 Okamoto、Riley 和 Chapman 分别发现小麦 *Ph* 位点同源配对调节功能；Davies 报道栽培大麦与球茎大麦杂交可得到大麦单倍体，此后发现是由染色体消除引起并发展出"球茎大麦法"生产单倍体技术。1963 年 Turcott 和 Feaster 发现海岛棉 Pima S–1 单倍体加倍获得半融合生殖品系 DH57–4，可以用于高效产生单倍体株系。1965 年 Chase 和 Nanda 报道用带紫胚标记（PEM）的玉米单倍体诱导系给其他玉米品系授粉，可诱导单倍体产生。1966 年 Sears 培育出缺体 – 四体小麦植株，代偿性类型的表型和育性均恢复到正常，实验验证 7 套部分同源染色体群；后来又发现，在每一个同源染色体群中存在着来自 A、B 和 D 染色体组的各 1 条染色体。1968 年 Sears 报道了由着丝点断裂融合而产生的小麦 – 黑麦臂易位系 2AL–2RS。1971 年 Bielig 和 Driscoll 报道小麦单体异代换系。1973 年 Zeller 和 Mettin 等鉴定出小麦 1B1R 代换系和 1RS/1BL 易位系；Kruse 通过胚拯救培养获得大 – 小麦杂种。1981 年 Sears 等利用染色体处于单价在减数分裂时容易在着丝粒处或靠近着丝粒处发生错分裂的特性，获得了小麦 42 个染色体臂的端着丝体。1984 年 Zenkteler 和 Nitzsche 报道小麦与玉米属间杂交可形成球形胚；Kushnir 和 Halloran 应用 *Ph1b* 隐性突变诱导部分同源配对把圆锥小麦的高蛋白基因转移到普通小麦中。1986 年 Laurie 等利用小穗培养法获得小麦与玉米杂交产生的单倍体植株，发展出"玉米法"生产单倍体。1988 年 Van Geyt 等获得甜菜 – 野生甜菜单体附加系一套，并通过附加系引入抗甜菜胞囊线虫基因，育成抗虫二倍体甜菜。至 20 世纪 90 年代，植物染色体工程的主要技术基本建立、日臻完善并得到广泛应用。

3. 植物基因工程

1907 年 Smith 和 Townsend 发现植物冠瘿瘤由农杆菌引起。20 世纪 40 年代 Braun 等发现不同菌株农杆菌有不同致瘤性，瘤可不依赖病原菌和激素的存在而生长。1952 年 Hershey 和 Chase 证明 DNA 是遗传物质。1953 年 Waston 和 Crick 发现 DNA 双螺旋结构。1970 年 Smith 发现并纯化第 1 个限制性内切酶 *Hin* dII。1972 年 Berg 等构建第一个重组 DNA，并建议预防重组 DNA 技术带来的可能风险。1973 年 Cohen 和 Boyer 宣布第 1 个 DNA 重组生物诞生。1974 年 Zaenen 等发现 Ti 质粒是农杆菌使植物致瘤的原因。1977 年 Chilton 等通过杂交试验证实 Ti 质粒中只有 T–DNA 部分转入植物；Sanger、Maxam 和 Gilbert 分别发明了 DNA 测序方法。1980 年 Chilton 等、Willmitzer 等证明 T–DNA 整合在核中；Zambryski 等、Yadav 等克隆分析了 T–DNA 边界序列和整合位点侧翼序列；Klapwijk 等通过插入突变分析发现 T–DNA 中致瘤基因。1981 年 Ooms 等突变分析 T–DNA 并发现 Vir 区；Garfinkel 等提出改造 Ti 质粒为基因载体的想法。1982 年美国食品药品监督管理局批准第 1 个基因工程药物商业化生产。1983 年 Herrera-Estrella 等、Zambryskit、Fraley 等报道农杆菌介导转化烟草细胞获得了嵌合基因的表达，Zambryski 等获得世界上第 1 例转基因植株（烟草）。1984 年 De Block 等对农杆菌介导获得的烟草原生质体再生转基因植株的后代进行了分析；Pazkowski 等报道 PEG 法转化原生质体再生获得转基因烟草植株。1985 年 Horsch 等对烟草、番茄、矮牵牛花通过叶盘农杆菌介导转化法获得的再生植株后代进行了分析；Stachel 等发现受伤细胞产生的乙酰丁香酮等是农杆菌转化的起始信号分子。1986 年抗除草剂的转基因烟草在美国、比利时、法国进行田间试验。1987 年 Vaeck 等获得转 Bt 基因烟草；Pau 等、Fry 等用农杆菌介导法获得可育的转基因油菜植株；Umbeck 等、Firoozabady 等利用农杆菌介导法获得转基因棉花；Sanford 和 Klein 等发明基因枪。1988 年 Hinchee 等用农杆菌法转化子叶节；McaCabe 等用基因枪转化芽分生组织获得大豆转基因植株；Rhodes 等转化玉米原生质体获得再生植株；Zhang 和 Wu、Toriyama 等、Yang 等采用电激法或 PEG 介导法将外源基因导入水稻原生质体中并获得转基因再生植株；Boynton 等用基因枪法成功转化衣藻叶绿体。1989 年 Simamoto 等首次通过原生质体转化获得可育的粳稻转基因植株。1990 年 Datta 等首次通过原生质体转化获得可育的籼稻转基因植株；Fromm 等、Gordon-Kamm 等利用基因枪法获得可育的玉米转基因植株；Svab 等用基因枪法转化烟草叶绿体成功。1991 年 Christou 等用基因枪法转化水稻获得成功。1992 年中国用融合 Bt 杀虫基因 *GFMCry1A* 培育出转基因抗虫棉花；中国批准抗病毒转基因烟草商业化生产；Vasil 等用基因枪转化胚性愈伤组织获得转基因小麦。1993 年 Chan 等用农杆菌介导法转化未成熟胚获得转基因水稻；之后，Hiei 等（1994）建立了成熟胚农杆菌介导的粳稻高效转化体系，Rashid 等（1996）建立了农杆菌介导的籼稻转化体系。1994 年转基因油菜、棉花、西红柿、大豆批准在美国进行商业化生产，标志着转基因作物大规模商业化生产应用的开始；至 2014 年，全球转基因作物种植面积达到 1.815 亿公顷，比开始规模化种植的 1996 年增长 106.7 倍，其中发展中国家种植面积占 53%、发达国家种植面积占 47%。

4. 植物基因组定点编辑技术

基因组定点编辑一直是生物技术的重要目标。20 世纪 80 年代建立的基因打靶技术是较为成熟的一类基因编辑技术，它利用细胞内在的同源重组机制，将两侧含有与某物种基因组序列同源的外源 DNA 片段导入细胞，使其定点整合到基因组的特异位点，从而改变某个具体基因的功能、表达或修复突变基因等。基因打靶技术与胚胎干细胞技术结合，建立了精确基因修饰的转基因鼠模型，该成果于 2007 年获得诺贝尔生理学或医学奖；但该方法主要依赖自然发生的同源重组，发生频率极低，应用受到限制。1985 年 Miller 等发现了锌指结构。1991 年 Pavletich 和 Pabo 发现锌指结构能识别 DNA 双链上 3 个连续核苷酸，为锌指结构的设计奠定了基本框架。1992 年 Li 等发现 Ⅱ S 型限制性核酸内切酶 *Fok* Ⅰ 酶活性域和 DNA 结合域对应两个分离的基序；Desjarlais 和 Berg 报道设计不同锌指结构组合可结合相应的 DNA 序列。1996 年 Kim 和 Chandrasegaran 通过连接锌指结构组合与 *Fok* Ⅰ 内切酶活性域人工创造了锌指核酸酶。1998 年 Wah 等、Bitinaite 等报道 *Fok* Ⅰ

晶体结构及酶活性需要二聚体状态。2000 年 Smith 等发现 2 个 ZFN 识别邻近 2 个序列以及 Fok I 内切酶活性域相向靠近形成二聚体后形成定点内切酶活性。2001—2002 年多篇报道用 ZFN 实现了细胞内定点切割和基因靶向编辑。2007 年 Miller 等、Szczepek 等改造 ZFN 蛋白界面避免同体二聚化、脱靶效应和毒性。2012 年 Ramirez 等、Kim 等、Wang 等突变 Fok I 酶的活性结构域构建出可以专一利用同源重组修复系统、只切割 1 条 DNA 链的 ZFNickase，但该酶活性低。ZFN 技术在发展完善过程中逐渐实现了在爪蟾、黑腹果蝇、人、斑马鱼、大鼠、小鼠、拟南芥、玉米、烟草等生物中的应用。

2009 年 Boch 等、Moscou 和 Bogdanove 通过生物信息学分析及实验发现在植物病原体黄单胞菌转录激活子类效应因子（transcription activator-like effector, TALE）中部的 DNA 结合域的约 34 个氨基酸重复序列中第 12、13 位重复可变双氨基酸残基（repeat variable di-residues, RVD）与其靶位点的单碱基有较恒定的对应关系，即 NI → A、NG → T、HD → C 和 NN → G 或 A；Boch 等同时报道体外简单组合不同重复序列可结合相应 DNA 序列。2010 年 Christian 等把天然存在的 TALE 中转录激活结构域替换成 Fok I 内切酶结构域，人工构建了具有特异切割活性的核酸酶 TALEN，能在体内定点内切酵母目标 DNA 并促进基因靶向编辑。2011 年 Miller 等报道 AvrBs3 缺失 N 端 152 残基、C 端 184 残基不影响 TALEN 功能；Li 等建立了单元组装载体构建法并应用于酵母研究；Zhang 等建立了 Golden Gate 载体构建法并应用于人细胞研究；Sander 等建立了 REAL 载体构建法并在斑马鱼单细胞胚中使用；Tesson 等用 TALEN 的 DNA 或 RNA 注射大鼠单细胞胚促进基因靶向编辑获得目标后代。2012 年 Cong 等发现 RVD 为 NH（Asn, His）时可专一识别碱基 G；Deng 等、Mak 等报道了 TALE 结合 DNA 时的晶体结构；Reyon 等建立了 FLASH 载体高通量构建法；Li 等建立了 idTALE 一步酶切次序连接载体构建法；Briggs 等建立了 ICA 载体高通量构建法；Bedell 等用优化的 GoldyTALEN 和 ssDNA 模板对斑马鱼基因进行了靶向编辑。2013 年 Schmid-Burgk 等建立了 LIC 载体构建法。至今为止，研究者已经应用 TALEN 技术对果蝇、蛔虫、斑马鱼、青蛙、大鼠、玉米、拟南芥、烟草等进行了基因组定点编辑。

1987 年 Ishino 等在 K12 大肠杆菌的碱性磷酸酶基因附近发现成簇的、规律间隔的短回文重复序列（clustered regularly interspaced short palindromic repeats, CRISPR）。2000 年 Mojica 等从生物信息分析中发现 CRISPR 广泛存在于古细菌和细菌的基因组中。2002 年 Jansen 等发现在 CRISPR 位点附近存在一系列的 CRISPR 相关基因 Cas（CRISPR-associated）；Tang 等报道 CRISPR 可被转录。2005 年 3 个研究组分别报道了 CRISPR 的许多间隔序列（spacer）与入侵外源遗传物质的原型间隔序列（protospacer）相同或高度同源；Haft 等报道了生物信息分析 Cas 蛋白家族和 CRISPR/Cas 的亚型分类结果，同一菌株可有多位点 / 类型的 CRISPR/Cas。2006 年 Makarova 等预测 CRISPR/Cas 系统具有类似 RNAi 的免疫功能。2007 年 Barrangou 等首次实验证明嗜热链球菌 CRISPR1/Cas II 型系统有抵抗噬菌体入侵的获得性免疫功能。2008 年 Andersson 和 Banfield 报道自然噬菌体群体和细菌 CRISPR 的间隔序列存在明显相互关系；Brouns 等报道大肠杆菌 CRISPR/Cas I 型系统中 Cas6e 加工 pre-crRNA（CRISPR 的 RNA 前体）成 crRNA（CRISPR 的成熟 RNA）并与多个 Cas 蛋白形成复合体在 Cas3（I 型系统标志蛋白）参与下干扰噬菌体增殖；Deveau 等证明噬菌体存在原型间隔序列邻近基序（protospacer adjacent motif, PAM）；Marraffini 和 Sontheimer 报道葡萄球菌 CRISPR/Cas IIIA 系统能抵抗外源质粒转移。2009 年 Hale 等报道古生菌强烈炽热球菌的 CRISPR/Cas IIIB 系统能识别降解外来 RNA。2010 年 Marraffini 和 Sontheimer 发现葡萄球菌 CRISPR/Cas III 系统识别外来 DNA 与自身位点主要依赖 crRNA 中重复序列与自身完全配对的内在关系；Haurwitz 等发现绿脓假单胞菌 I 型系统 *Cas6f* 加工 pre-crRNAs 存在序列、结构识别特异性；Garneau 等报道嗜热链球菌 CRISPR1/Cas II 型系统的 Cas9（II 型系统标志蛋白）识别 PAM 序列并靶向切割噬菌体、质粒 DNA。2011 年 Deltcheva 等报道酿脓链球菌 CRISPR/Cas II 型系统 tracrRNA（trans-activating RNA）、Cas9 和系统外寄主 RNase III 参与了 pre-crRNA 形成 crRNA；Sapranauskas 等报道嗜热链球菌 CRISPR3/Cas II 型系统可在大肠杆菌中起切割 DNA 作用，Cas9 是唯一需要的核酸酶。2012 年 Jinek 等报道了人工设计的 tracrRNA: crRNA 指导来源于酿脓链球菌的 Cas9 蛋白识别 PAM 对 DNA 进行精确切割，并通过结合 crRNA 和 tracrRNA 特点人工设计了 sgRNA（single-guide RNA），它作为单一 RNA 分子可引导 Cas9 发挥功能，对 Cas9 核酸酶不同结构域突变，能够实现人工改造的 Cas9 缺口酶（Cas9 nickase）对 DNA 各单链的精确切割，标志着应用 CRISPR/Cas9 系统实现易编程、短 RNA 介导的 DNA 核酸内切酶定点编辑技术基本成熟。CRISPR/Cas9 系统机理研究不断深入，在细菌、酵母、果蝇、哺乳动物、人细胞、斑马鱼、小鼠、玉米、拟南芥、烟草、水稻等多种物种基因组定点编辑中成功应用并不断完善，已成为应用最广的基因组定点编辑技术。另外该系统的其他开发应用，如系统调节转录表达、基因功能系统筛选、基因组位点动态标记、基因治疗等也具有重要价值。

5. 植物分子标记技术

分子标记技术随着分子生物学技术的发展而诞生。第一代分子标记技术以 DNA 分子杂交为技术核心。1974 年 Grodzicker 等建立了 RFLP 技术，基本原理是利用限制性内切酶切割不同生物个体的基因组 DNA，得到大小不等的 DNA 片段，所产生的 DNA 片段数目和各个片段的长度反映了 DNA 分子上不同酶切位点的差异情况。1980 年 Botstein 提出利用 RFLP 技术构建遗传连锁图。1983 年 Soller 和 Beckman 最先把 RFLP 技术应用于品种鉴别和品系纯度鉴定。之后，应用 RFLP 技术构建了玉米、水稻、番茄、小麦、大麦、大豆的连锁遗传图谱。1985 年 Jeffreys 等首先报道了人类基因组存在数目可变串联重复序列（variable number of tandem repeats, VNTR），它通常以 15 ~ 75 个核苷酸为基本单元的串联重复序列组成，由于它的多态性是由同一座位上的串联单元数量的不同而产生的，许多座位序列太长，无法通过 PCR 扩增获得满意的结果，仍需利用 Southern 杂交和放射性标记探针来检测，且 VNTR 标记带谱较少，限制了它的使用范围。在植物方面，1988 年 Dallas 报道了水稻存在 VNTR，2014 年王良等用甜菜线粒体的 VNTR 标记来区分保持系和不育系。

第二代分子标记技术以 PCR 技术为核心。1982 年 Hamada 等在人心肌肌动蛋白的内含子中发现了1个重复25次的简单序列重复（simple sequence repeat, SSR）。1984年Tautz等证明SSR在真核生物中普遍存在；之后，玉米、大豆、水稻等相继建立了SSR标记技术。1989年Olson等在人类基因组物理图谱基础上建立了STS（sequence tagged site）标记技术，之后在植物基因定位、分子标记辅助选择中得到广泛应用。1990年由Williams等建立了RAPD（random amplification polymorphism DNA）标记技术；它由于多态性好、灵敏度高，很快在苜蓿、蚕豆、苹果、水稻等植物上应用，但因其可重复性较差而逐渐被淘汰。1992年Akopyanz等建立了CAPS（cleaved amplified polymorphic sequence）标记技术。1993年荷兰科学家Zabeau和Vos发明了AFLP（amplified fragment length polymorphism）技术，1995年公开之后广泛应用于品种纯度鉴定、品种权保护、遗传多样性研究、基因定位、分子标记辅助育种等。1993年Paran和Michelmore报道了SCAR（sequence characterised amplified region）标记技术，它兼具RFLP和RAPD的优点，广泛应用于杂种鉴定、基因定位、分子标记辅助选择等方面。1994年Zietkiewicz等建立了ISSR（inter-simple sequence repeat）标记技术，又称为AMP-PCR（anchored microsatellite-primed PCR）、IM-PCR（inter-microsatellite PCR）、ISA（Inter SSR amplification）或ASSR（anchored simple sequence repeat）；它从SSR技术发展而来，结合了SSR和RAPD的优点，操作简便、稳定性好、多态性高。

第三代分子标记技术建立在基因测序基础上，主要包括单核苷酸多态性（single nucleotide polymorphism, SNP）、插入缺失长度多态性（insertion deletion length polymorphism, InDel）、表达序列标签（expressed sequences tag, EST）标记等。1983年就发现cDNA序列可用于基因鉴定，Venter在人类基因组计划开始时首先提出了EST研究计划，1991年Adams等建立了研究组织细胞中基因表达的EST法，1995年Velculescu等建立了基因表达的系列分析方法（serial analysis of gene expression, SAGE）；在植物方面，拟南芥和水稻相继开展了EST研究计划，至1991年年底已有约2.4万条拟南芥的EST被鉴定，至2000年年底水稻完成了近3万条EST的鉴定。1996年Lander建立了SNP标记技术，能对单个核苷酸的差异进行检测，之后广泛应用于全基因组的遗传标记开发。如Shen等（2004）利用日本晴和9311基因组序列构建了水稻基因组水平的DNA多态性数据库，其中包括了1703176个SNP标记和479406个InDel标记；Feltus等（2004）比较了除去多拷贝序列及低质量序列后的日本晴和9311基因组草图，得到408898个SNP标记和单碱基InDel标记。但由于测序成本和检测仪器价格较高，实际工作中一般把SNP和InDel标记转化为PCR标记后再进行检测。

二、本学科最新研究进展

（一）学科发展现状与动态

1. 植物细胞工程

（1）脱毒及快速繁殖

植物脱毒及快繁的技术和方法已经基本定型，与过去相比没有重大技术升级和突破，产业化应用的规模也比较稳定。目前国内主要是跟随、消化、局部创新国外新技术并引进新物种扩大植物脱毒快繁种类，而国外在研究成功无土栽培、气雾栽培、光自养微繁技术（无糖组培技术）、快繁生物反应器、人工种子、广谱抑菌剂、LED 新光源等新技术的同时，逐渐进入自动化规模化生产水平，如日本麒麟公司已能在 1000 升容器中大量培养无病毒微型马铃薯块茎作为种薯，实现种薯生产的自动化。

（2）育种研究

远缘杂交胚挽救技术结合分子标记辅助育种技术、染色体片段代换 / 渗入等技术，可实现远缘物种有利基因利用，在育种实践中仍然发挥着重要作用。重要经济植物的体细胞杂交目前较多选用近缘种内或种间以及较近缘属组合，主要是供体 – 受体式不对称融合。体细胞无性系变异通常用于单一或少数性状的变异，适合综合性状良好、但个别性状需要改良的品种。

（3）药物及其他生物制剂的工业化生产

利用细胞悬浮培养、固定化细胞培养、毛状根培养和生物反应器等大批量培养组织、细胞，可以实现药用植物等来源生物产品（次生代谢产物、药物等）的规模化生产，如天然药物（人参皂苷、地高辛、紫杉醇、长春碱、紫草宁等）、食品添加剂（花青素、胡萝卜素、甜菊苷等）、生物农药（鱼藤碱、印楝素、除虫菊酯等）和酶制剂（SOD 酶、木瓜蛋白酶）等。植物细胞大规模培养属于细胞工程中起步比较晚的技术，由于关键技术缺乏突破，只有少数有突出需求和价值的产品（人参皂苷、紫草宁、紫杉醇等）在韩国、日本、德国等国实现了商业化应用，我国在此方面技术相对薄弱。

2. 植物染色体工程

（1）倍性育种

葫芦科蔬菜单倍体育种主要集中于西瓜、甜瓜和黄瓜，苦瓜等处于起步阶段。西瓜多倍体的利用以四倍体和三倍体为主；无籽西瓜面积占湖南西瓜面积的约 60%；我国每年都有几十个无籽西瓜品种通过省级或国家审定。香蕉、葡萄、毛白杨等植物的三倍体品种均已大面积推广种植。水稻、小麦等作物的花药培养是快速获得纯合体的有效途径，仍然在育种中发挥着重要作用。利用玉米单倍体育种技术只需 2 ~ 3 年即可育成稳定的纯系，国外大约 60% 的马齿型自交系、30% 的硬粒型自交系是利用单倍体技术选育出来的；我国起步较晚，利用该技术选育出了一些玉米自交系 / 杂交种，如川单 15、正红 211、农大高诱 1 号等。

（2）染色体代换系和渗入系

植物的染色体片段代换系和片段渗入系主要应用于基因定位、基因功能和育种利用研究方面。如利用水稻染色体代换系进行耐冷 QTL 定位、抽穗期 QTL 定位、柱头长度控制基因定位等，普通小麦 – 长穗偃麦草异代换系抗白粉病种质培育、小麦 – 华山新麦草异代换系的鉴定，利用玉米片段代换系进行花期、株型相关的 QTL 定位，利用大豆片段代换系进行抗黑荚果病基因定位。

（3）植物的基因组测序

自从 2000 年美国等国首次完成高等植物拟南芥全基因组测序之后，先后完成的高等植物基因组测序有水稻（日本等，2002）、杨树（美国等，2006）、葡萄（法国等，2007）、番木瓜（美国等，2008）、高粱（美国等，2009）、黄瓜（中国等，2009）、棕榈（马来西亚，2009）、玉米（美国等，2009）、大豆（美国等，2010）、二穗短柄草（美国等，2010）、蓖麻（美国等，2010）、木薯（美国，2010）、苹果（意大利等，2010）、草莓（英国等，2010）、可可树（法国等，2010）、土豆（中国等，2011）、白菜（中国等，2011）、印度大麻（荷兰，2011）、木豆（印度等，2011）、谷子（中国等，2012）、梅花（中国，2012）、甜橙（中国，2012）、西瓜（中国等，2012）、大麦（德国，2012）、二倍体雷蒙德氏棉（美国等，2012）等。

3. 植物基因工程

（1）功能基因

植物基因工程中常用的功能基因涉及抗除草剂基因（如 *Bar*、*Pat*、*Epsps*、*Als* 等）、抗虫基因（如 Bt 基因 *Cry1Ab*、*Cry1Ac*、*Cry2Aa*、*Cry1Ca*、*Cry1F*、*Vip3A* 等，凝集素基因 *Cpti*、*Gna* 等）、抗病基因（如病毒外壳蛋白基因、几丁质酶基因、溶菌酶基因、R 蛋白基因等）、品质改良基因（如延熟保鲜基因、色素合成基因、富含必需氨基酸蛋白基因、脂肪酸品质改良、合成维生素基因、微量元素积累基因等）、抗非生物逆境基因（如渗透剂合成相关基因、胁迫响应蛋白/转录因子基因、抗氧化胁迫基因等）、提高产量基因（如 C_4 光合途径基因、固氮基因、同化物转运基因等）、工业和医用蛋白/酶基因（如抗体基因、疫苗蛋白基因、淀粉酶基因等）等。随着分子生物学的发展，越来越多的基因被克隆和鉴定，其中具有重要商业价值的、适合植物表达的基因将陆续应用到植物基因工程中。

（2）植物表达载体

传统的载体系统涉及一个或几个基因，现阶段常用的植物表达载体有 pBI121、CAMBIA 系列载体、利用 Gate-way 技术的系列载体、位点特异性重组（如 Cre/lox、FLP/FRT、R/RS 等）载体以及整合几个技术或几类质粒优点的载体，它们能基本满足当前基因工程研究的需求。高效、大容量的多基因表达载体对于快速转化多个基因具有重要应用价值。我国科研人员构建了可转化的植物人工染色体载体，可转化 80 ~ 100 kb 的大片段，将在多基因转化、代谢途径重构等方面发挥重要作用；同时利用端粒介导的染色体截断技术成功构建了玉米微小染色体，但它应用于植物基因转移还存在较多技术障碍。

（3）植物基因规模化转化技术平台

虽然植物遗传转化的方法很多，如基因枪介导法、农杆菌介导法和花粉管通道法等，但农杆菌介导法已经成为植物基因转化的主流方法。Ozawa 等（2012）通过改变愈伤组织与农杆菌的共培养方式等条件，可使测试的 4 个水稻品种的转化效率最高达 90%，最终总结出适于多数水稻品种的高效农杆菌遗传转化体系；张欣等（2014）建立的水稻规模化转基因技术的转化效率常年稳定在40%～60%，转化周期从传统的5～6个月缩短到2.5～3个月。在主要农作物中，小麦属于遗传转化比较困难的作物，转化效率较低、重复性较差、变化幅度大，国外报道的农杆菌介导的转化率为0.7%～44.8%；叶兴国等（2014）经过近5年的研究，建立了小麦规模化转基因技术体系，转化效率为2%～4%。国外较早建立了玉米规模化转基因技术平台，如美国孟山都公司有200人左右进行玉米遗传转化，每年获得30万株左右的转基因植株；我国最近也建立了玉米规模化转基因技术体系，以玉米杂交种HiII幼胚为受体的农杆菌介导的玉米遗传转化率约5%，以玉米自交系综31幼胚为受体的遗传转化效率为2%～3%（刘允军等，2014）。棉属植物组织培养较难，遗传转化率低，但美棉Coker201的转化率（10%～100%）较高（Firoozabady等，1987）；刘传亮等（2014）建立了以中棉所24为受体的农杆菌介导转化体系，总体转化率5%以上。尽管转基因大豆在全球转基因作物中占据主导地位，但大豆的转化效率不高，农杆菌介导的转化效率为0.03%～32.6%、基因枪的转化效率为0.8%～20.1%；大北农生物技术中心目前已基本实现了批量转化，农杆菌介导的转化效率为5%～8%，基本满足了产业化需求（侯文胜等，2014）。

（4）植物基因工程产品和产业化

植物基因工程产品主要以植物品种和植物品种的大规模种植形式体现。1996年转基因作物开始规模化种植，当年面积为170万公顷，2014年达到1.815亿公顷，19年增长106.7倍，其中发展中国家面积占53%、发达国家面积占47%。2014年全球共计28个国家种植了转基因作物，面积依次为美国7310万公顷（大豆、玉米、棉花、油菜、南瓜、番木瓜、紫苜蓿、甜菜、西红柿）、巴西4220万公顷（大豆、玉米、棉花）、阿根廷2430万公顷（大豆、玉米、棉花）、印度1160万公顷（棉花）、加拿大1160万公顷（油菜、玉米、大豆、甜菜）、中国390万公顷（棉花、西红柿、杨树、番木瓜、甜椒）。至2014年，38个国家和地区累计批准27种转基因作物、357个转基因事件、1458个食用许可证书、958个饲用许可证书、667个种植许可证书，各国批准转基因事件的数量依次为日本201个、美国171个、加拿大155个、墨西哥144个、韩国121个、澳大利亚100个、新西兰88个、中国台湾地区79个、菲律宾75个、欧盟73个、哥伦比亚73个、南非57、中国55个。据2013年统计，转基因作物的采用率大豆79%、棉花70%、玉米32%、油菜24%。1996—2013年的18年间，转基因作物在全球产生了大约1333亿美元的农业经济收益，其中30%是由于减少生产成本所得的收益、70%来自累计增加的4.414亿吨产量带来的收益。2015年全球转基因作物种植国家达到30个，新增加的2个国家为越南和印度尼西亚，它们分别批准在本国种植抗虫玉米和耐旱甘蔗。

4. 植物基因组定点编辑技术

（1）ZFN系统

2005年ZFN技术开始在植物上应用。Cai等（2009）用ZFN在烟草内源基因上精确插入报告基因。Zhang等（2010）用CoDA方法构建ZFN敲除拟南芥内源基因。De Pater

等（2013）用 ZFN 介导的双链断裂 - 同源靶向修复对拟南芥原卟啉原氧化酶基因进行了编辑。

（2）TALEN 系统

TALE 核酸酶的可用靶位点更广泛，应用和发展更迅速。2012 年，TALE 核酸酶被 *Science* 杂志评为当年的十大科技突破之一。Li 等（2012）用 TALEN 技术敲除水稻的感病基因 *Os11N3*，提高水稻抗病性。Zhang 等（2013）用 TALEN 转化烟草原生质体，基因同源重组效率达 4%。Shan 等（2013）用 Golden Gate 法构建 TALEN 高效敲除了一系列短柄草和水稻中的基因。

（3）CRISPR/Cas9 系统

CRISPR/Cas9 系统建立之后，很快在烟草和拟南芥（Li 等，2013；Nekrasov 等，2013）、水稻（Xie 和 Yang，2013）、高粱（Jiang 等，2013）、地钱（Sugano 等，2014）、甜橙（Jia 和 Wang，2014）、番茄（Brooks 等，2014）、大豆（Jacobs 等，2015）等植物上取得成功。与基因打靶、ZFN 和 TALEN 等基因组定点编辑技术相比，CRISPR/Cas9 技术简单、高效，也不失精准，具有更大的发展前途。

5. 植物分子标记技术

主要作物的遗传连锁图谱是基于第一代分子标记建立的，因而以 RFLP 为代表的第一代标记仍然具有参考价值，但基因定位、标记辅助选择实践中一般先把它转化为第二代标记（如 STS、SSR 标记）再进行利用。以 SSR 标记为代表的第二代分子标记正在基因组作图、基因定位、亲缘关系鉴定、系统分类、分子标记辅助选择育种等领域发挥重要作用。但随着高通量测序成本和检测仪器价格的下降以及更多植物全基因组被解析，以 SNP 为代表的第三代分子标记技术将发挥更大作用。

如 Cavanagh 等（2013）开发了小麦基于 Illumina 技术平台的 9k 高通量 SNP 分析芯片，用于小麦遗传连锁图谱的构建、DNA 指纹分析、群体结构和连锁不平衡分析以及亲缘关系、品种遗传多样、进化等方面的研究。Li 等（2013）利用 GWAS 技术对玉米重要农艺性状进行了解析，揭示了玉米籽粒油分的遗传基础，发现微效多基因的累加是人工选育高油玉米的成因。Huang 等（2015）利用一种综合性的基因组分析方法，在群体水平上探讨了具有代表性的杂交水稻及亲本的基因组，精细定位了杂种优势位点，发现了一批形成杂种优势的优异等位基因。曹廷杰等（2015）选用分布于小麦 21 条染色体上的 81587 个 SNP 位点对河南省近年来审定的 96 个小麦品种进行了全基因组扫描，解释了小麦品种的遗传多样性与进化起源。

（二）学科重大进展及标志性成果

1. 植物细胞工程

植物细胞工程理论、技术已经趋于成熟、完善，是植物基础研究和应用研究的常用手段，在脱毒快繁、细胞大批量培养等方面产业规模稳定，原来相对落后的花卉产业近几年获得了一些阶段性成果，如"主要鲜切花种质创新与新品种培育"获 2012 年云南省科技进步奖一等奖，"高效诱导培养百合小鳞茎的方法"获 2014 年昆明市发明专利一等奖。

2. 植物染色体工程

（1）小麦染色体组的起源

2014 年国际小麦基因组测序联盟基于分离染色体臂测序发表了小麦的全基因组草图；Marcussen 等在小麦和多个小麦近缘种全基因组草图基础上，进行基因组水平多基因树分析，提出小麦起源途径的时间表：A、B 染色体组 700 万年前分支，100 万 ~ 200 万年后 A、B 染色体组同倍杂交形成 D 染色体组，不早于 82 万年杂交形成 AABB，43 万年杂交形成小麦（AABBDD）。

（2）拟南芥染色体工程

2010 年 Ravi 等通过对拟南芥着丝粒特异性组蛋白基因 CENH3 改造得到突变体 GEM；由于来自突变体的染色体组在合子的有丝分裂中高频丢失，F_1 得到只含有非突变体亲本一套染色体的单倍体植株的频率为 25% ~ 50%。2011 年 Marimuthu 等报道将 2008 年 Ravi 等报道的减数不分离而成的四倍体与 GEM 杂交，获得 33% 源于四倍体配子的种子，即四倍体单性生殖的后代（2n）。2012 年 Wijnker 等报道反向育种（reverse breeding），即 RNAi 沉默减数分裂同源重组基因完全抑制减数分裂配对重组，其 F_1 与 GME 杂交可获得单倍体，加倍可获得各种染色体组合的二倍体。由于拟南芥染色体分离、重组的分子机理与其他植物有很大的相似性，这些研究结果对其他作物单倍体诱导具有参考价值。

（3）植物的基因组测序

2013 年中国等完成了毛竹、乌拉尔图小麦、短药野生稻、莲、胡杨的基因组测序，美国等完成了无油樟的基因组测序，欧洲构建了甜菜的参考基因组，瑞典完成了挪威云杉的基因组测序。2014 年中国等完成了枣、蝴蝶兰、二倍体木本棉的基因组测序工作，几个中外研究组相继公布了辣椒的全基因组序列图。2015 年中国完成了青稞、四倍体陆地棉的基因组测序。这些植物基因组图谱的发布，将对植物细胞工程、染色体工程、分子标记、基因工程和基因分子生物学研究产生重要促进作用。

3. 植物基因工程

（1）青蒿素的高效生产

青蒿素是治疗疟疾的特效药。通过代谢途径规划，实现了酵母生产青蒿酸产率达到 25 g/L（Paddon 等，2013），然后再通过化学修饰半合成青蒿素，但成本仍然较高。至今为止，转基因青蒿中利用外源基因 20 多个，涉及青蒿素合成途径中关键酶基因、竞争途径关键酶基因、转录因子基因和其他相关基因，其中转 Sqs 基因植株中青蒿素含量达到 31.4 mg/g，是野生型对照的 3.14 倍（Tang 等，2014）。过表达 HDR 和 ADS 两个基因后青蒿素含量（0.53 mg/g）是非转基因对照的 3.48 倍（王亚雄等，2014）。如农民种植青蒿素含量达到 31.4 mg/g 的转基因青蒿，按照重庆酉阳农民 2006 年平均单产计算，亩产青蒿素可达 2763.2 g，效益明显。

（2）水稻生产人血清白蛋白

杨代常等（2011）利用转基因水稻种子生产的重组人血清白蛋白在生理生化性质、物理结构、生物学功能、免疫原性与血浆来源的人血清白蛋白一致，并建立了大规模生产重组人血清白蛋白的生产工艺，获得了高纯度和高产量重组人血清白蛋白产品，证明利用转基因水稻种子取代现有基于发酵的表达技术来生产重组蛋白质是经济有效的。该项目获得2013年度国家发明奖二等奖。

（3）新批准的转基因作物

2012年至今全球新批准商业化生产的转化事件数35个，其中玉米20个、大豆8个、棉花4个、油菜3个（http://www.cera-gmc.org/GMCropDatabase）。中国的转抗螟虫基因水稻、转植酸酶基因玉米的安全证书续申请得到批准，有效期延长至2019年12月。2015年越南和印度尼西亚开始种植转基因作物，全球转基因作物种植国家达到30个。

4. 植物基因组定点编辑技术

基因组定点编辑技术的重大进展和标志成果是CRISPR/Cas9技术。自2012年问世以来，其研发和应用迅速成为生物学研究热点，如高彩霞等（2014）采用CRISPR-Cas技术定点编辑了水稻和小麦两个作物的 *OsPDS*、*TaMLO* 等5个基因，获得了抗病性提高的水稻及小麦新株系。

5. 植物分子标记技术

万建民团队在发掘17个不育位点及广亲和基因基础上开发相应分子标记，聚合广亲和基因创制广亲和恢复系和粳型亲籼不育系，解决了籼粳杂种半不育难题；在发掘早熟基因基础上提出基于感光基因型和光钝感基因的分子设计方法，解决了籼粳杂种超亲晚熟问题；在发掘显性矮秆及株型关键基因基础上，开发相应分子标记，为培育籼粳交理想株型奠定基础；该成果获2014年度国家发明奖二等奖。许勇团队创新了西瓜分子标记辅助育种技术体系，解决了我国西瓜育种优异性状来源少和遗传基础狭窄的难题，选育出优势突出、综合性状领先的"京欣"系列西瓜品种，该成果2014年获国家科技进步奖二等奖。

三、本学科国内外研究进展比较

（一）植物细胞工程

我国在花药培养、未传粉子房培养、原生质体培养和单倍体育种等方面总体上处于国际领先水平，具有一定的技术优势。我国首先在小麦（欧阳俊闻等，1972）、玉米（谷明光等，1975）花药培养上取得成功，并第一个实现了花培品种的大面积应用，推广了中花系列水稻品种、京花系列小麦品种。朱自清等（1975）研制成功了适合禾谷类作物花药培养的 N_6 培养基，它不仅成为禾谷类作物花药培养的常用培养基，也成为禾谷类作物组织培养的基本培养基。在未传粉子房培养方面，我国率先在烟草和小麦（祝仲纯和吴海珊，1979）、水稻（周嫦和杨弘远，1980）上取得成功。在原生质体培养方面，我国率先在水稻（雷鸣等，1986）、玉米（蔡起贵等，1987）、大豆（卫志明和许智宏，1988）上取得成功。

我国在植物脱毒、快繁方面的技术水平已经和国外接近，基本能满足国内生产需求，但在规模化、自动化、产业全球化方面仍然有差距。如香蕉试管苗产业集中度不高，技术水平和设施条件参差不齐；花卉快繁产业与国外相比差距较大。在植物细胞大规模培养和生物反应器方面，我国的技术水平相对薄弱，还没有形成较大的产业。

（二）植物染色体工程

在倍性育种、染色体代换系、染色体渗入系方面，我国取得了重要进展，技术水平总体来说与国际水平相当或接近。如鲍文奎等从 1951 年开始研究人工合成的八倍体小黑麦，1964 年从八倍体小黑麦杂交组合后代中选出结实率达 80% 左右、种子饱满度达 3 级水平的选系，1973 年小黑麦 2 号、3 号等试种成功，并在中国西南山区大面积推广。李振声等从 1964 年开始小麦 – 长穗偃麦草的远缘杂交育种，把偃麦草的耐旱、耐干热风、抗多种小麦病害的优良染色体片段转移到小麦中，育成了著名的小偃麦新品种小偃 6 号；利用偃麦草蓝色胚乳基因作为遗传标记性状，首次创制蓝粒单体小麦系统，解决了小麦利用过程中长期存在的"单价染色体漂移"和"染色体数目鉴定工作量过大"两个难题；育成自花结实的缺体小麦，并利用缺体小麦开创了快速选育小麦异代换系的新方法（缺体回交法）。

在植物基因组测序方面，我国相继主持完成了黄瓜、白菜、土豆、梅花、小米、甜橙、西瓜、毛竹、乌拉尔图小麦、短药野生稻、莲、胡杨、枣、蝴蝶兰、二倍体木本棉、青稞、四倍体陆地棉等植物的全基因组测序，技术水平处于国际先进行列。

但在当前最具应用价值的玉米单倍体诱导技术领域还处于跟踪、追赶的阶段。

（三）植物基因工程

我国于 1992 年率先批准抗病毒转基因烟草商业生产，成为转基因作物商业化生产的领跑者。但这种势头并没有持续，接踵而来的争论、彷徨不仅阻碍了转基因作物商业化的进程，也扩大了我国植物基因工程技术与国外的差距。我国与国外在植物基因工程领域的差距主要体现在拥有自主知识产权的基因少、转化规模小、生物安全评价滞后、检测技术力量薄弱、舆论氛围差、政策不配套。

在基因方面，我国起步较晚，虽然现阶段我国分子生物学水平较高，新的基因专利较多，具有较强的后发优势，但当前转基因作物急需的抗虫、抗除草剂基因大多数是较老的基因专利，我国在这方面积累不足。孟山都、拜耳、杜邦、先正达、陶氏益农等大公司掌控约 70% 的抗虫基因专利和约 63.4% 的抗除草剂的 *Epsps* 基因专利（孙洪武和张锋，2014）。尽管我国在国内可以利用没有在中国申请保护的专利技术，但这些转基因作物及其产品出口存在侵权的危险。

在规模化转化方面，我国由于得天独厚的人力资源优势，在小麦、玉米、棉花等作物的遗传转化技术方面总体来说与国外相当，在水稻转基因技术方面还具有一定的技术优势，但并没有形成规模优势，与国外跨国生物技术公司年产几万株转基因植株的规模相比，存在较大差距。

在转基因作物推广方面，我国至今批准了棉花、西红柿、杨树、番木瓜、甜椒的商业化生产，国产转基因棉花约占我国市场份额的95%，为棉花高效、环保生产作出了重要贡献；此外，还批准了2个转基因水稻、1个转基因玉米的安全证书。但与国际上批准27种转基因作物、357个转化事件相比存在较大差距，我国转基因作物种植面积只有美国的5.3%、巴西的9.2%、阿根廷的16.1%、印度的33.9%。

在转基因作物安全评价和监管方面，我国基本建立了安全评价、检测检验和监管体系，但安全评价速度慢、技术水平一般，转基因作物品种审定滞后、监管能力不强，转基因作物生产应用的全产业链还没有形成完整的、系统的行业规范和标准。转基因作物的公众认同和行业行为处于矛盾的状态，一方面2014年我国进口转基因大豆达到7100万吨，约占2013—2014年度全球大豆总产量的24.9%，另一方面公众对包括转基因大豆在内的转基因作物认同度不高，反差很大。更关键的是，我国知识产权保护不力，作物品种领域侵权行为常见，不利于包括基因工程技术在内的高技术产业的发展。

（四）植物基因组定点编辑技术

总体而言，国外在基因组定点编辑技术研究上起步早，占有领先优势。但在CRISPR/Cas系统应用方面，我国科学家开展了拟南芥（Feng等，2013；Mao等，2013；Miao等2013）、水稻（Shan等，2013；Feng等，2013；Mao等，2013；Miao等，2013；Xu等，2014）、小麦（Shan等，2013；Wang等，2014）、烟草（Gao等，2014）、玉米（Xing等，2014；Liang等，2014）等植物的基因组定点编辑工作，研究水平基本与国际水平相当。

（五）植物分子标记技术

近两年来，利用分子标记定位的SCI文章很多，有185篇，其中以应用第二代的SSR标记和第三代的SNP标记技术最为广泛。我国在运用分子标记进行基因定位和克隆方面总体水平与国际水平相当，在水稻方面影响较大。如Zhou等（2013）定位和克隆了*DWARF 53*（*D53*）基因，并证明D53蛋白作为独脚金内酯信号途径的抑制子参与调控植物分枝（蘖）的生长发育；Ma等（2015）定位和克隆了*COLD1*基因并解析了粳稻耐寒性机制。

四、本学科未来发展展望与对策

（一）未来几年发展的战略需求、重点领域及优先发展方向

1. 战略需求

（1）植物细胞工程

植物细胞工程技术应用最为成熟的产业是种苗的脱毒和快繁，随着城乡园林、园艺需

求范围的扩大和品位提升，需求仍然强劲。植物细胞工程技术在生产次生代谢产物方面的作用仍然不可替代，急需在提高产率、自动化、智能化等方面加强技术改进和创新。

（2）植物染色体工程

植物染色体工程最为成熟的应用领域是多倍体育种和多倍体品种生产，这方面仍然具有稳定的市场需求。玉米单倍体诱导技术是玉米育种技术的重大改进，该技术在中国的普及和推广正处于起步阶段，具有巨大的市场空间和技术改进潜力；其他作物对于单倍体诱导技术也存在迫切需求，急需在技术上突破。染色体代换系和渗入系的研究和应用，既对基因定位和基因功能解析具有重要作用，也是育种研究的重要手段，具有稳定的技术需求。

（3）植物基因工程

随着中国转基因作物产业的逐步开放，植物基因工程技术将迎来快速发展期，今后10年乃至更长时间的市场需求巨大、旺盛。转基因的棉花、玉米、大豆由于率先或即将开放，将首先迎来技术需求和育种应用的高峰期。主粮作物小麦、水稻由于关系到国家粮食安全的重大需求，转基因技术的研发、储备将进一步加强，"占领技术制高点"的战略将使水稻、小麦的转基因技术水平得到更进一步提升。主要作物转基因产业的逐步开放，会带动其他植物基因工程产业的发展，今后10年会出现转基因技术日益普及的局面，其中应用转基因植物生产高附加值的化合物和蛋白质将成为植物基因工程研究和企业投资的又一热点。

（4）植物基因组定点编辑技术

植物基因组定点编辑技术未来几年将日臻完善，向实用化方向发展。最重要的技术需求领域是作物育种，它将实现对作物性状的定点改良、实现外源基因的定点整合，为作物分子设计育种带来革命性的变革。

（5）植物分子标记技术

植物分子标记技术在作物育种中仍然存在重大需求，全基因组标记选择和少数关键标记选择技术在育种实践中均具有重要的应用价值。

2. 重点领域

当前我国正处于传统农业向现代农业转型跨越的关键时期，植物生物技术是确保国家粮食安全、农产品质量安全及主要农产品有效供给，是适应农业生产经营方式变化的客观需要，是促进农业可持续发展的必然选择。根据国家战略需求和植物生物技术发展的内在规律，未来5—10年植物生物技术重点研究领域主要有：

（1）植物细胞工程

我国在植物细胞大规模培养和生物反应器方面，技术力量和技术手段相对薄弱，一方面需要采用基因工程技术或合成生物学技术对细胞进行改良，提高目标物质的生产效率，另一方面要用信息化、自动化技术改造细胞培养的流程和培养条件，提高细胞培养的工艺水平。

（2）植物染色体工程

利用玉米单倍体诱导技术提升我国玉米育种水平，将是植物染色体工程的重要应用领域。借鉴玉米的单倍体诱导技术体系，发展水稻、小麦等作物的单倍体诱导技术将是植物染色体工程的重要发展方向。此外，染色体片段渗入系或代换系群体的创制以及它们与分子标记、功能基因研究的结合，将为分子设计育种提供基础素材，也是需要关注和发展的重点领域。

（3）植物基因工程

今后10年乃至更长时期是植物基因工程的快速发展阶段。从改良性状上看，抗除草剂、抗虫、品质改良将是植物基因工程的重点发展领域，也是相对于传统育种技术具有明显优势的领域。从植物基因工程的技术层面来看，功能基因多样化、功能基因高效化、多基因转化、代谢途径重构、外源基因定点整合将是植物基因工程的重要技术发展方向。此外，利用转基因植物作为生物反应器生产重组抗体、疫苗等药用蛋白以及重构代谢途径生产高附加值的重要化学物质，也将是植物基因工程研究和应用的一个重要领域。

（4）植物基因组定点编辑技术

植物基因组定点编辑技术是正在兴起的热门技术，CRISPR/Cas系统将是重点研究和优先发展的方向。植物基因组定点编辑技术的重点领域将集中在植物育种应用和代谢途径重构；一方面技术的应用可以验证其价值，另一方面应用中反馈的问题又会推动技术的改良和进步。

（5）植物分子标记技术

随着分子标记技术的完善和分子标记密度和数量的增加，如何实现分子标记检测便利化、检测仪器轻简化、检测费用大众化将是分子标记技术今后需要重点研究和解决的问题。

3. 优先发展方向

民以食为天，植物生物技术的优先发展方向仍然是服务于作物育种。其中，植物基因工程技术是核心，它与植物细胞工程、染色体工程、分子标记技术、基因定点编辑技术的有机结合，将为作物育种提供崭新的思路和全新的技术，极大促进创新性品种的培育，实现粮食生产的高产、低耗和环保的新要求，满足国家粮食安全的重大战略需求。国家应花大力气予以重点扶持。

此外，植物生物技术的另一个重要发展方向是用栽培植物或培养细胞来生产高附加值的医药产品和化工产品，打造绿色工厂，培育生态高值农业。国家应出台政策引导企业投入，建立工业与农业高度融合的新兴产业。

（二）未来几年发展的战略思路与对策措施

1. 加强顶层设计、政策配套，明确植物生物技术产业发展的国家规划

生物技术产业是战略性新兴产业之一。但以植物基因工程为核心的植物生物技术产业在我国的发展并不顺利，不仅没有形成核心竞争力和蓬勃发展的产业，而且在一些全局性问题上立场不坚定、措施不得力。习近平总书记关于"要大胆创新研究，占领转基因技术制高点，不能把转基因农产品市场都让外国大公司占领了"的讲话，为我国发展植物生物技术产业指明了目标和发展方向。首先，要加强顶层设计，为植物生物技术产业的发展提出时间表、路线图，把习近平总书记提出的技术目标和产业目标落到实处。其次，要围绕时间表和路线图来进行研发、安全评价、生产应用、市场监管各环节的政策完善、法规配套，保障植物生物技术产业的健康、可持续发展。第三，要从粮食安全、绿色发展、生态环保的角度看待植物生物技术产业，用产业目标和利益前景引导社会资本和企业投入，出台优惠政策鼓励优势企业做大、做强，培育全产业链覆盖的大型企业和跨国公司，打造绿色创新价值链。

2. 加强人才队伍建设，提高我国植物生物技术的整体技术水平

技术是人发明的，人是技术最主要的载体。生物技术是技术密集、资金密集、人才密集型产业，但人的作用显得尤为重要，因为生物技术的研发过程很多都是手工操作的技术劳动。这也凸显出我国在发展生物技术方面具有得天独厚的优势。一方面，要培养和引进高水平的技术和学术带头人，另一方面要造就一大批学术基础扎实、具有创新能力的中青年技术骨干，发挥"狼群"效应，在植物生物技术领域实现大众创业、万众创新。一方面学校要设立相关专业，开设相关课程，批量培养技术大军，另一方面要发挥研究院所、专业实验室和重点企业的优势，在科研和应用过程中培养研究尖子和技术骨干。植物生物技术的研究和应用涉及多个学科、多种技术，是一个系统工程，要特别注重培养既掌握分子生物学技术、转基因技术，又掌握传统作物育种技术、生产工艺技术的复合型人才。

3. 实施"占领技术制高点"战略，保障对植物生物技术重点领域的资金投入

植物生物技术产业是技术密集型、资金密集型产业，重大理论、重大技术的突破需要持续、系统的潜心研究，需要稳定、充足的经费支持。要占领转基因作物育种技术的制高点，需要在基因、转基因技术、转基因育种技术、转基因安全评价等各个技术环节开展深入研究，才能形成系统合力、实现"占领技术制高点"的战略目标。其中特别要注重转基因与育种的有机融合，时刻瞄准产业化的大方向，实现资金投入推动技术进步、技术进步促进产业发展、产业发展提升企业竞争力、保障粮食安全的良性循环。在资金筹措方面，既要发挥财政资金的引导、示范作用，又要用产业前景、市场回报来吸引社会资本和企业投入。

4. 保护知识产权，保障植物生物技术产业的可持续发展

植物生物技术产业是技术密集型、资金密集型和人才密集型产业，技术进步来之不易。保护知识产权不仅是对技术本身的保护，也是对人才的尊重、对资金投入的回报，它关系到整个生物技术产业的兴衰成败。我国已经建立了专利、典型培养物、植物新品种、转基因生物安全证书等多层次的知识产权保护体系，关键是要严格执法，不能再发生作物品种领域侵权成风、维权不得利的情况。国家投入只能起引导作用，企业在植物生物技

产业方面的投入才是产业发展的主体。只有保护好知识产权，才能理顺人才、技术、资本的关系，保障植物生物技术产业的可持续发展。

5. 加强科普宣传和政策配套，树立绿色发展理念，促进植物生物技术产业的健康发展

植物生物技术是先进技术，植物生物技术产业是绿色产业。绿色植物不仅是粮食生产的"工厂"，也是重要化合物、药物的生产"工厂"。发展植物生物技术产业能降低化石能源消耗、减少农药和化肥用量、保护环境，要加大科普宣传力度和政策法规宣传，还原植物生物技术的本来面貌。植物生物技术是战略性新兴产业，产业发展中会遇到很多新问题，政府需要按照提出的时间表和路线图来提前规划政策、措施，为植物生物技术产业发展提供政策保障。同时，植物生物技术也是改造和创造新生命、新物种的高新技术，不仅存在利益、道德、伦理方面的潜在顾虑或冲突，也存在使用不当带来的现实风险，需要加强风险教育和法规宣传，规范各个技术环节、发展阶段中的程序和监管措施，促进植物生物技术产业的健康发展。

参考文献

［1］ Azhakanandam K et al. Recent Advancements in Gene Expression and Enabling Technologies in Crop Plants［M］. New York: Springer Science+Business Media, 2015.

［2］ Bass H W, Birchler J A. Plant Cytogenetics: Genome Structure and Chromosome Function［M］. New York: Springer Science+Business Media, 2012.

［3］ Birchler J A. Methods in Molecular Biology, Volume 701: Plant Chromosome Engineering［M］. New York: Springer Science+Business Media, 2011.

［4］ Cavanagh C R et al. Genome-wide Comparative Diversity Uncovers Multiple Targets of Selection for Improvement in Hexaploid Wheat Landraoes and Cultivars［J］. Proceedings of the National Academy of Sciences of the United States of America, 2013（110）: 8057-8062.

［5］ Cong L et al. Multiplex Genome Engineering Using CRISPR/Cas Systems［J］. Science, 2013, 339（6121）: 819-823.

［6］ Fleury D, Whitford R. Crop Breeding: Methods and Protocols［M］. New York: Springer Science+Business Media, 2014.

［7］ Greilhuber J et al. Plant Genome Diversity, Volume 1: Plant Genomes, Their Residents, and Their Evolutionary Dynamics［M］. Wien: Springer-Verlag, 2012.

［8］ Huang X et al. Genomic Analysis of Hybrid Rice Varieties Reveals Numerous Superior Alleles that Contribute to Heterosis［J］. Nature Communicatiom, 2015（6）: 6258.

［9］ Jinek M, et al. RNA-programmed Genome Editing in Human Cells［J］. e Life, 2013（2）: 471.

［10］ Kempken F, Jung C. Biotechnology in Agriculture and Forestry, Volume 64: Genetic Modification of Plants: Agriculture, Horticulture and Forestry［M］. Berlin Heidelberg: Springer Science+Business Media, 2010.

［11］ Li H et al. Genome-wide Association Study Dissects the Genetic Architecture of Oil Biosynthesis in Maize Kernels［J］. Nature Genetics, 2013, 45（1）: 43-50.

［12］ Ma Y et al. COLD1 Confers Chilling Tolerance in Rice［J］. Cell, 2015（160）:1209-1221.

［13］ Mali P et al. RNA-guided Human Genome Engineering via Cas9［J］. Science, 2013, 339（6121）: 823-826.

［14］ Marcussen T et al. Ancient Hybridizations among the Ancestral Genomes of Bread Wheat［J］. Sciences, 2014, 345: 285-287.

［15］ Matsuoka Y. Evolution of Polyploid Triticum Wheats under Cultivation: the Role of Domestication, Natural Hybridization and Allopolyploid Speciation in their Diversification［J］. Plant Cell Physiology, 2011, 52（5）: 750-764.

［16］ Pruett-Miller S M. Methods in Molecular Biology, Volume 1239: Chromosomal Mutagenesis［M］. New York: Springer Science+Business Media, 2015.

［17］ Qi L S et al. Repurposing CRISPR as an RNA-guided Platform for Sequence-specific Control of Gene Expression［J］. Cell, 2013, 152（5）: 1173-1183.

［18］ Sussex I M. The Scientific Roots of Modern Plant Biotechnology［J］. The Plant Cell, 2008（20）: 1189-1198.

［19］ Vasil I K. A History of Plant Biotechnology: from the Cell Theory of Schleiden and Schwann to Biotech Crops［J］. Plant Cell Reports, 2008（27）: 1423-1440.

［20］ Wijnker E et al. Reverse Breeding in *Arabidopsis Thaliana* Generates Homozygous Parental Lines from a Heterozygous Plant［J］. Nature Genetics, 2012（44）: 467-470.

［21］ Yamamoto T. Targeted Genome Editing Using Site-Specific Nucleases: ZFNs, TALENs, and the CRISPR/Cas9 System［M］. Tokyo: Springer Science+Business Media, 2015.

［22］ Zhou F et al. D14-SCF（D3）-dependent Degradation of D53 Regulates Strigolactone Signalling［J］. Nature, 2013（504）: 406-410.

［23］ 孙敬三，朱至清. 植物细胞工程实验技术［M］. 北京：化学工业出版社，2006.

［24］ 万建民. 中国水稻分子育种现状与展望［J］. 中国农业科技导报，2007，9（2）: 1-9.

撰稿人：肖国樱　邓向阳　刘次桃　翁绿水　邓力华　李锦江

微生物生物技术发展研究

一、引言

（一）学科概述

联合国生物多样性公约曾经对生物技术定义进行解释，认为生物技术是利用生物系统和有机体或者衍生物来研究、生产、改进产品，或者用于特殊的用途。按照这种定义，农业种植作物可能被视为最早的生物技术。通过这种早期生物技术，农民选择培育适合的作物、家畜，提高产量，生产足够的食物来支持和保障人口的增长。同时，人们也发现一些特定的物种或副产物可以有效改善土地肥力，固定氮素，控制害虫，减少病害发生，并进行了选择和利用。人们生产过程中不自觉得应用生物技术，推进了物质文明和社会文明的发展。近年来，生物技术已经拓展成包含生物学、医学、工程学、数学、计算机科学、电子学等多学科相互渗透的综合性学科。在农业微生物方面，生物技术主要涉及微生物在食品、饲料、兽药、肥料、农药等领域的应用，按照生物技术的定义，任何一种农业有益微生物的利用皆为生物技术的一种体现。由此可以看出，农业微生物生物技术就是农业有益微生物在农业生产中的应用，此外还包含使其他农业微生物通过生物技术改造向有益微生物转化的过程。本专题将围绕农业微生物生物技术的发展历史、国内外发展现状、研究展望等方面展开介绍。

（二）学科发展历史回顾

人类对微生物的利用甚早，并且首先始于农业应用。我国在利用微生物方面，有着更丰富的经验和悠久的历史。在公元 6 世纪，后魏贾思勰所著的《齐民要术》一书中就详细记载了制曲和酿酒的技术，还记载了栽种豆科植物可以肥沃土壤，当时虽不知根瘤菌的存在，也不知固氮作用，但是利用根瘤菌积累氮肥的生产技术已经开始在生产中得到应用。

19世纪末和20世纪初，微生物学建立起来，这对农业微生物生物技术的发展具有里程碑式的意义，目前，农业微生物生物技术已经应用到农业生产的各个环节。

1. 农业微生物相关研究技术的发展

自19世纪末和20世纪初微生物学建立起来，微生物相关研究技术不断得到建立和完善，对农业微生物学研究起到巨大的促进作用，目前农业微生物相关研究技术主要包括微生物的分离与鉴定、微生物基因组分析与关键功能基因研究、微生物的遗传修饰与育种、微生物的发酵与代谢分析、重要农业微生物在环境中的生态分布及动态追踪等几个方面。此外，近年来高通量测序技术的发展，不仅使研究人员可以获得可培养微生物的遗传信息，而且可以对包含不可培养微生物的复杂微生物群落物种区系分析、群落物质代谢相关功能基因分析以及代谢网络建立。对不可培养微生物的研究与利用将掀开农业微生物生物技术的新篇章。

这些微生物研究技术的发展都是为了让农业微生物技术更好地服务农业生产，例如，在作物病虫害控制上达到效果更好、有效期更持久、环境更友好；在微生物肥料中的应用是使其肥力更高、耕地土壤更健康、农产品品质更好；在食品加工中使食品更有营养、风味独特、更易保存、改善人体健康状况；在畜牧业生产中促进饲料吸收利用、牲畜生长、提高免疫力、减少抗生素使用等。下面我们就对农业微生物技术在各个领域的发展情况进行简要回顾。

2. 食品与农业微生物技术

农业微生物技术在食品中的应用历史最久远的是利用微生物发酵进行食品加工，例如酵母发面酿酒、乳酸细菌制作酸奶泡菜；食品工业发展起来后，出现了利用微生物生产食品加工过程需要的各种酶类的技术应用，如制糖浆用的 α-淀粉酶、β-淀粉酶、葡糖异构酶，蛋清业和防氧化用的葡糖氧化酶，澄清酒类及制果汁用的果胶酶等；此外，农业微生物技术的应用还包括利用微生物或其代谢产物生产食物，例如人工栽培的银耳、木耳和其他食用菌类等，利用细菌代谢生产氨基酸作为食品添加剂来改善膳食口味、营养。最近，利用微生物改善肠道生态、提高身体免疫能力是农业微生物技术在农业领域的又一重要应用。

在上述应用中，益生菌是相对较晚提出来的概念，而且日益得到人们关注。人类对益生菌的发现研究直至应用大概有一百年的时间。1899年法国 Tissier 博士发现了被称为益生菌鼻祖的第一株菌种双歧杆菌。1900年奥地利医生莫落验证了人的生老病死和肠道内的益生菌关系密切。1908年俄国的科学家伊力亚·梅契尼科夫指出大量发酵乳制品的摄入与保加利亚人的长寿密切相关。1954年 Vergio 比较了肠内微生物菌群抗生素和其他抗微生物物质的主要作用，首次介绍了益生菌。1965年 Lilly 和 Stillwell 最先使用 Probiotics 这个词来描述一种微生物对其他微生物促进生长的作用，翻译成中文即益生菌。世界卫生组织也研究发现大量有益菌群，可以使人体的免疫力大大提高，从而避免各种疾病和病毒的侵害。至今，科学界已经积累了大量的资料，证明益生菌的研究非常有发展前景。

我国从 20 世纪 50 年代开始对益生菌以及与微生态相关的基础理论及应用进行研究。80 年代成立了微生态学的学会组织，继而出现了一些微生态制品。进入 21 世纪后，益生菌的研究应用受到了广泛重视。目前，常用的益生菌菌种有双歧杆菌、乳酸杆菌和某些链球菌。其中，双歧杆菌有青春双歧杆菌、短双歧杆菌、两歧双歧杆菌、婴儿双歧杆菌等；乳酸杆菌有嗜酸乳杆菌、保加利亚乳杆菌、干酪乳杆菌、发酵乳杆菌、胚芽乳杆菌、短乳杆菌、纤维二糖乳杆菌和乳酸乳杆菌；链球菌有粪链球菌、乳链球菌、嗜热唾液链球菌和乙酸乳酸双链球菌。此外，部分明串球菌属、足球菌属、丙酸杆菌属和芽孢杆菌属的菌种也可用作益生菌。

3. 饲料与微生物生物技术

饲料是所有人饲养的动物食物的总称，狭义饲料主要指的是农业或牧业饲养的动物的食物。现代饲料业的发展可追溯到 1810 年德国开发饲料常规分析法。该分析系统使人们可对饲料的粗蛋白、粗纤维、氮、灰分和水分含量进行分析测定，将更新一级的技术引入饲料配方。20 世纪初，抗生素在提高动物生产能力方面曾经发挥过重要作用。目前大多数国家均已制定相关的法律、法规，限制和禁止抗生素作为饲料添加剂使用。当前利用微生物生物技术提高饲料利用率、减少兽用抗生素使用、改善产品品质是目前相关研究热点，而生物酶和微生物是主要添加的形式。

饲料中添加酶制剂的研究始于 20 世纪中叶。50 年代，Jensen 等将酶添加到家禽日粮中，发现可以改善鸡的生产性能。70 年代，美国把微生物酶制剂添加到大麦饲料中，取得了显著效果，并引起了普遍重视，出现了世界上首个商品饲用酶制剂。但由于对其认识不足，饲用酶制剂相对于其他工业用酶发展缓慢。在饲料中大量应用添加酶制剂是在 90 年代才开始的，且发展极为迅速，欧洲 90% 以上的饲料中添加了 β - 葡聚糖酶，而世界范围内以大麦和小麦为基质的禽饲料中添加率为 60%，猪饲料中添加率达到了 80%。随着人们对动物营养学、饲料学研究的深入和集约化养殖的形成，饲料用酶的良好前景得以体现，同时分子生物学和基因工程技术的发展使饲料用酶的规模化廉价生产成为可能。饲料用酶已成为世界工业酶产业中增长速度最快、势头最强劲的一部分。目前世界上生产用酶多达 300 多种，饲料用酶近 20 种，其中木聚糖酶、β - 葡聚糖酶、植酸酶以及 α - 半乳糖苷酶、β - 甘露聚糖酶、蛋白酶和淀粉酶等是最重要的几种饲料用酶，它们多为消化性的水解系列酶。在饲料中使用酶制剂可以达到以下几个目的：消除饲料中的抗营养因子，如植酸酶和半纤维素酶可降解饲料中的植酸、木聚糖和葡聚糖等，同时可补充动物内源酶，如蛋白酶、脂肪酶等。

微生物饲料添加剂在国际上应用通用名词就是直接饲用微生物、益生素和更为宽泛的微生态制剂等概念。微生物饲料添加剂的作用可主要归纳为调整肠道菌群失调、提高免疫功能、提高消化吸收机能三个方面。

调节肠道菌群失调基于动物微生态平衡理论，该理论认为正常的微生物与动物体在不同发育阶段形成动态的生理性组合，是长期进化过程中形成的微生物与动物体的生理性统一体。添加的微生物可以在肠道菌群失调时占据生态位，减少有害微生物黏附定植机会；部分微生物在肠道中可以产生有机酸、细菌素等抗菌物质，从而抑制病原菌。目前，研究已经证实乳酸菌、双歧杆菌等具有相关功能；此外，部分兼性厌氧微生物可以消耗肠道氧气，抑制好氧病原菌的增殖。

肠道微生物对刺激动物的免疫功能极其重要。研究表明，拥有完整肠道菌群的普通动物比无菌动物具有更加良好的免疫防御功能。对猪、鸡等畜禽的试验表明，日粮中添加乳杆菌、芽孢杆菌等益生菌具有增强巨噬细胞活性、提高血清中酶活性和抗体水平的作用，可提高动物机体的非特异性免疫机能水平。

微生物饲料添加剂对提高营养物质消化吸收功能的作用主要体现在产生消化酶的维持和增强小肠绒毛的结构与功能、产生营养物质等方面。研究表明，微生物饲料添加剂可在体内产生多种消化酶，提高饲料转化率。芽孢杆菌具有很强的淀粉酶、脂肪酶和蛋白酶活性，与添加饲料酶有类似的作用；酵母具有将微量元素富集、转化、促进消化吸收的作用，可提高动物对微量元素的利用效率；乳酸菌能够合成维生素和有机酸，促进常量和微量元素的吸收。此外，部分芽孢杆菌等益生菌可产生维生素、氨基酸、促生长因子等营养物质。

4. 肥料与农业微生物技术

肥料是提供一种或一种以上植物必需的矿质元素、改善土壤性质、提高土壤肥力水平的一类物质，是农业生产的物质基础之一。中国早在西周时就已知道田间杂草在腐烂以后，有促进黍稷生长的作用。《齐民要术》中详细介绍了种植绿肥的方法以及豆科作物同禾本科作物轮作的方法等；还提到了用作物茎秆与牛粪尿混合，经过践踏和堆制而成肥料的方法。古代这些肥料使用技术其实已经利用了微生物生物技术。目前，农业微生物技术在肥料中的应用有两种形式，一种是利用微生物自身的代谢特性，合成植物需要的营养或者生长促进物质；另外一种是利用微生物的代谢活动，使不好利用的物质（如矿物质、其他植物残体、粪便等生物质）转化成植物可吸收利用的肥料，增加植物养分供应，促进植物生长。此外，近年来还利用微生物合成的生物分子或降解其他生物体产生的有效物质对植物相关受体进行刺激，使植物生长代谢状态得到改善，达到增强免疫力、提高产量、改善品质的作用。

在合成植物所需养分方面，能够固定植物需要营养的主要是固氮菌。固氮菌是一类通过固氮酶的催化将氮气还原为氨的细菌，是土壤生态系统氮素循环的关键因素，为作物的生长提供必不可少的氮源。目前已发现的固氮微生物类群共有 100 多个属。微生物固氮主要包括共生固氮、联合（包括内生）固氮和自生固氮之类。

在共生固氮研究方面，目前世界上约有豆科植物 19700 种，可以共生结瘤的植物有2800 多种。据文献报道，根瘤菌与豆科植物的共生固氮作用是目前研究证明的效率最高的一种生物固氮体系，每公顷可以固定空气中分子态氮形成 45 ~ 75 千克氮肥，能使大豆增产 15% 左右。大豆根瘤菌在自然条件下的固氮量最高可占到大豆所需总氮量的 95%。

大豆与根瘤菌的共生固氮作用，既能直接改善大豆的氮素营养状况，提高大豆的产量和品质（尤其明显提高蛋白含量），又能将更多的固定氮素释放到土壤中，从而起到培肥地力的作用。联合固氮菌在植物根表或根皮层内生活，其固氮作用比在根外土壤中单独生活时要强得多。联合固氮作用不同于共生固氮作用，不形成特殊的结构——根瘤。它也区别于自生固氮作用，因为它有较强的寄主专一性，并且较自生固氮菌效率高。例如，禾本科植物甘蔗组织中分布有内生固氮菌，该固氮菌通过利用甘蔗的光合产物为能源物质进行固氮过程，该固氮菌可为甘蔗植株提供60%的氮素以供植株生长。自生固氮菌是指在土壤中能够独立进行固氮的细菌，这类细菌固氮能力通常弱于前两种固氮类型，但是不需要寄主植物的参与，分布更广泛。

在合成植物生长刺激物质方面，除了固定氮素为植物提供氮素营养，有些微生物还可产生植物激素（如生长素、赤霉素、细胞分裂素等）。这些物质可促进植物根系有效地吸收土壤中的水分和养分，以促进植物的生长发育，同时对植物体其他生命活动进行调控，提高作物产量。在自然条件下生长的植物根际，其产生植物生长调节物质的微生物群落的数量很大、种类很多，根际可培养微生物中超过一般的微生物都可以产生此类物质。目前研究使用的微生物肥料中有很多微生物具有这方面功能。

在促进矿物质营养吸收方面，微生物在其生命活动期间能分解土壤中难溶性的矿物，并把它们转化成易溶性的矿质化合物，从而帮助植物吸收各种矿质元素。一些植物生长促进菌，特别是假单孢杆菌属（*Pseudomonas*）及杆菌属（*Bacillus*）和真菌的一些属，如青霉属（*Penicillum*）、曲霉属（*Aspergillus*）可分泌有机酸如甲酸、醋酸、丙酸、乙醇酸、延胡索酸、乳酸、丁二酸等，这些酸可降低pH，使不溶性的磷转变成可溶性的磷和钾，供植物吸收和利用。一些羟酸可与钙、铁形成螯合物，使磷有效溶解和吸收。这些微生物的研究与利用可以有效减少化学钾肥氮肥使用，改善土壤肥力。

在生物分子转化利用方面，秸秆、畜禽粪便等农业废弃物作为肥料进行利用之前需要进行处理，一方面要把固态废弃物分解成可供植物吸收利用的养分，此外还要去除废弃物中的病原菌、虫卵等有害物。目前主要利用堆肥技术来处理这些农业废弃物，这个过程中微生物起着十分重要的作用。通过微生物的作用，堆肥过程还能产生腐殖质等对植物、土壤有益的成分。堆肥反应是利用微生物使有机物分解、稳定化的过程，堆肥微生物可以来自自然界，也可利用人工筛选出的特殊菌种进行接种，以提高堆肥反应速度。堆肥微生物主要有细菌、真菌和放线菌等，而在堆肥过程中堆肥微生物的数量和种群不断发生变化。分离选取高效菌株以及对堆肥过程进行有效控制是当前研究的热点。

5. 农药与微生物生物技术

按《中国农业百科全书·农药卷》的定义，农药主要是指用来防治危害农林牧业生产的有害生物（害虫、害螨、线虫、病原菌、杂草及鼠类）和调节植物生长的化学药品。目前农业微生物生物技术在此方面的应用包括两个方面，一个是利用微生物生物技术产品（微生物农药）替代化学农药，第二个是利用微生物生物技术对化学农药残留进行消除，恢复农业生态环境。

根据来源，微生物农药可分为活体微生物农药和农用抗生素两大类。活体微生物农药是指将有害生物致病的病原微生物活体直接作为农药。其通过工业方法大量繁殖，并加工成制剂后作为农药产品使用。农用抗生素系由细菌、真菌和放线菌等微生物在发酵过程中产生的次级代谢产物，这种物质具有抑制某些危害农作物的有害生物的作用。将这种物质加工成可直接使用的形态，这就是农用抗生素。根据用途或防治对象不同，又可分为微生物杀虫剂、微生物杀菌剂、微生物除草剂、微生物杀鼠剂、微生物植物生长调节剂等。

在微生物杀虫剂方面，微生物杀虫剂种类很多，已发现的有2000多种，按照微生物的分类可分为细菌、真菌、病毒、原生动物和线虫等。目前，国内研究开发应用并形成商品化产品的主要有细菌类杀虫剂、真菌类杀虫剂、病毒类杀虫剂和抗生素类杀虫剂。

细菌杀虫剂是利用对某些昆虫有致病或致死作用的杀虫细菌及其所含有的活性成分制成，用于防治和杀死目标害虫的生物杀虫制剂。其作用机制是胃毒作用。昆虫摄入病原细菌制剂后，通过肠细胞吸收，进入体腔和血液，使之得败血症导致全身中毒死亡。细菌杀虫剂是应用得最早的微生物农药，主要是从昆虫虫体上分离得到的病原菌，目前已成功开发了某些芽孢杆菌，如Bt（苏云金芽孢杆菌）、球形芽孢杆菌、金龟子芽孢杆菌等。

真菌杀虫剂以分生孢子附着于昆虫的表皮，分生孢子萌发而长出芽管或形成附着孢，侵入昆虫体内，菌丝体在虫体内不断繁殖，造成病理变化和物理损害，最后导致昆虫死亡。已发现的杀虫真菌有100多属800多种，目前研究利用的真菌杀虫剂的主要种类有白僵菌、绿僵菌、淡紫拟青霉、座科孢菌和轮枝菌。

昆虫病毒是一类没有细胞结构的生物体，主要成分是核酸和蛋白质。病毒侵入昆虫后，核酸在宿主细胞内进行病毒颗粒复制，产生大量的病毒粒子，促使宿主细胞破裂，导致昆虫死亡。病毒杀虫剂宿主特异性强，能在害虫群内传播，形成流行病，也能潜伏于虫卵，传播给后代，持效作用长。其中研究最多、应用最广的是核形多角体病毒（NPV）、质形多角体病毒（CPV）和颗粒体病毒（GV）。

微孢子虫杀虫剂。微孢子虫为原生动物，它是经宿主口或卵、皮肤感染，并在其中增殖，使宿主死亡。当前用于农林防治的微孢子虫杀虫剂有3种，即行军虫微孢子、云杉卷叶蛾微孢子虫和蝗虫微孢子虫。

昆虫病原线虫也是目前微生物杀虫剂的一个重要品种。线虫通常从口腔、气孔、嗉囊进入宿主，发育后在血淋巴中迅速繁殖，宿主因组织遭到破坏而死亡。线虫是目前国际上新型的生物杀虫剂，它具有寄主范围广、对寄主主动搜索能力强、对人畜环境安全并能大量培养的优点，在地下害虫蛴螬防治方面应用较多。目前研究最广、应用最有效的为索科线虫和斯氏线虫科，研究的热点是在人工培养基上进行活体外大量培养的技术。

微生物杀菌剂是一类控制植物病原菌的制剂，主要有农用抗生素、细菌杀菌剂、真菌杀菌剂和病毒杀菌剂等类型。微生物杀菌剂主要抑制病原菌能量产生、干扰生物合成和破坏细胞结构，内吸性强、毒性低，有的兼有刺激植物生长的作用。农用抗生素是微生物发酵过程中产生的次生代谢产物，在低浓度时可抑制或杀灭作物的病、虫、草害及调节作物生长发育。细菌杀菌剂是利用活体细菌产生的抗菌活性物质对病原菌进行抑制杀灭，常用的有枯草芽孢杆菌、解淀粉芽孢杆菌、地衣芽孢杆菌、假单孢菌等。真菌杀菌剂研究和应用最广泛的是木霉菌，其次是黏帚霉类。

在微生物除草剂方面，研究主要集中在以下两个方面：① 利用活体微生物直接作为除草剂，即活体微生物除草剂；② 利用微生物所生产的对植物具有毒性的次生代谢产物作为除草剂使用，即农用抗生素除草剂。活体微生物除草剂目前已经成为国外研究和开发的热点，其中以真菌除草剂的研究和开发最为活跃。其作用方式是孢子、菌丝等直接穿透寄主表皮，进入寄主组织、产生毒素，使杂草发病并逐步蔓延，影响杂草植株正常的生理状况，导致杂草死亡，从而控制杂草的种群数量。除草农用抗生素是将细菌、真菌和放线菌等微生物发酵过程中所产生的具有抑制某些杂草的生物活性的次级代谢产物，加工成可以直接使用的形态。其作用机理是作用于植物体内敏感的分子靶标，但这些靶标通常与化学合成除草剂不同。

二、本学科最新研究进展

（一）学科发展现状及动态

随着研究的不断深入，农业微生物生物技术领域不断涌现出新的理论、方法、观点、技术、成果，为农业科学研究和生产实践注入新的活力，同时也出现了新的趋势。下面就微生物生物技术在主要农业领域的主要动态进行分析。

1. 肥料相关微生物生物技术的进展

近两年来，关于微生物肥料的研究主要集中在植物促生微生物的筛选及效果评价，尤其以植物根际促生细菌（plant growth-promoting rhizobacteria，PGPR）最为广泛，而施用微生物肥料后的效果评价主要分为三个方面，即是否改善作物生长状况和品质、是否帮助植物对污染土壤完成修复以及是否有效抑制病原体的生长。

（1）改善作物生长状况和品质的微生物生物技术

中国农业科学院农业资源与农业区划研究所研究团队通过对含煤土壤中生长的大白菜施用或不施用解磷菌黑曲霉（*Aspergillus niger* 1107）的比较研究得出，该黑曲霉有效促进了大白菜的生长。中国农业大学研究团队筛选得到一株枯草芽孢杆菌 HYT-12-1，该菌是一株内生细菌，可作用于番茄的种子内，研究发现该内生细菌可以有效增强番茄籽苗的生长。南京农业大学研究团队在研究番茄 - 菠菜轮作的农田系统中 PGPR 时发现，PGPR 和蚯蚓粪（*vermicompost*）配合使用可以起到协同增效作用，有效提高番茄的维生素 C 和菠菜中蛋白质的含量。因此，该研究团队认为含有 PGPR 和蚯蚓粪的复合饲料在未来可以有效替代化学肥料的使用。

（2）污染土壤的植物修复的微生物生物技术

通过植物的种植来修复污染的土壤是目前世界范围内研究的热点，植物在重度污染土壤中的生长状态与其土壤修复效果密切相关。一些微生物可以刺激植物抗逆能力与存活能力，其作用方式也是多样的。因此，筛选具有该种特性的微生物肥料并开展效果评价成为了目前研究的重点。例如，中科院南京土壤研究所研究团队从 115 株高羊茅草根基细菌中筛选得到了一株克雷伯氏菌（*Klebsiella* sp.），该菌可以有效促进高羊茅草的生长并且帮助其提高对石油污染的盐碱地的修复率；天津大学研究团队的研究表明，恶臭荧光假单胞菌（*Pseudomonas putida*）CZ1 菌株可以帮助海州香薷（*E.splendens*）在污染的土壤条件下富集并转运铜元素，有效修复污染土壤。

此外，研究还发现氨基环丙烷羧酸脱氨酶（ACC-deaminase）在帮助植物在极端条件下生长方面具有重要作用。乙烯是一种植物生长的重要调节物质，ACC-deaminase 可以有效降低植物根际的乙烯水平，而乙烯水平的降低可以有效促进植物生长。在研究方法方面，人们发现利用 ACC-deaminase 富集技术可以很好地筛选出具有良好效果的植物根际促生细菌，这一发现对筛选微生物肥料用的微生物资源有重要促进作用，近两年国际上发表相关文献超过 100 篇。例如，西北农林大学研究团队发现一株可以产生 ACC-deaminase 的恶臭荧光假单胞菌 UW4 菌株可以帮助番茄在高盐的土壤环境中更好地生长；而华中农业大学研究团队发现既有 ACC-deaminase 活性又有固氮能力的根际细菌可以很大程度上帮助玉米在铅浓度很高的土壤中生长。

（3）肥料相关微生物生物技术国外研究进展

国外近两年的研究进展在很多方面均与国内保持一致，主要针对根际促生细菌介导的污染土壤的植物修复。如美国研究团队发现向鼠耳芥生长的锌、镉污染的土壤中加入溶杆菌（*Lysobacter*）和链霉菌（*Streptomyces*）等混合促生细菌，可以分别提高锌和镉的提取率 100% 和 15%。再如葡萄牙研究团队发现罗尔斯通氏菌（*Ralstonia eutropha*）和金黄杆菌（*Chryseobacterium humi*）两种根际促生菌的添加对玉米提取污染土壤中的镉具有很好效果。其中，玉米的生物量提高了 63%，玉米的根对镉的提取率提高了 186%。

除了以上国内外共同的研究领域外，国外近两年在某些基础领域的研究领先于国内，如对促生菌的分泌物与植物的相互作用及其机制的研究等。国内研究目前仍然关注植物根际微生物对植物生长有促进作用的菌株分离、评价以及促进植物生长的机制研究。然而，微生物和植物在相互协同进化过程中获得了生物化学上的相互交流应答机制，之前研究主要集中于有益微生物的分泌物如何促进植物生长，而这些作用对于微生物本身的意义并没有明确。英国研究团队向种植小麦的土壤中加入解淀粉芽孢杆菌（*Bacillus amyloliquefaciens*）FZB42 菌株，该菌株可以分泌植物生长素。研究结果表明，该菌有效促进了小麦的根的生长，并且生长素的生物合成促进了小麦根部的磷转运蛋白的表达，提高了有机碳的分泌。有机碳的分泌对微生物的生长繁殖具有重要的意义。这也在理论水平证明了促生细菌定植在植物根部后生长素分泌的重要性以及细菌与宿主植物互作的本质。

（4）饲料相关微生物生物技术

近两年来，国内外对于微生物饲料的研究主要集中在微生物饲料添加剂、饲用酶制剂以及微生物提取物。由于抗生素作为饲料添加剂带来的种种问题，使目前世界范围内对抗生素添加剂陆续禁止，因此微生物饲料添加剂作为抗生素替代物成为现在国内外研究的热点；而饲用酶制剂也是近几年才被人们认识到的可以很好促进动物生长的物质，主要研究焦点是其耐热、耐酸等性质上的改进，目前在该领域国内的研究水平处于世界一流水平；近两年关于微生物提取物的研究主要集中在实际工业生产中如改造更好的工程菌等。

（5）微生物生物技术饲料添加剂

用于饲料添加的微生物筛选与评价仍然是目前该领域的研究热点，国内相关研究已经比较深入，对菌株的效果评价涉及饲料风味、营养消化吸收、消化道微生物生态、动物生长发育、动物代谢免疫等多个层次。例如，哈尔滨理工学院研究团队向土豆淀粉生产工业产生的废料中添加短小芽孢杆菌（*Bacillus pumilus*）E1菌株用以生产得到高含量赖氨酸产物，通过检测得出该产物是无毒的，可以用于动物饲料的商业化生产。并且在生产赖氨酸的过程中加入黑曲霉可以用以降解纤维素，加入产朊假丝酵母（*Candida utilis*）可以提高饲料的风味，吸引牲畜食用。中国农业大学研究团队发现，在公牛幼崽饲料中添加特定比例的酿酒酵母（*Saccharomyces cerevisiae*）可以有效提高饲料中干物质（dried matter，DM）和中性洗涤纤维（neutral detergent fiber，NDF）以及饲料的消化率，并且可以有效提高瘤胃中总细菌、真菌、原生动物和乳酸利用细菌的数量。中国农业科学院饲料生物技术重点实验室研究团队研究表明，益生菌屎肠球菌（*Enterococcus faecium*）可以促进爱拔益加肉鸡（*Gallus gallus*）免疫器官和肠道微绒毛的发育，并且提高肠道微生物的多样性和数量。通过对饲喂了屎肠球菌的肉鸡的肠黏膜进行蛋白组学分析，鉴定得到了42个肠黏膜蛋白涉及物质代谢、免疫、厌氧系统和细胞骨架，这一研究成果从蛋白组学水平上解释了益生菌作用于靶标动物的作用机制。西南民族大学与韩国檀国大学研究团队合作研究发现，向肉鸡饲料中添加嗜酸乳杆菌（*Lactobacillus acidophilus*）、枯草芽孢杆菌和丁酸梭菌（*Clostridium butyricum*）的多菌株混合物可以有效改善肉鸡的生长状况，提高回肠氨基酸的消化率以及体液的免疫力。除此之外，该研究还发现，这些益生菌的添加减少了盲肠中大肠杆菌这一致病菌的数量，并且减少了粪便中 NH_3 的含量，减少了对环境的污染。

（6）饲用酶技术

华中农业大学研究团队通过8周的草鱼生长情况评价发现，向草鱼饲料中加入植酸酶可以改善草鱼的生长情况，提高其对营养物质的利用率；将植酸酶与饲料提前混合处理比将植酸酶喷洒到池塘中效果更好。中国农业大学研究团队通过向磷缺乏的玉米－大豆猪饲料中添加从大肠杆菌中提取的植酸酶来评价饲喂状况，结果表明当在该饲料中添加一定数量的植酸酶后，植酸酶很好地把磷缺乏饲料中的肌醇六磷酸（植酸）水解为可被猪利用的磷元素。同时研究还发现，向饲料中加入过量的植酸酶后，全部的肌醇六磷酸均被水解掉，进而使饲料中的矿物质及蛋白质被更好地利用，猪的生长状况得到更好的改善。

西北农林科技大学研究团队改造了一株共表达内切葡聚糖酶和植酸酶的罗伊氏乳杆菌（*Lactobacillus reuteri*）工程菌。将该菌加入到肉鸡的饲料中可以有效提高营养利用率，改善肉鸡生长状况并且降低消化疾病的产生。研究结果显示，肉鸡在食用添加该菌的饲料21天时，其胫骨中灰分、钙和磷的含量明显提高。与此同时，肉鸡盲肠中的病原菌（大肠杆菌等）数量明显减少，而益生菌（乳酸菌等）的数量明显增多。中国农业大学研究团队通过对一种转植酸酶玉米饲料和两种商业化的植酸酶添加剂饲料长时间饲喂产蛋鸡进行对比试验得出结论，在磷缺乏的饲料中添加转植酸酶玉米可有效改善产蛋性能，提高鸡蛋的质量、回肠中磷元素的利用率和骨质矿化能力。添加转植酸酶玉米的饲料和添加两种商业化植酸酶添加剂饲料对于产蛋鸡生长的帮助同样有效。

（7）其他饲料相关微生物生物技术

北京化工大学与美国佐治亚大学科研团队合作研究，将大肠杆菌进行改造后使之可以克服反馈抑制而持续地将苯丙氨酸转化为酪氨酸，这一改造很大程度上提高了酪氨酸的表达量，而酪氨酸是一种良好的饲料添加剂。这一研究成果可以作为新的酪氨酸生产方法进行推广使用。

天津大学研究团队通过遗传改造了一株大肠杆菌用以表达核黄素（维生素 B_2），而核黄素目前被广泛用于动物饲料添加剂中。改造得到的大肠杆菌菌株 RF05S–M40 在半合成培养基中，核黄素的表达量达到了 2702.8 mg/L，远远高于其他摇瓶培养的表达量。该研究成果具有很大潜力应用于核黄素的工业生产中。

（8）国外饲料相关微生物生物技术研究进展

近两年，国外关于微生物饲料的研究热点与国内基本保持一致，只是国外有部分研究团队关注于微生物饲料中的益生菌等物质与宿主之间互相作用的机制研究。如伊朗的研究团队就总结了乳酸菌和酵母菌等益生菌进入牲畜体内后抑制病原菌生长的机制以及它们帮助宿主牲畜消除饲料中重金属污染的机制等，研究表明益生菌主要通过三种方式来保护宿主牲畜：一是益生菌的细胞壁直接把有害物质吸收了；二是在宿主结肠中，益生菌释放的酶作用于有害物质受体；三是益生菌修复被有害物质破坏的宿主肠道。

2. 微生物生物技术在生物农药方面的研究进展

广义的微生物农药包括活体微生物农药和农用抗生素。而狭义的微生物农药专指活体微生物农药，根据用途和防治对象不同，微生物农药主要包括微生物杀虫剂、微生物杀菌剂等，目前国内在这两个方面都有不错的进展。

（1）细菌杀虫剂

用作微生物杀虫剂的微生物种类有细菌、真菌、病毒、线虫和微孢子虫，近两年在各个方面都有进展。细菌类的杀虫剂包括苏云金芽孢杆菌、球形芽孢杆菌（*Lysinibacillus sphaericus*）、日本金龟子芽孢杆菌（*Bacillus popilliae*）和缓病芽孢杆菌（*Bacillus lentimorbus*）等。目前研究热点包括改善细菌杀虫剂的环境适应性、鉴定克隆关键功能基因、新靶标害虫研究等几个方面。

在改进杀虫剂的环境适应性方面，国内研究人员开展了一系列研究。例如，中国农业科学院植物保护研究所团队构建了 Bt sigK 缺失突变株，该突变株芽胞发育与细胞裂解受到影响，进一步筛选了可以在该突变体中表达基因的 Bt 启动子，并表达了 Cry1Ba 基因，不裂解的细胞壁包裹杀虫蛋白形成了微胶囊，进一步测试结果显示该微胶囊形式的蛋白可以显著抵抗紫外线对杀虫蛋白的灭活作用。该团队进一步发现了 Bt 细胞分化的现象，一株具有芽胞形成和晶体形成分化表型的新 Bt 菌株 LM1212 中 cry 基因表达具有细胞特异性，只在一类分化的非芽胞细胞亚群中转录。这种功能上的分工使该菌株与传统的 Bt 菌株相比，具有更高的产胞效率，能够更好地与不产晶体的 Bt 菌株竞争，具有更好的生态适合度，这些研究对进一步 Bt 杀虫剂改良提供了新的思路。此外，环境中影响 Bt 持效性的影响因素也成为目前的研究热点。中国农业科学院植物保护研究所研究团队发现了地下害虫蛴螬肠道微生物对 Bt 的抑制作用，这一发现对进一步克服 Bt 作用屏障指出了研究方向，目前该团队在国家自然科学基金资助下与福建农业大学合作，研究生物被膜对 Bt 克服环境胁迫的作用。

在克隆 Bt 杀虫基因方面，近两年有一系列新的方法被报道。中国农业科学院植物保护研究所研究团队改进了 Bt 鳞翅目害虫高效的 cry1 杀虫基因的鉴定系统，新的系统提高了 Bt cry1 检出效率，检测到了之前中国国内没有发现的杀虫基因；高分辨率熔点分析也被用于 Bt 杀虫基因的检测，该方法可以检测单核苷酸变异，并且可以实现样品高通量检测，利用该方法中国农业科学院植物保护研究所检测到一株 Bt 菌株中的 3 个杀虫基因，被克隆到一个新的模式基因 cry9Ee1，该基因对玉米螟等重要农业害虫具有高活性，并且与目前广泛使用的 cry1A 基因没有交互抗性，目前已经在国家转基因专项中得到应用。近几年快速发展的高通量测序技术对 Bt 杀虫基因筛选起到巨大推动作用。研究人员先前发现从对金龟子有效的菌株 HBF-18 中克隆到的 cry8Ga 基因杀虫活性远远低于出发菌株，推测其中有其他毒力因子，并通过基因组测序分析发现了 3 个新的杀虫基因，其中，vip1Ad1、vip2Ag1 编码的蛋白表现出二元毒素的特性，对华北大黑鳃金龟（Holotrichia oblita）、暗黑鳃金龟（Holotrichia parallela）和铜绿丽金龟（Anomala corpulenta）幼虫都表现出了非常高的杀虫活性。此外，新建立的基于 Bt 基因组池、宏基因组的杀虫基因克隆方法对提高杀虫基因克隆效率、降低科研成本具有重要的作用，利用这些方法，中国农业科学院植物保护研究所克隆了 cry2Ah、cry15Aa、vip3Ag、vip3Aj 等一系列重要的杀虫基因。由于研究的技术方法的进步，近两年来中国克隆和命名的杀虫基因占据了国际杀虫基因命名委员会命名的一半以上（http://www.lifesci.sussex.ac.uk/home/Neil_Crickmore/Bt）。

在新靶标害虫研究方面，近年来也有重要进展。植物病原线虫作为一种植物土传病害，对作物的生长和产量都造成严重影响，之前研究学者认为，线虫口器较小不能够吞下足够大的分子，例如 Bt 杀虫蛋白。近年来华中农业大学孙明教授团队研究发现二龄北方根结线虫（Meloidogyne hapla）至少可以摄入分子量为 140 kDa 的杀虫蛋白，该研究为进一步利用 Bt 防治线虫奠定了基础。进一步研究发现了金属蛋白酶 Bmp1、Cry6Aa 等一系列对植物病原线虫有效的杀虫蛋白。Bt 对植物根结线虫有效菌株和基因的发现，为线虫的生物防治提供了新思路，目前部分线虫高效基因已经在抗虫转基因作物育种中得到应用。此外，国内研究团队针对稻飞虱、盲椿象、蚜虫等刺吸式害虫进行 Bt 菌株筛选与杀虫基因克隆的研究工作也取得一定进展，例如，中国农业科学院植物保护研究所张杰研究团队分离获得了对稻飞虱高效的 Bt 菌株，并克隆到 ST1、ST2 以及 ST3 等对白背飞虱（*Sogatella furcifera*）、灰飞虱（*Laodelphax striatellus*）、褐飞虱（*Nilaparvata lugens*）等主要为害种群有效的杀虫基因，目前已经提交了专利申请。

此外，针对微生物杀虫剂主要微生物 Bt 和球形芽孢杆菌基因组学与功能基因研究也有一些新的进展。近两年陆续有一系列杀虫微生物基因组被测定，相关关键功能基因的研究成为目前该领域的又一热点。中国农业科学院植物保护研究所研究发现 Bt CwlB 蛋白对母细胞裂解至关重要，该蛋白的缺失显著阻碍了母细胞的裂解，这对进一步研究生产 Bt 蛋白微胶囊提供了可选基因。中科院武汉病毒所研究团队鉴定了一系列球形芽孢杆菌毒素质粒稳定、细胞发育以及与环境适应性等相关的功能基因，这些研究推进了人们对球形芽孢杆菌的认识。球形芽孢杆菌种名在 2007 年依据生理学和表型分析结果由 *Bacillus sphaericus* 更改为 *Lysinibacillus sphaericus*。最近，中科院武汉病毒所研究团队利用基因组学的方法在基因组水平论证了新的分类，并且发现了一些与杀虫蛋白进化相关的重要线索。这些微生物杀虫剂微生物基础理论研究对进一步改进和应用微生物杀虫剂有重要作用。

（2）真菌杀虫剂

近年，对昆虫病原真菌的研究主要集中在对其发育、侵染相关功能基因剂型研究方面，并在此基础上进行遗传改良。

白僵菌侵染寄主昆虫后会引起昆虫产生一系列的免疫应答反应。安徽农业大学团队发现鳞翅目昆虫柞蚕（*Antheraea pernyi*）被白僵菌侵染后，其体内的防御基因 ApDef 显著上调表达，在侵染后 12 小时其表达量达到最高水平。该团队还发现柞蚕受到白僵菌胁迫时，其体内的热应激蛋白基因 Ap-sHSP21.4 在中肠和脂肪体内都呈现上调表达的趋势，利用 dsRNA 将 Ap-sHSP21.4 沉默后导致一系列与免疫应答相关基因的表达量显著降低。这些结果极大地促进了我们对病原真菌与寄主昆虫之间相互作用的认识，为进一步改良白僵菌杀虫剂提供了指导。浙江大学冯明光教授团队研究发现，白僵菌的三个钙调磷酸酶（CN）亚基（CnA1、CnA2 和 CnB）缺失突变后，由 CN 介导的磷酸酶酶活性降低了 16% ~ 38%，且在 CnB 缺失突变体中白僵菌的生长与分生孢子的产生受到严重影响。锌指转录因子（Crz1）缺失突变后白僵菌形成分生孢子的能力也严重降低。所有四种缺失突变体对热刺激、紫外照射等胁迫条件都变得更加敏感，同时也大大降低了对斜纹夜蛾（*Spodoptera litura*）幼虫的毒力。而将缺失的基因恢复后，所有因缺失突变引起的改变都得以还原，说明三种 CN 亚基与 Crz1 在白僵菌对环境适应及侵染寄主过程中起到重要作用。

团队还发现 Wee1 蛋白激酶与细胞周期调节因子 Cdc25 通过平衡周期蛋白依赖性蛋白激酶的活性来调控白僵菌的细胞周期、形态发生、无性繁殖、胁迫耐受性和毒力。

（3）杀菌抗病微生物生物技术

除了环境物理化学胁迫因素影响植物生长与生产性能外，植物病原物是为害植物生长的又一重要因素。利用微生物拮抗抑菌作用防止植物病害一直是人们关注的热点，近年来不断有新的进展。人们发现，有些微生物不仅可以控制病害发生，还可以促进植物生长，提高产量。

南京农业大学研究团队研究证明解淀粉芽孢杆菌（*Bacillus amyloliquefaciens*）NJZJSB3 菌株可以有效控制油菜叶片上的核盘菌（*Sclerotinia sclerotiorum*）。与此同时，该菌还可以产生生物被膜、铁载体和细胞壁降解酶等物质有效抑制病原菌，更好地促进植物生长。华南农业大学和加拿大研究团队合作研究发现荧光假单胞菌（*Pseudomonas fluorescens*）Pf 9A-14、假单胞菌（*Pseudomonas sp.*）Psp. 8D-45 和枯草芽孢杆菌（*Bacillus subtilis*）Bs 8B-1 均对黄瓜根部的腐霉菌具有良好的抑制效果，这些菌株通过产生一些抗生素、次生代谢物以及植物激素来抑制病原菌并促进植物生长。浙江大学谢关林教授团队研究发现侧孢短芽孢杆菌 *Brevibacillus laterosporus* B4 培养液与 1% 盐溶液处理后，具有较好的防治水稻细菌性病害的效果。进一步研究表明，侧孢短芽孢杆菌 B4 抑制了病原物黄瓜角斑病菌生物被膜的形成，同时还严重破坏其细胞膜的完整性。此外，侧孢短芽孢杆菌 B4 处理病叶后黄瓜角斑病菌与生物被膜形成、运动性、膜功能等相关基因都呈现下调表达趋势。这些研究结果表明，侧孢短芽孢杆菌 B4 具有巨大的潜力用于细菌性植物病害的防治。中国科学院沈阳应用生态研究所胡江春研究员团队研究发现，从漠海威芽孢杆菌 *Bacillus mojavensis* B0621A 发酵液中分离纯化得到的三种脂肽类物质，对尖孢镰刀菌的多种转化型具有剂量依赖性拮抗作用，并具有表面张力活性。该研究结果表明，芽孢杆菌 *Bacillus mojavensis* B0621A 将有希望用于对真菌植物病原体的生物防治中。

此外，甘肃农业大学研究团队还发现，在体外试验中，当长柄木霉（*Trichoderma longibrachiatum*）孢子浓度达到（1.5×10^4）~（1.5×10^8）孢子 /mL 时，其对小麦禾谷胞囊线虫（*Heterodera avenae*）具有很强的寄生性与致死作用。而随着长柄木霉菌接种于小麦后，小麦禾谷胞囊线虫对小麦的侵染显著减少。研究还发现长柄木霉菌通过增强细胞外几丁质酶的活性来抑制小麦禾谷胞囊线虫的囊孢寄生。

在微生物诱导植物系统抗性方面，进一步加强对植物病害的抵抗力是目前研究的热点。苏云金芽孢杆菌是重要生物杀虫剂，被广泛用于植物虫害控制。近年来研究发现，Bt 可以通过激活植物的系统抗性进一步提高植物对细菌性青枯病的抗性。这一发现赋予了 Bt 新的功能，此外也为难以防治的细菌青枯病提供了新的选择。目前已经开始研究利用 Bt 进行植物青枯病的防治，如日本学者利用 Bt CR-371 和阿维链霉菌 NBRC14893 处理西红柿植株，进一步向植株上接种青枯菌 *Ralstonia solanacearum* 和根结线虫 *Meloidogyne incognita*。统计结果显示，与对照组相比，Bt 和阿维链霉菌处理的植株对

单独青枯菌 *Ralstonia solanacearum*、根结线虫 *Meloidogyne incognita* 或两者混合感染都有显著抵抗效果。

（二）学科重大进展及标志性成果

1. 建立完善饲用酶制剂研究生产体系

中国农业科学院饲料研究所姚斌研究员团队近几年在饲料用酶基因的高效筛选上，结合多种最新的生物技术，创立了多种从环境宏基因组或转录组中直接克隆全长功能基因的全新技术体系，成功从特殊环境中克隆到具有高比活、高温、嗜酸、抗蛋白酶等特性的饲料用非淀粉多糖酶编码基因 100 余个，从而使我国在国际基因资源及知识产权的争夺战中处于有利地位。不仅如此，姚斌团队还在饲料用酶结构与功能的基础研究方面同样有所突破，构建了独有的胞外融合表达突变酶库的筛选技术，完善了酶蛋白结构功能研究和分子改良技术体系，获得了综合性质优越、可应用于实际生产的改良酶。姚斌团队还通过对酵母及芽孢杆菌高效表达机制的生物学基础研究，发现了一批新的表达因子及它们的作用机理和功能，并在此基础上构建、完善了饲料用酶高效表达技术体系，保障了饲料用酶的规模化廉价生产，最终突破了一系列饲料用酶研发的关键技术。该团队所从事的多种饲料用酶的开发工作始终处于国际领先地位，其创制的 4 种主要非淀粉多糖酶——木聚糖酶、葡聚糖酶、甘露聚糖酶和 α–半乳糖苷酶均具有优良的性能和低廉的生产成本。该项成果荣获 2014 年度国家科技进步奖二等奖。

2. 酵母多糖微量元素多功能生物制剂研究取得进展

中国农业科学院兰州畜牧与兽药研究所完成了"酵母多糖微量元素多功能生物制剂研究"，采用微波诱变筛选出既富含锌、铁微量元素，又高产多糖的遗传性状稳定的新酵母菌株，并获得 1 项专利。研制出集酵母多糖和微量元素锌、铁的生理功能于一体的高效、低毒多功能复合型生物制剂。通过优化酵母多糖微量元素的提取工艺和培养条件，很大程度上提高了多糖微量元素复合体中酵母多糖、多糖锌复合体中锌和多糖铁复合体中铁的含量。该制剂能促进畜禽生长，提高机体抗病能力，降低死亡率，明显提高对锌、铁元素的吸收和生物利用度，日增重率提高 15% ～ 28%，饲料报酬率提高 10% ～ 13%，降低了排泄物对环境的二次污染，同时能够改善畜禽产品风味，具有补充微量元素、调节机体功能的双重生物学功能。该研究成果达到同类研究国际先进水平。

3. 秸秆无害还田技术取得进展

中国农业科学院油料研究所经过多年研究，研制出了一种高效复合微生物菌剂，解决了上述问题。该研究团队从油菜根际土壤中分离出了十多种微生物菌株，从中筛选出两株特异功能微生物，分别是能高效腐解油菜秸秆的哈茨木霉菌和高效腐解菌核的棘孢曲霉。该复合菌剂便由这两种微生物组成，可使油菜秸秆腐解率提高 23.9%、菌核腐解率提高 38.1%，提高土壤理化及生物性状，使后茬水稻产量提高 3.0%，下季油菜菌核病病情指数下降 16.8，菜籽增产 5.0%。目前该微生物菌剂已大面积示范推广。

4. 真菌杀虫剂致病机制研究与改良取得重要进展

浙江大学方卫国教授团队从一个 T-DNA 随机插入突变体库中发现了一个罗伯茨绿僵菌的致病突变体，其中甾醇转运蛋白基因 Mr-npc2a 被破坏。Mr-npc2a 的作用是帮助真菌在昆虫血腔内保持细胞膜的完整性。生物信息学分析表明，绿僵菌在进化过程中通过基因水平转移从寄主昆虫中获得了 Mr-npc2a。该研究用实验证明了基因水平转移推动了病原真菌的毒力进化，丰富了真菌毒力进化理论。研究成果已经发表于 *PLoS Pathogens*。除此之外，方卫国教授还与美国科学家合作，通过过遗传改良，在蝗绿僵菌（Metarhizium acridum）中成功高效表达了 3 类昆虫离子通道阻遏多肽，显著提高了其感染蝗虫的能力，其中同时表达钙离子通道、钾离子通道和钠离子通道阻遏子的菌株提高幅度最大，半致死剂量降低了 10 倍以上，杀虫时间缩短了 40%，蝗虫死亡前的取食量也显著降低。另外，高效表达这些多肽，不改变蝗绿僵菌的寄主范围。利用其构建的遗传改良菌株，有望开发出安全、高效的真菌杀虫剂。

5. Bt 微胶囊制剂理论研究取得重要进展

中国农业科学院植物保护研究所团队发现了控制细胞壁水解的关键基因 cwlB，该基因的缺失导致 Bt 母细胞不能裂解，这为进一步研究开发抗紫外 Bt 微胶囊制剂奠定了基础。此外，该团队还构建了 Bt sigK 缺失突变株，该突变株芽胞发育与细胞裂解受到影响，进一步筛选了可以在该突变体中表达基因的 Bt 启动子，并表达了 Cry1Ba 基因，不裂解的细胞壁包裹杀虫蛋白形成了微胶囊，进一步测试结果显示该微胶囊形式的蛋白可以显著抵抗紫外线对杀虫蛋白的灭活作用。

6. 微生物农药、肥料持效性理论研究取得重要进展

微生物农药、肥料在植物根际形成生物被膜是其能否长期定殖、有效的重要因素。近年来研究发现植物本身的遗传、代谢特性与此密切相关，为进一步作物评价提供了新的指标。例如，枯草芽孢杆菌作为一种微生物肥料、抗菌剂，可形成生物被膜定植于植物根部来起到抗菌促生长的作用。美国哈佛大学研究团队研究表明定植于拟南芥的枯草芽孢杆菌形成与否是由特定的植物多糖介导的。这些多糖作为生物被膜的信号因子通过激酶控制磷酸化的调节因子 spo0A 来转换。除此之外，植物多糖作为糖的来源供给生物被膜的形成，该研究成果为由植物介导的枯草芽孢杆菌生物被膜的形成研究提供了证据。在改善生物农药、肥料效果方面还需进一步综合考虑作物本身的因素。

7. 微生物中发现对糖尿病有效成分

中国农业科学院农产品加工研究所吕加平研究员团队对酵母源葡萄糖耐量因子（GTF）进行了结构解析以及功能评价，其研究通过温和溶剂提取、分子筛与膜组合分离及电感耦合等离子体原子发射光谱法 / 质谱（ICP-AES/MS）等生物技术分析，确证从 GTF 高产酵母中分离获得了两种含铬物质，其中 GTF 为小分子含铬物质，并通过红外光谱、质谱等技术对 GTF 进行结构解析。Ⅱ型糖尿病模型鼠试验表明：GTF 酵母菌粉可显著降低糖尿病小鼠总胆固醇和甘油三酯含量，高剂量的 GTF 酵母可显著降低糖化血红蛋白，

对胰腺组织和 β 细胞有一定保护作用。本项成果为酵母源 GTF 作为补铬营养强化剂及保健食品配料的深度开发提供了重要理论依据。同时，本项目中的高 GTF 酵母制备技术可在保健食品、制药、饲料添加剂等企业转化应用，开发形式多样的保健品中间原料或终端产品。

三、本学科国内外研究进展比较

近年来，在国家自然科学基金、科技部"863""973"计划的资助下，我国形成了一支农业微生物生物技术领域的科研队伍。这些研究队伍在本领域做出了较为系统的研究工作，在基础研究方面，部分领域已经与国际水平接轨，部分团队甚至达到国际先进水平。在饲用酶制剂、酵母多糖微量元素多功能生物制剂、秸秆无害还田技术、真菌杀虫剂致病机制与遗传改良、克隆 Bt 杀虫基因、Bt 微胶囊制剂理论研究和微生物农药、肥料持效性理论研究等多个研究领域都取得了较好的进展，在 *PNAS*、*PLoS Pathogens*、*ISME* 等高水平杂志上发表了诸多有影响力的研究论文。然而，在有些领域还存在差距。

在微生物饲料方面，近两年国内关于微生物饲料的研究热点与进展都与国际接轨，但国外关于微生物饲料中的益生菌等物质与宿主之间互相作用的机制研究更为深入。在微生物肥料方面，国内近两年的研究进展在很多方面均与国外研究保持一致，主要针对根际促生细菌对植物生长和功能的促进，如介导的污染土壤的植物修复。但在促生菌的分泌物与植物的相互作用机制的研究上，国外团队已经开始关注微生物与植物相互作用研究，并且已经有一些进展。例如，国外研究团队发现向种植小麦的土壤中加入可以分泌植物生长素解淀粉芽孢杆菌（*Bacillus amyloliquefaciens*）FZB42 菌株，不仅可有效促进小麦的根的生长，而且该菌株生长素的生物合成促进了小麦根部的磷转运蛋白的表达，提高了小麦有机碳的分泌。相对来讲，国内在此方面仍有探索、发展空间。在微生物农药方面，我国在微生物资源筛选、功能基因鉴定、分子遗传改造等方面的研究已经达到国际先进水平，而在微生物农药作用机制研究上，特别是细菌杀虫剂 Bt 的杀虫过程、与受体之间的相互作用、如何最终导致靶标害虫死亡的研究工作方面与国外还有着一定的差距。与欧美等发达国家成熟的生物农药产业相比，我国在微生物农药产业化上还存在不足，且国内相关研究人员主要集中在科研院所，企业自主研发能力不强。

四、本学科未来发展趋势与对策

国内外食品微生物的研究基础与工业化都比较成熟，投入市场的食品微生物技术产品也得到人们的接受，而随着社会经济的迅速发展和人们对生活质量及健康意识的不断提高，自然的、健康的功能食品必将成为未来食品的首选。所以，筛选并开发具有改善肠道生态、提高身体免疫力的食品微生物以及通过基因工程手段获得多功能益生菌，将是国内科学家研究的重点内容之一，对提升人民生活水平、改善健康状况具有重要的战略意义。

微生物杀虫剂是目前微生物农药产业的重要组成部分，也是生物防治产业的重要组成部分。近年来，微生物杀虫剂的种类不断增加，应用范围不断扩大，在病虫害防治中的地位越来越重要，对其产品的研究开发受到国内外的广泛重视。国内的研究主要集中在细菌杀虫剂资源筛选、功能基因鉴定等方面，在产业化方面投入不足，制约了其研究与应用的发展。加强应用基础研究，将基础理论成果与实际应用有机地结合起来，并加强科研机构与企业之间的合作，将是我国未来几年的工作重点。

微生物肥料在作物增产和品质改善等方面都具有重要的积极作用。而我国微生物肥料研发与应用时间较短，产品研制与应用处于起步阶段。针对目前土壤健康状况恶化的现状，加强微生物菌种的选育、微生物复合菌系组合筛选，开展微生物肥料、专用肥的开发以及微生物菌种与化肥、有机肥的复配技术的研究与应用，将是我国在肥料方面未来几年的工作重点，这将推动我国微生物肥料的应用水平上一个新的台阶。

随着我国养殖行业的快速发展，在抗生素使用弊端日益凸显的背景下，微生物饲料添加剂的开发与应用必将受到广泛重视。目前，部分菌株作用机理尚未研究透彻、优良微生物添加剂菌种缺乏、产品质量参差不齐等问题仍然制约抗生素替代产品的推广应用。因此，作用机理探索、益生菌筛选、有效性和安全性评价以及配套应用技术等方面研究将是下一阶段研究工作。

—— 参考文献 ——

[1] Wang HY, Liu S et al. Preparation and utilization of phosphate biofertilizers using agricultural waste[J]. Journal of Integrative Agriculture, 2015, 14（1）: 158–167.

[2] Xu MS, Sheng JP et al. Bacterial community compositions of tomato（Lycopersicum esculentum Mill.）seeds and plant growth promoting activity of ACC deaminase producing Bacillus subtilis（HYT–12–1）on tomato seedlings[J]. World Journal of Microbiology & Biotechnology, 2014, 30（3）: 835–845.

[3] Song XC, Liu MQ et al. Interaction matters: Synergy between vermicompost and PGPR agents improves soil quality, crop quality and crop yield in the field[J]. Applied Soil Ecology, 2015（89）: 25–34.

[4] Liu WX, Hou JY et al. Isolation and characterization of plant growth–promoting rhizobacteria and their effects on phytoremediation of petroleum–contaminated saline–alkali soil[J]. Chemosphere, 2014（117）: 303–308.

[5] Xu C, Chen XC et al. Effect of heavy–metal–resistant bacteria on enhanced metal uptake and translocation of the Cu-tolerant plant, Elsholtzia splendens[J]. Environmental Science and Pollution Research, 2015, 22（7）: 5070–5081.

[6] Hassan MN, Afghan S et al. Biopesticide activity of sugarcane associated rhizobacteria: Ochrobactrum intermedium strain NH–5 and Stenotrophomonas maltophilia strain NH–300 against red rot under field conditions[J]. Phytopathologia Mediterranea, 2014, 53（2）: 229–239.

[7] Penrose DM, Glick BR. Methods for isolating and characterizing ACC deaminase–containing plant growth–promoting

rhizobacteria［J］. Physiologia Plantarum, 2003, 118（1）: 10–15.

［8］ Yan JM, Smith MD et al. Effects of ACC deaminase containing rhizobacteria on plant growth and expression of Toc GTPases in tomato（Solanum lycopersicum）under salt stress［J］. Botany, 2014, 92（11）: 775–781.

［9］ Moreira H, Marques APGC et al. Phytomanagement of Cd–contaminated soils using maize（Zea mays L.）assisted by plant growth–promoting rhizobacteria［J］. Environmental Science and Pollution Research, 2014, 21（16）: 9742–9753.

［10］ Talboys PJ, Owen DW et al. Auxin secretion by Bacillus amyloliquefaciens FZB42 both stimulates root exudation and limits phosphorus uptake in Triticum aestivum［J］. Bmc Plant Biology, 2014, 14.

［11］ Ding GZ, Chang Y et al. Effect of Saccharomyces cerevisiae on alfalfa nutrient degradation characteristics and rumen microbial populations of steers fed diets with different concentrate–to–forage ratios［J］. Journal of Animal Science and Biotechnology, 2014, 5.

［12］ Liu XT, Wang Y et al. Effect of a liquid culture of Enterococcus faecalis CGMCC1.101 cultivated by a high density process on the performance of weaned piglets［J］. Livestock Science, 2014（170）: 100–107.

［13］ Zhang ZF, Kim IH. Effects of multistrain probiotics on growth performance, apparent ileal nutrient digestibility, blood characteristics, cecal microbial shedding, and excreta odor contents in broilers［J］. Poultry Science, 2014, 93（2）: 364–370.

［14］ Liu LW, Zhou Y et al. Supplemental graded levels of neutral phytase using pretreatment and spraying methods in the diet of grass carp, Ctenopharyngodon idellus［J］. Aquaculture Research, 2014, 45（12）: 1932–1941.

［15］ Zeng ZK, Wang D et al. Effects of Adding Super Dose Phytase to the Phosphorus–deficient Diets of Young Pigs on Growth Performance, Bone Quality, Minerals and Amino Acids Digestibilities［J］. Asian–Australasian Journal of Animal Sciences, 2014, 27（2）: 237–246.

［16］ Wang L, Yang YX et al. Coexpression and Secretion of Endoglucanase and Phytase Genes in Lactobacillus reuteri［J］. International Journal of Molecular Sciences, 2014, 15（7）: 12842–12860.

［17］ Ca CQ, Ji C et al. Effect of a novel plant phytase on performance, egg quality, apparent ileal nutrient digestibility and bone mineralization of laying hens fed corn–soybean diets［J］. Animal Feed Science and Technology, 2013, 186（1–2）: 101–105.

［18］ Huang J, Lin YH et al. Production of tyrosine through phenylalanine hydroxylation bypasses the intrinsic feedback inhibition in Escherichia coli［J］. Journal of Industrial Microbiology & Biotechnology, 2015, 42（4）: 655–659.

［19］ Lin ZQ, Xu ZB et al. Metabolic engineering of Escherichia coli for the production of riboflavin［J］. Microbial Cell Factories, 2014, 13.

［20］ Zoghi A, Khosravi–Darani K et al. Surface Binding of Toxins and Heavy Metals by Probiotics［J］. Mini–Reviews in Medicinal Chemistry, 2014, 14（1）: 84–98.

［21］ Zhou C, Zheng Q et al. Screening of cry–type promoters with strong activity and application in Cry protein encapsulation in a sigK mutant［J］. Appl Microbiol Biotechnol, 2014, 98（18）: 7901–7909.

［22］ Deng C, Slamti L et al. Division of labour and terminal differentiation in a novel Bacillus thuringiensis strain［J］. Isme Journal, 2015, 9（2）: 286–296.

［23］ Shan YM, Shu CL et al. Cultivable Gut Bacteria of Scarabs（Coleoptera: Scarabaeidae）Inhibit Bacillus thuringiensis Multiplication［J］. Environmental Entomology, 2014, 43（3）: 612–616.

［24］ Shu CL, Liu DM et al. An Improved PCR–Restriction Fragment Length Polymorphism（RFLP）Method for the Identification of cry1–Type Genes［J］. Applied and Environmental Microbiology, 2013, 79（21）: 6706–6711.

［25］ Shu C, Su H et al. Characterization of cry9Da4, cry9Eb2, and cry9Ee1 genes from Bacillus thuringiensis strain T03B001［J］. Appl Microbiol Biotechnol, 2013, 97（22）: 9705–9713.

［26］ Bi Y, Zhang Y et al. Genomic sequencing identifies novel Bacillus thuringiensis Vip1/Vip2 binary and Cry8 toxins that have high toxicity to Scarabaeoidea larvae［J］. Appl Microbiol Biotechnol, 2014.

［27］ Li Y, Shu C et al. Mining rare and ubiquitous toxin genes from a large collection of Bacillus thuringiensis strains［J］. Journal of Invertebrate Pathology, 2014, 122C: 6–9.

［28］ Shu C, Zhang J et al. Use of a pooled clone method to isolate a novel Bacillus thuringiensis Cry2A toxin with activity against Ostrinia furnacalis［J］. Journal of Invertebrate Pathology, 2013, 114（1）: 31–33.

［29］ Zhang F, Peng D et al. In vitro uptake of 140 kDa Bacillus thuringiensis nematicidal crystal proteins by the second stage juvenile of Meloidogyne hapla［J］. PLoS One, 2012, 7（6）: e38534.

［30］ Luo X, Chen L et al. Bacillus thuringiensis metalloproteinase Bmp1 functions as a nematicidal virulence factor［J］. Appl Environ Microbiol, 2013, 79（2）: 460–468.

［31］ Roan LF, Crickmore N et al. Are nematodes a missing link in the confounded ecology of the entomopathogen Bacillus thuringiensis?［J］. Trends in Microbiology, 2015, 23（6）: 341–346.

［32］ Wang P, Zhang C et al. Complete genome sequence of Bacillus thuringiensis YBT–1518, a typical strain with high toxicity to nematodes［J］. Journal of Biotechnology, 2014, 171: 1–2.

［33］ Yu ZQ, Xiong J et al. The diverse nematicidal properties and biocontrol efficacy of Bacillus thuringiensis Cry6A against the root–knot nematode Meloidogyne hapla［J］. Journal of Invertebrate Pathology, 2015, 125: 73–80.

［34］ Yang J, Peng Q et al. Transcriptional regulation and characteristics of a novel N–acetylmuramoyl–L–alanine amidase gene involved in Bacillus thuringiensis mother cell lysis［J］. Journal of Bacteriology, 2013, 195（12）: 2887–2897.

［35］ Xu K, Yuan ZM et al. Genome comparison provides molecular insights into the phylogeny of the reassigned new genus Lysinibacillus［J］. Bmc Genomics, 2015, 16.

［36］ Qian C, Zhang XJ et al. Cloning, Expression and Analysis of a Novel Defense Gene from Antheraea pernyi［J］. Pakistan Journal of Zoology, 2015, 47（2）: 427–433.

［37］ Li F, Wang ZL et al. The role of three calcineurin subunits and a related transcription factor（Crz1）in conidiation, multistress tolerance and virulence in Beauveria bassiana［J］. Applied Microbiology and Biotechnology, 2015, 99（2）: 827–840.

［38］ Qiu L, Wang JJ et al. Wee1 and Cdc25 control morphogenesis, virulence and multistress tolerance of Beauveria bassiana by balancing cell cycle–required cyclin–dependent kinase 1 activity［J］. Environmental Microbiology, 2015, 17（4）: 1119–1133.

［39］ Zhao H, Xu C et al. Host–to–Pathogen Gene Transfer Facilitated Infection of Insects by a Pathogenic Fungus［J］. PLoS Pathogens, 2014, 10（4）.

［40］ Fang WG, Lu HL et al. Construction of a Hypervirulent and Specific Mycoinsecticide for Locust Control［J］. Scientific Reports, 2014, 4.

［41］ Wu YC, Yuan J et al. Biocontrol Traits and Antagonistic Potential of Bacillus amyloliquefaciens Strain NJZJSB3 Against Sclerotinia sclerotiorum, a Causal Agent of Canola Stem Rot［J］. Journal of Microbiology and Biotechnology, 2014, 24（10）: 1327–1336.

［42］ Khabbaz SE, Zhang L et al. Characterisation of antagonistic Bacillus and Pseudomonas strains for biocontrol potential and suppression of damping–off and root rot diseases［J］. Annals of Applied Biology, 2015, 166（3）: 456–471.

［43］ Kakar KU, Nawaz Z et al. Characterizing the mode of action of Brevibacillus laterosporus B4 for control of bacterial brown strip of rice caused by A. avenae subsp. avenae RS–1［J］. World J Microbiol Biotechnol, 2014, 30（2）: 469–478.

［44］ Ma ZW and Hu JC Production and Characterization of Iturinic Lipopeptides as Antifungal Agents and Biosurfactants Produced by a Marine Pinctada martensii–Derived Bacillus mojavensis B0621A［J］. Applied Biochemistry and Biotechnology, 2014, 173（3）: 705–715.

［45］ Zhang SW, Gan YT et al. The parasitic and lethal effects of Trichoderma longibrachiatum against Heterodera avenae ［J］. Biological Control, 2014, 72: 1–8.

［46］ Hyakumachi M, Nishimura M et al. Bacillus thuringiensis suppresses bacterial wilt disease caused by Ralstonia solanacearum with systemic induction of defense-related gene expression in tomato［J］. Microbes and Environments, 2013, 28（1）: 128-134.

［47］ Yuliar, Nion YA et al. Recent Trends in Control Methods for Bacterial Wilt Diseases Caused by Ralstonia solanacearum［J］. Microbes and Environments, 2015, 30（1）: 1-11.

［48］ Elsharkawy MM, Nakatani M et al. Control of tomato bacterial wilt and root-knot diseases by Bacillus thuringiensis CR-371 and Streptomyces avermectinius NBRC14893［J］. Acta Agriculturae Scandinavica Section B-Soil and Plant Science, 2015, 65（6）: 575-580.

［49］ Beauregard PB, Chai Y et al. Bacillus subtilis biofilm induction by plant polysaccharides［J］. Proc Natl Acad Sci U S A, 2013, 110（17）: E1621-1630.

撰稿人：张　杰　束长龙　王泽宇　蒋　健

农业信息技术发展研究

一、引言

（一）学科概述

信息技术是对社会各个层面影响最大、渗透力最强的高新技术。现代信息技术的发展使人类社会开始步入信息化时代，给人类社会和经济发展带来了广泛而深远的影响。信息技术的快速发展为农业现代化和信息化提供了新的方法和手段，也为农业产业的技术改造和提升注入了新的活力。随着现代农业科学理论与信息技术的快速发展和逐步应用，信息技术与农业科学的交叉渗透催生了农业信息技术这一新兴学科领域。

在农业信息技术形成和发展过程中，许多专家学者从不同的角度给出了定义。概括来说，农业信息技术是指利用信息技术对农业生产、经营管理、战略决策过程中的自然、经济和社会信息进行采集、存储、传递、处理和分析，为农业研究者、生产者、经营者和管理者提供信息查询、技术咨询、辅助决策和自动调控等多项服务的技术的总称。

农业信息技术的基础是传感器技术、测量技术、信息存储技术、信息分析技术与信息表达技术。农业信息技术的内容包括数据库技术（DB）、地理信息系统（GIS）、遥感监测（RS）、全球定位技术（GPS）、决策支持系统（DSS）、专家系统（ES）、作物模拟模型（CSM）、网络技术、智能控制技术、虚拟现实技术等。这些技术与农业技术相结合，应用在农业的方方面面，使得农业信息化程度向更广泛、更深入的方向发展，从简单技术应用向综合性信息集成方面发展，从通用性的信息技术应用到通过信息技术集成开发方向发展。

（二）学科发展历史回顾

国外农业信息技术起步于 20 世纪 50 年代。美国部分农场采用计算机进行财务记账管理、农业经济学家利用计算机处理线性规划问题，标志着计算机开始应用于农业领域。60年代，计算机已普遍进入美国农业科研与决策部门。70年代，信息技术应用在美国兴起并广泛应用于农业领域，陆续建立了一批包括联合国粮农组织的农业系统数据库（AGRIS）、国际农业生物中心数据库（CABI）、国际食物信息数据库（IFIS）在内的农业数据库。80年代，开展了以农业专家系统为重点的模拟模型研究，美国开展了网络在线服务。90年代，Internet出现并在农业领域得到了广泛应用，农业管理信息系统、农业模型系统、农业专家系统、农业决策支持系统等研发完成，并运用于农业生产实践，网络技术的农业应用日益成熟。21世纪以来，数字农业的兴起赋予了农业信息技术崭新内容和重要使命，通过地理信息系统技术、计算机网络和遥感技术来获取、传递和处理各类农业信息进入了生产实践阶段，卫星数据传输系统在农业领域的应用研究逐渐增多。

与国外相比，我国农业信息技术起步较晚，共经历了三个发展阶段。

20世纪80年代的起步阶段。70年代中后期，计算机应用技术开始进入我国农业领域，少数农业研究机构开展了计算机农业应用研究。1981年，中国农业科学院农业信息研究所从罗马尼亚引进了我国第一台Felix C-512大型计算机，建立了全国第一个计算机应用研究机构——中国农业科学院计算中心，开始了我国现代意义上的农业信息技术研究工作，如开展农业资源信息管理、农业规划和决策分析、农业生产实时处理过程中的科学计算等。至80年代末，全国农业部门拥有微机已超过千台，研发的国家农作物品种资源数据库、县级农业土地资源数据库、农业生产经济统计资源数据库和农业科技情报信息库已具较高水平，有的已接近80年代的国际水平。

20世纪90年代的逐步发展阶段。随着信息技术的快速发展，尤其是Interne的普及，信息技术在农业领域得到了广泛应用，农业信息技术研究目标逐步形成，研究对象日益明确，特别是以科研任务带学科建设的特点比较明显。农业信息学按照国家计委《"八五"国家应用电子计算机改造传统产业规划要点（草案）》提出的"从现在开始要抓计算机技术在农业增产增收中的应用"要求，我国开展了农业模拟模型、农业专家系统和农业资源管理研究，并在系统工程、信息管理系统、农业遥感、决策支持系统、地理信息系统等技术领域开展了大量的研究工作。建成了包括中国农林文献数据库、中国农业文摘数据库、中国农作物种质资源数据库等在内的农林数据库56个，开发出1000多个适合于各类作物的智能化专家系统，研发了一批基于农业专家经验、知识的农业专家系统平台和基于模拟模型的作物栽培模拟优化决策系统，农业遥感信息采集分析技术已广泛用于作物估产、农业资源测量、病虫害及其他农业灾害预测预报和环境检测等方面。

21世纪之后的学科成熟阶段。农业信息技术研究对象进一步细化，研究方法逐步成熟，学科理论逐渐形成，学科体系日益完善。在"十五""十一五""十二五"国家农业信息科技相关研究项目的支持下，设立了现代农业技术领域项目，全国各科研单位、高等农业院校科技工作者大力开展农业信息科技创新工作，解决了农业信息科技领域中的一批关键理论与技术问题。如在农业信息技术方面，实现了作物模型、遥感、地理信息系统的有机结合，建立了生长猪营养成分利用模拟模型，建立了作物冠部生长和作物根部生长虚拟三维模型，建立了辅助决策数据库和模型库，实现模型库系统和数据库系统的有机结合，实现了远程实时网络视频传输、数据采集、无线传播、实时图像传输、实时交互声音和文字传输等功能，建立了农业"云计算"及服务平台，构建了农业物联网技术体系，研建了软件和硬件一体化的精准农业生产技术平台，从信息采集、信息处理到精准实施等主要环节实现专业化运转。

二、本学科最新研究进展

随着现代信息技术的发展和渗透，特别是近年来物联网、云计算和大数据等学科理论和技术的突破与成熟，农业信息学学科理论和方法体系的发展呈现出装备化、集成化、协同化的特征，信息技术在农业生产、经营、管理决策过程中发挥出越来越显著的作用，新型的信息产品和工具不断涌现，为我国农业的发展与转变提供了重要手段。

（一）学科发展现状与动态

1. 农业信息技术发展呈现出智能化、集成化特征

现阶段，农业信息技术方法正在走向成熟，农业信息技术的研究更加面向实际农业科学问题的解决，并越来越注重研究深度和实用性的结合。随着农业物联网技术的发展，农用无线传感器及无线传感器网络技术、RFID 电子标签技术在农业领域得到了广泛应用，为农业数据和信息的获取提供了强有力的手段；而云计算技术的发展，使分布式计算、分布式数据融合、并行计算成为可能，为农业数据和信息的融合、关联提供了技术支撑；而大数据技术则进一步将已有技术进行集成，并提供了更加强大的数据抽取、转换、装载，数据分析和数据可视化技术为农业数据和信息的集成、处理和表达提供了方法和工具。因此，在理论、方法和工具方面，农业数据和信息获取、集成、处理、分析和展现的理论、技术和方法日趋成熟，为智能化的农业数据处理、决策奠定了基础，并具备了适用性农业智能装备研发与生产的条件。

2. 现代农业信息技术体系日益完善

（1）农业物联网技术与装备

农业物联网是贯穿于农业的生产、加工、流通等各个环节中的物联网体系。从技术角度来讲，农业物联网主要包括传感器网络系统、RFID 系统、有 / 无线通信系统、分析决策与控制系统等；从服务形式来讲，农业物联网涉及农业生产技术咨询与培训、农产品和生产资料交易平台、产品质量溯源等。

资源卫星可以获取极为精细的农业资源信息。可利用分布式多点土壤水分传感器的方法，获得大面积农田的墒情分布数据，结合智能决策平台，实现水资源的自动调度、墒情预警和农业作业指导。随着农业的精细化，农业物联网在农业资源监测调度方面的应用将

逐步普及。资源环境卫星的光学载荷分辨率将越来越高，更为精细的资源数据将被卫星获取，卫星载荷设计技术、数据挖掘和实时解析将是本方向发展的重点内容。如何在海量的卫星数据中获取有效的农业资源信息、如何在有效利用资源信息的同时做出利用农业生产效率的决策，确属研究的难点。未来将会有更多的研究机构参与到农业资源的决策调度研究中，将农业资源管理物联网建设得更为完善，并对资源分布自然灾害进行有效预警。

单一的感知器件不能有效评估生态环境。综合了感知网络、传输网络、决策应用的物联网技术弥补了这一缺陷。通过分布式感知器件，可以对不用位置的多种环境参数进行感知，并通过无线传感器网络将感知数据汇聚，利用应用系统对数据进行解析，有效评估生态环境。

随着纳米技术、光电技术、电化学技术的发展，农业生态环境监测物联网可以感知到更多、更为精细的环境参数。物联网在农业生产精细管理中的应用贯穿于大田粮食作物生产、设施农业、畜禽水产养殖等典型农业作业中。在大田粮食作物生产中，农业物联网的实践应用一般面向于对气温、地温、土壤含水量、农作物长势等信息的感知，其决策用于灌溉量、施肥量、病虫害防治等调节。在畜禽水产养殖方面，发达国家养殖模式逐渐走向集约化、工厂化。发达国家的畜禽水产精细化养殖监测网络已初具规模，集成了实时监测、精细养殖、产品溯源、专家管理于一体的物联网即将形成。

在农产品与食品质量安全管理与溯源方面，农业物联网的应用主要集中在农产品包装标识及农产品物流配送等。在物流配送技术上，广泛应用条形码技术（Bar code）和电子数据交换技术（EDI）等先进技术。发达国家的配送在运输技术、储存技术、保管技术、装卸搬运技术、货物检验技术、包装技术、流通加工技术以及与物流各环节都密切相关的信息处理技术等方面都建立在先进的物流技术基础上，配送中心完全采用计算机管理。未来对农产品的安全溯源，不应只关注农产品产后的流通环节，而应是"从农田到餐桌"的全程监测。农产品安全溯源物联网将与农业生态环境监测、农业生产精细管理等过程密切结合。农产品单品识别技术是溯源管理的瓶颈之一，将会有更多的研究机构专注于研究RFID电子标签的低成本实现、协议优化以及RFID技术在牲畜、水产品中的应用方法和标准。

（2）精细作业和智能装备技术

精细作业技术与智能装备是指将现代电子信息技术、作物栽培管理决策支持技术和农业工程装备技术等集成组装起来，用于精细农业生产经营。其主要目标是更好地利用耕地资源潜力，科学投入，提高产量，降低人力成本，减少农业活动带来的环境后果，实现作物生产系统的可持续发展。目前中国农业装备研发和创新的技术储备严重缺乏，适用品种少、水平低、可靠性差，不能适应现代农业生产发展需要，而且也严重滞后于农业生产技术的发展。从精细农业的未来发展来看，能够实现农田信息快速获取的机载田间信息采集技术、保证农机具实现精细作业的精细作业导航与控制技术、实现变量作业的决策模型与处方生成技术以及智能化的精细实施技术装备，将成为精细作业技术与智能装备领域研究的主要方面。

国内在农田空间信息快速采集技术领域已经积累了较丰富的理论基础和实践经验，已设计出便携式土壤养分测试仪、基于时域反射仪（TDR）原理的土壤水分及电导率测试仪、基于光纤传感器土壤 pH 值测试仪，并在作物病虫草害的识别、作物生长特性与生理参数的快速获取等方面开展了有益的探索。机载田间信息采集技术未来的发展趋势是结合新的物理化学原理及学科移植的方法，把相关领域的新理论和新技术融合到田间信息的采集技术研究中，研制成本低、精度高、响应性好的采集技术和传感器设备，开发集多种测量要素于一体的多功能车载田间采集设备，能够实现田间信息的快速在线采集，以提高数据采集效率，降低数据采集的成本。

随着大功率、高速、大幅宽作业机械的不断发展，人工驾驶难度增加，作业质量难以保证，需要借助自动控制技术保证作业机械按设计路线高速行驶和良好的机组作业性能。导航技术能有效提高田间作业质量和效率，提高作业精度，减轻劳动强度。从国内外发展的现状来看，精细作业导航与控制技术的未来发展方向是结合 GPS/GPRS 技术在目标定位和数据传输的优点，将计算机技术、多传感器融合技术和数据通讯技术等集成，研究车载移动监控终端系统，实现终端监控功能。

国内决策模型与处方生成技术的研究起步虽然较晚，但发展较快。中国科学家日益重视农业信息关键技术和应用系统的研究与开发工作，特别是作物系统模型和生产管理专家系统的研究快速发展，并在区域农业生产系统分析和管理决策方面发挥了重要的作用，取得了显著的社会经济效益。总的来看，国内已有的作物生长模型尚未在不同条件下得到广泛的检验和应用，而农业专家系统及决策支持系统大多具有明显的区域性和经验性，难以在全国大范围内推广应用。因此，今后的发展趋势将是在发展和完善作物生长模型的同时，着力增强作物系统模型的可靠性和实用性；同时实现农业专家系统知识体系的动态化和定量化表达，从而提升决策系统的广适性和数字化水平。

精细实施技术装备是精细作业技术得以有效实施和推广的重要载体，主要包括应用在播种、灌溉、施肥、除草、喷药等生产环节的智能型农业装备，能够实现定位变量作业。中国已经研制出了现代农业生产技术装备及配套生产管理技术，形成了系列的智能农业机械化作业装备和高效的生产监控管理体系，各种电子监视、控制装置已应用于复杂农业机械上。光机电液一体化的信息、控制技术在农业装备中的应用有效提高了农业装备的作业性能和操作性能。智能装备技术在农业播种、灌溉、施肥、除草、喷药等生产环节中得到广泛应用，变量播种机、施肥机、施药机、联合收割机等高度智能化农业机械已逐步进入国际市场。

（3）先进农业传感器技术

对应于农业生产的多样性特点，先进农业传感器技术也发展形成了一个种类繁多的庞大技术领域。根据检测对象的不同，可以将先进农业传感器技术划分为两大类——生命信息传感器技术和环境信息传感器技术。

生命信息传感技术是指对动、植物生长过程中的生理信息、生长信息以及病虫害信息等进行检测的技术，如检测植物中的氮元素含量、植物生理信息指标、农药化肥等化学成分在植物上的残留现象等。先进传感器技术改变了原有的人工检测识别模式，引入了各种先进传感手段，包括光谱技术、机器视觉技术、人工嗅觉技术、痕量感知技术等，使植物生命信息探测方式进一步向着数字化、精细化和快速化的方向发展。

环境信息传感器技术主要是对关系动物、植物生长的水、气等环境因素进行传感检测的技术。目前环境信息的检测重点集中在作物土壤环境检测和动物饲养环境气体检测环节。综合对环境信息进行快速检测和评估，并利用评估结果直接应用于植物生长管理的研究，也是环境信息传感技术的重点前沿方向。

现有的生物、环境信息检测技术大都基于检测对象的静态属性，不能用于实时、动态、连续的信息感知传感与监测，不能适用于现在农业信息技术的实时动态无线传输和后续综合应用系统平台的开发。现阶段已经开发的植物、土壤和气体信息感知设备大多基于单点测定和静态测定，不能适用于动态、连续测定，同时测定信息参数的无线可感知化和无线传输水平不高，还非常缺乏适用于农业复杂环境下的微小型、可靠性、节能型、环境适应性、低成本和智能化的设备和产品，难以满足农业信息化发展的技术要求。

（4）农业智能机器人

农业智能机器人集合了先进传感技术、环境建模算法、规划导航算法、自动控制技术、柔性执行机构技术等多种机器人领域的前沿技术和关键理论，是机器人技术发展的一大重要分支。按照用途对农业机器人进行分类，有种植类农业机器人、畜牧类农业机器人、农产品检测加工类农业机器人等。由于这些类别机器人具有鲜明的应用背景特征，其相应的产业化进程也会逐渐地推广。农业机器人在畜牧业领域已经成功地实现了产业化，遍布世界各地农场中的挤牛奶机器人就是典型的代表。当前，对农业机器人的研究主要集中在机器人规划导航技术领域，包括两大部分的内容，一是农业机器人地面移动平台的导航与控制技术，二是农业机器人作业机构的动作规划技术。

地面移动平台的导航与控制技术一直是国际上机器人研究领域的热点问题，特别是针对非结构环境条件下的导航问题，目前是制约机器人导航技术发展的瓶颈。通常情况下，导航控制是一个多传感器信息融合与处理的过程，即将从各种传感器（包括机器人的位姿传感器和探测周围环境的主动探测传感器等）获得的数据进行分析，然后结合任务要求对机器人的下一步动作进行控制。农业环境是典型的非结构环境，地面凹凸不平、枝叶生长方向不规则、作业对象位置随机、作业环境变化多样等因素大大增加了导航的难度。

在作业机构的动作规划技术方面，在工业领域对于机械臂的控制技术已经发展到很成熟的阶段，特别是采用示教方式训练的机械臂能够在满足作业速度要求的同时达到非常高的作业精度。但是在农业领域，示教方式却很难发挥作用。因为示教方式的使用要求作业环境能够简单且能够保持稳定不变的状态，而农业作业环境复杂多变，仅仅依靠示教类型的开环控制是无法完成任务的。现有的农业机器人作业机构的规划技术需要结合主动探测传感器的信息，实时地对规划方案进行修正，从而使目标任务得到逐步实现。农业环境的复杂性、多样性对农业机器人的规划导航技术提出了更高的要求。在未来的规划导航技术研究中，利用机器视觉方法获得环境条件信息将作为重要的规划导航依据，如何充分利用视觉信息形成便于使用规划导航算法的抽象环境模型，将成为农业机器人研究的热点问题。

（5）农业大数据与信息服务

农业大数据是近几年兴起的一项现代农业信息技术，它包括数据的积累、处理与应用三个方面。有关农业大数据信息服务技术研究主要集中在农业遥感技术、农业专用软件系统、农村综合服务平台和农业移动服务信息终端等方面。

作物遥感估产主要包括作物种植面积调查、长势监测和最后产量的估测。农业灾害和胁迫的遥感监测和损失评估是目前农业遥感领域一个最重要的研究和应用领域，也是今后的一个关键性的发展方向。遥感信息技术和各个农业应用领域的结合正在向更深层次发展。遥感数据源被应用于农业管理、生产、灾害应急等方面，不再仅限于多光谱中分辨率的卫星数据，有着向多平台、高重访周期、高分辨率、多种波谱范围数据的协同和配合发展的趋势；遥感数据的解析不再仅限于一些简单的经验统计模型，而是朝着机理模型、过程模型和多源数据（包括农情、气象数据）整合、链接等方向发展。

随着全球农业信息化建设进程的不断深入和数据库、信息管理系统、信息集成等技术的进步，全球农业信息资源与增值服务不断取得新成功。国内外已建成 1000 多个农业信息数据库。农业信息资源与增值服务的发展趋势是向海量高效处理和个性服务发展。面对全球不断激增的农业信息数据库，如何存储海量的涉农数据，从中挖掘出有用的信息，实现涉农数据集成、精细的农业个性化主动信息推荐等增值服务正成为当前农业信息化建设面临的重大挑战。在海量农业信息数据存储方案上，如何引入云计算技术，特别是云存储技术，已经成为未来存储发展的一种趋势。在个性化主动信息服务研究领域，从数据挖掘发展而来的 Web 挖掘技术正成为个性化农业信息推荐技术的新研究热点。

（6）农村远程教育

我国的远程教育技术已经开始进入以网络为基础的新阶段。在高等教育方面，教育部已经批准 45 所重点高校开办网络远程教育；在基础教育方面，近年来各地自发地涌现出一大批中小学教育网校；在成人教育方面，各地原有的远程教育系统正在向网络转移，形成多种媒体共存的新格局。大力发展现代远程教育，对于促进我国教育的普及和建立终身学习体系、实现教育的跨越式发展，具有重大的现实意义。然而，由于我国目前还没有制定关于网络远程教育的技术标准，各网络教育系统的资源自成体系，无法实现有效交流和共享，造成大量低水平的重复性开发工作，不但带来人力物力的浪费，而且将无法与国际网上教育体系相沟通。

教育部对网络教育技术标准化建设工作极为重视。2000 年 11 月，组织国内 8 所重点高校的有关专家开展网络教育技术标准研制工作，并成立了教育部教育信息化技术标准委员会（Chinese e-Learning Technology Standardization Committee, CELTSC）。委员会的专家们经过一年的努力工作，提出了一个比较完整的中国现代远程教育技术标准体系结构，并且产生了 11 项规范，现予发布作为部颁试用标准。这套标准不仅作为现代远程教育系统开发的基本技术规范，也可作为在网络条件下开发其他各种教学应用系统的参考规范。信息技术的迅猛发展拓展了远程教育功能，降低了成本，提高了差异化，对现代远程教育的发展发挥了巨大的推动作用。数字通信技术的迅猛发展使三网（公用电信网、有线电视网和计算机数据网）相互融合，相互渗透。卫星数字通信技术的发展促进了三网合一，更增加了传播功能，使光纤去不到的偏远地区可以通过卫星地面站接收学习内容。网络化、智能化的实时交互式学习环境为远程教育课堂教学过程提供了保证。随着通信技术的发展，远程教育课程的传输、发送和接收效率将不断提高，固定成本将逐步下降，从而使总体成本降低。现代信息技术极大地增强了远程教育的多样性、敏捷性和适应性，使远程教育工业化大生产升级为工业化精细生产，使远程教育达到个性化、多样性、小批量的生产和服务；在远程教育市场策划中，信息技术使个性化教育成为远程教育服务的新理念。现代教育充分利用卫星电视、多媒体网络等现代化手段进行远距离教学，充分地利用了教育资源，节省了资金，扩大了教育规模。从最早的函授教育到新时期的现代远程教育，远程教育事业在中国的发展正是中国打开国门、走向世界、融入全球的一个历史缩影。在这样一个农业人口比重大、信息化程度相对较低的发展中大国，现代远程教育必然呈现出具有本土特色的发展需求和规律，同时也是实现我国农村教育跨越式发展的必然选择，是解决农村中小学教育教学资源短缺、师资力量不足、教育教学质量不高等问题的有效途径。

（二）学科重大进展及标志性成果

2013—2015 年，我国农业信息技术学科，特别是作物丰产关键技术应用、农业生产智能装备、遥感监测、农业物联网和农业信息智能服务 5 个领域特色明显、优势突出、应用前景广阔的学科分支领域，在科研项目数量、规模、经费、成果、水平方面不断提高，取得了一批具有创新性和良好应用前景的成果与新进展。

1. 作物丰产信息技术应用

长期以来，农业信息技术在解决我国主要农作物"优质、高产、高效、安全、生态"一系列关键性、全局性、战略性的重大技术难题一直发挥着重要作用。作物生产管理作为农业信息技术的重要应用领域，在近年取得较多进展。我国在玉米高产高效生产理论及技术体系研究方面取得国际先进水平，建立了 13 套适应不同生态区域的玉米高产高效生产技术体系，发布实施地方标准 9 部，并利用信息服务、决策技术、网络技术构建了科技推广网络和信息化服务平台，在全国 16 个玉米主产省 76 个科技入户示范县推广，取得了显著的社会、经济效益。扬州大学等创立了水稻高产共性生育模式与形态生理精确定量指标及其使用诊断方法，构建了水稻丰产精确定量栽培技术体系，促进了我国水稻栽培技术由定性为主向精确定量的跨越。国内近几年在作物病虫害防治与预警技术方面取得了丰硕成果，部分技术基本达到国际先进。西北农林科技大学等单位组成的项目组从 1991 年起开展全国大协作，对我国小麦条锈病菌源基地综合治理技术体系进行研究。国内高校与研究所在发改委、科技部、农业部等项目计划的资助下，在作物丰产关键技术应用领域已经形成了丰富的技术积累，如作物模拟模型、精确施肥、作物生产管理辅助决策等技术，在国际上产生了良好的影响。

山东棉花研究中心、中国农业大学、山东农业大学、山东鲁壹棉业科技有限公司等单位创建了滨海盐碱地棉花丰产栽培技术体系，并在相关理论和配套专利产品研究上取得重大突破，攻克了成苗难、产量低等难题；建立了以政府为主导，产、学、研、企和农民协会相结合的示范推广网络，自 2005 年开始整体应用，至 2012 年累计在山东、河北、天津和江苏等省市推广 5643 万亩，增产皮棉 47569 万千克、棉籽 72880 万千克，通过节本增产，新增经济效益 110.3 亿元，取得了显著的社会经济效益。新疆农业科学院研究的棉花大面积高产栽培技术通过创新完善了"矮密早"高产栽培理论和"适矮、适密、促早"高产栽培技术，建立了不同生态区棉花的高产栽培标准化技术体系。南京农业大学综合运用作物生理生态原理和定量光谱分析方法，以水稻和小麦为研究对象，围绕作物生长指标的反射光谱特征波段和敏感参数、定量监测模型、实时调控方法、产品监测诊断等开展了深入系统的研究，集成建立了基于反射光谱的作物生长无损监测与定量诊断技术体系。近 5 年来，该技术体系在江苏、河南、江西、安徽、浙江等稻麦生产区进行了示范应用，表现出明显的节氮（约 7.5%）和增产（约 5%）作用，已累计推广 2969.8 万亩，新增效益 13.88 亿元。

总体来说，作物丰产关键技术应用领域需要更高的技术创新，不断地发展生物信息学、农业水肥调控机理、作物模拟模型、病虫害监测预警与智能诊断等一系列关键技术，为农业信息学学科的发展奠定坚实的基础。

2. 农业生产智能装备

近几年来，我国在农业生产智能装备的研究紧跟国际步伐，在肥水精量实施、农机作业智能指挥调度、精量播种、田间自动导航等方面均取得了重大的突破。

随着农业信息技术的快速发展，传感器网络、决策支持、Web 服务、3S、智能控制等精准农业技术在农业智能装备中得到广泛应用，国内在智能装备研制方面取得了丰硕的成果。

水资源匮乏是制约我国社会经济可持续发展的瓶颈，我国又是农业大国，农业用水占总用水量的 70%，发展节水灌溉迫在眉睫。针对以上问题，新疆生产建设兵团自 1996 年起开展了滴灌技术应用于大田作物的研究。历时 16 年研究，率先在国内攻破了该技术难题，取得了创新成果，创建了不同类型区、不同作物的水肥一体化技术体系；开发出 4 类 80 余种配方的滴灌专用系列产品及工艺，研制出适应水肥精准输入的灌溉施肥装置；创建了主要作物水肥一体化高效利用技术体系及田间标准化生产管理模式，并大规模应用于生产，取得了显著的节水增产效果，有力地支撑和推动了我国节水农业的发展。甘肃大禹节水集团股份有限公司与中国农业科学院农田灌溉研究所等合作研发精量滴灌关键技术与产品，创建了地表滴灌均匀性灌水器、地下滴灌祛根抗堵滴灌器等产品设计理论与方法及回收再利用技术，性能达到国际先进水平，同时构建了适合我国区域特色的精量滴灌技术集成应用模式，有效解决了现有滴灌系统运行能耗高、滴灌均匀度低、投资成本大等难题。江苏大学和中国农业科学院农田灌溉研究所等单位研究新型低能耗多功能节水灌溉装备，建立了低能耗小型滴灌系统，解决了轻小型喷灌机组适应性差、能耗高、均匀性差等行业问题；研发了系列多功能喷射设备，解决了传统喷头驱动机构复杂、功能单一和水量分布不均匀的问题；创新节能节材提水装备，突破了效率和自吸性能难以同时提高的瓶颈。该成果广泛应用于农田、园林、设施农业等领域，应用面积占国内喷灌面积的22%，占国内同类产品总产量的55%以上。

南京农业大学研发的旱地移栽机符合我国国情，解决了旱地人工移栽劳动力需求大，难以适应大面积种植的难题，实现了机械化旱地移栽技术。南京农业大学联合徐州凯尔机械有限公司对大功率拖拉机的关键技术进行研究，并成功应用于KAT系列的大功率拖拉机，实现了大功率拖拉机关键技术的完全国产化，实现了减震、降噪、节能、减排的目的，从而弥补了我国在大功率拖拉机上关键技术的不足。农业部南京农业机械化研究所研究的花生收获机械化关键技术与装备解决了缠绕阻塞、损失率高、清洁度差、生产效率低等关键技术难题，研究成功联合收获和分段收获花生收获装备，对我国花生收获技术研发、装备创新具有重要的理论和应用价值，成果整体技术达到国际领先水平。

3. 遥感监测

近几年来，监测预警研究取得了具有较高显示度的标志性成果，在资源的监测与调度、生态环境的监测与管理、农产品质量安全溯源等方面都取得了原创性的研究成果。中国农业科学院农业资源与农业区划研究所等研发的以遥感技术为核心的灾害监测系统是及时、准确获取多尺度农业旱涝灾害信息的重要途径。从1998年开始，国内10多家农业遥感研究优势单位200余人经过10余年的联合攻关与应用，结合农业主管部门的灾情信息需求，紧扣"理论创新—技术突破—应用服务"的主线，以农业旱涝灾害遥感监测的理论创新为切入点，重点突破了旱涝灾害信息快速获取、灾情动态解析和灾损定量评估三大技术瓶颈，创建了国内首个精度高、尺度大和周期短的国家农业旱涝灾害遥感监测系统，该系统已长期用于农业部、国家防汛抗旱总指挥部、中国气象局和国家减灾中心等部门的全国农业防灾减灾工作，实现间接经济效益243亿元。

运用生态学理论，结合GIS、遥感技术，以入侵植物生态、生理、分布特点为基础建立的监测预警模型，是当前外来入侵植物监测预警工作中重要的研究方法之一。中国农业科学院植物保护研究所、中国科学院动物研究所、全国农业技术推广服务中心、环境保护部南京环境科学研究所、福建出入境检验检疫局检验检疫技术中心相关科研团队采用该方法取得的科研成果确证了主要入侵生物及危险等级，创新了入侵生物定量风险分析技术，发展了检测监测新技术，集成创新了阻截防控技术，实现了对重大入侵生物的区域联防联控，已在 21 个省应用推广 4545.5 万亩次，取得了巨大的经济社会效益。"中国西北干旱气象灾害监测预警及减灾技术"项目从 1990—2009 年，历经 20 年，联合 49 个相关院所、高校和业务单位，在国家科技攻关计划等 18 项课题资助下进行了系统深入研究，揭示了西北干旱形成的机理，提出了干旱发展和持续的新的物理机制；丰富和发展了西北干旱预测物理指标和干旱监测指标体系，研制了监测农田蒸散的大型称重式蒸渗计，有效提高了干旱监测、预测的准确度。

4. 农业物联网

近年来，农业物联网领域的研究非常活跃，我国也在传感器网络系统、RFID 系统、有线无线通信系统、分析决策与控制系统等领域取得了关键的技术进步，达到了国际先进水平。

2010 年 8 月，中国农业物联网研发中心成立，该中心旨在大力推进农业物联网关键技术攻关，着重面向农业领域的数据感知技术研究和设备开发，推进农业物联网应用基础设施建设与标准规范制定，强化物联网技术对农业产业的支撑引领作用，通过建设应用示范工程和实施标准、专利战略，在农业领域的一些重要环节初步实现物联网应用进入国际先进行列，显著提升我国农业信息化水平。中国农业大学多年来在内蒙古、河北等地区建立了自己的农业物联网应用基地，并与美国、以色列等国开展了广泛的国际合作。中国农业大学与天津农学院合作，将智能感知、传输、信息处理技术应用于水产养殖水质环境监测与水质处理控制，采用多模式通讯技术、智能供电和能量管理技术，实现低功耗、多参数实时在线检测功能。研究将水产养殖过程中的水质及环境自动监控、水产品精细喂养、疾病预测及远程诊断等子系统集成于一体，通过对水质参数的准确检测、数据的可靠传输、信息的智能处理以及控制机构的智能控制，实现水产养殖的科学养殖与管理。

中国农业科学院农业信息研究所与廊坊市思科农业技术有限公司等单位利用传感器技术、无线通信技术等物联网技术构建了"采传控"机电一体化系统，通过在日光温室内部署环境智能传感器和植物养分含量传感器，采集温室环境内部的水、肥、温、气、光和植物养分含量参数等数据，数据按需随机向上位机上报并存储在数据库服务器内，为数据的决策应用提供支持；同时应用软件开发技术，开发了人机交互的信息管理系统，为管理人员提供友好的人机交互界面。浙江大学围绕物联网和云服务两大核心技术，在农业生产的信息获取、精准管理、安全溯源及云服务等方面取得了创新成果，研发了适应复杂农业生产环境所需要的低成本、低能耗、自适应的无线传感器网络系统，发明了基于消息驱动机制的异步休眠网络通信及免维护自适应网络路由方法，发明了全方位自动跟踪多路信息通讯系统，实现了农业信息的广域无缝连接和稳定传输；研发了异构视频信息转化与共享的中间件技术，实现了"三网合一"和"三屏互动"，有效解决了信息传输"最后一公里"的瓶颈问题；开发了集生产、加工、销售、流通和安全溯源于一体的云服务综合管理平台，实现了基于植物生长及环境实时信息的物联网智能监控和管理、基于云服务的特色农产品电子商务系统、农产品加工及流通的全程监控和安全溯源。

5. 农业信息服务技术

农业信息服务是农业信息学最早的应用领域，也一直是农业信息学理论、方法和技术创新的热点领域。近年来，我国在农业信息规范采集、智能处理和个性化精准服务等关键环节开展研究，取得了突破性创新成果，从很大程度上解决了以往农业信息服务中存在的不规范、不及时、不精准的问题。

金农网是中国领先的农业门户网站，提供农业信息、电子商务、广告宣传等服务，已经成为最大的中国农业信息网络平台之一。目前已经在全国 334 个市 2800 个县区 34675 个乡镇建立了分站，为 61 万多个村建立了网页，实现全部覆盖，在乡镇分站上可以查到 55 万个村的联系电话。一亩田农产品商务平台是中国领先的农产品商务平台，通过农产品价格信息搜索服务，帮助中国农村中小企业、个体经纪人、农村专业合作社更好地了解全国农产品价格信息、走势，提升中国农村中小企业、个体经纪人、农村专业合作社的市场竞争力，带动农村重点行业和区域经济的发展，为农民增收、带领农村开展各项创业致富项目、为企业之间提供更专业的信息贸易。目前，一亩田每天更新展示来自全国 700 余家农产品批发市场公布的 6 万余条价格信息。益农网是河南益之农农业科技有限公司着力打造的农场联盟平台，公司以"绿色、健康、安全、共赢"为核心经营理念，以做中国家庭的放心菜篮子为使命，通过整合线下农场和社区生鲜便利店，建设形成以粮、果、蔬、禽、蛋的生产、加工、保鲜、储存、配送和"休闲、娱乐、投资"为一体的农业产业生态圈。乌鲁木齐市动物疾病控制与诊断中心建立了宠物跟踪追溯体系及信息化管理系统，开发了"乌鲁木齐市犬类电子标识跟踪与追溯及信息化管理软件"，设计了市级犬信息管理系统和区县级犬信息管理系统，使乌鲁木齐市犬类跟踪与追溯及信息化管理与国际接轨，符合 ISO 11784/11785 国际标准，并有全球唯一代码的宠物电子芯片和注射器、电子阅读器等。

三、本学科国内外研究进展比较

虽然近几年国内在农业信息学学科领域取得了许多重要的理论研究成果，但是与世界最先进水平相比还存在一定差距，原创性成果不多，缺乏创新能力，许多研究在总体上还没有跳出跟踪研究的模式。但也应看到我国在该方面起步晚、发展快，整体与欧美等发达国家的差距越来越小，个别领域甚至处于先进或领先地位。

（一）农业信息技术理论与方法研究

发达国家从 20 世纪 50 年代开始研究计算机在农业上的应用，70 年代后农业信息技术逐步成为一个热门领域，其名称也从最早的计算机农业应用（Computer Application in Agriculture）逐步转变为农业信息技术（Agriculture Information Technology）等。目前大多数发达国家制定了相应的国家发展战略和规划，作为农业科技优先支持领域，许多大学已开设了这一专业。作为一个独立学科，农业专家系统、农业模拟模型、虚拟农业、遥感系统、地理信息系统、农业决策支持系统、精准农业和数字农业等分支学科领域逐渐形成了理论及方法体系。目前我国农业信息技术学科理论体系还没有完全建立，与欧美发达国家相比差距正在逐步减小，个别领域甚至处于国际领先地位。

（二）农业信息技术学科发展

世界农业信息技术的发展已经进入以农业传感器、精细作业技术与智能装备、农业智能机器人、农业物联网技术与装备、农业信息服务等技术研究与应用为主要核心内容的新的发展阶段。在农业信息技术方面处于世界领先地位的国家主要包括欧美等发达国家，美国是农业信息技术的领头羊。我国农业信息技术的发展水平与欧美发达国家相比存在一定差距，但是这种差距正在逐渐缩小，并在物联网标准制定等个别领域处于领先地位。

在农业信息资源建设领域，国外发达国家早在20世纪70—80年代就已经大力开发农业信息资源，建立了美国国家农业数据库（AGRICOLA）、英联邦国际（CABI）和FAO农业情报体系（AGRIS）等数据库，并重点研究了信息技术在农业信息资源中的应用。我国近年来建立了支持农业科研的农业科学数据中心和农业科技文献信息平台等一批有影响的农业信息资源管理系统，但在信息资源组织、共享与高效利用等方面的研究还不够深入。

在空间信息资源利用领域，发达国家在信息准确采集、定位、高效处理并将其用于农田面积测量和规划、引导农机操作等方面研究比较深入。我国农业传感器技术动态信息感知有待提高，不能用于实时、动态、连续的信息感知传感与监测，产业发展机制以及售后配套产业缺乏，国外日益重视仪器售后服务，并将其作为先进传感器技术产业的延伸，以提高整个产业链的效益。

在精细作业与装备技术领域，我国的研究目前仍然处于试验示范和孕育发展阶段，与发达国家相比，在技术水平、经营管理和经济效益等方面存在较大差距，迄今为止，具有自主知识产权、适合农业应用的3S技术服务体系尚未形成。

在农业机器人研究应用领域，发达国家产业化程度高，尤其在畜牧业领域应用较为广泛。我国农业机器人的研究处于起步阶段，目前有个别地区和部分企业根据各自需求引进了部分设备用于生产过程。

在农业物联网应用领域，我国和欧美发达国家处在同一起跑线上，我国率先提出物联网标准ISO/IEC 30141，迄今有半数以上的物联网标准源于中国，目前处于领先地位。但是，我国的传感器研发与生产远落后于美国等发达国家，特别是高端半导体芯片产业受制于人，光刻技术和光电产业与发达国家尚有一定差距，这些极大地限制了我国农业物联网产业的发展。

四、本学科发展展望与对策

（一）学科未来几年发展的战略需求、重点领域及优先发展方向

1. 战略需求和重点领域

现代信息技术飞速发展正在以前所未有的速度改造着农业、工业和服务业，催生了新的行业革命，信息化已经成为各行业现代化的制高点。农业要实现高产、优质、安全的可持续发展，必须借助科学的手段，充分利用信息化与智能化管理技术建立起农业生产、加工、流通的规范化管理体系。我国农业正处于传统农业向现代化农业的转型时期，全面实践这一新技术体系的变革，将会使农业信息化发挥独特而重要的作用。农业信息化是现代农业化的重要内容，是推动现代农业发展的重要力量，是现代农业发展水平的重要标志。"十二五"以来，我国农业信息化发展成效显著，信息技术全面融合于农业全产业链，农业生产、经营、管理和服务信息化水平显著提高。

近年来我国农业现代化加快推进，但各种风险和结构性矛盾也在积累聚集，农业资源偏紧和生态环境恶化的制约、农村劳动力结构变化的挑战、农业生产结构失衡的问题、农业比较效益低与国内外农产品价格倒挂的矛盾日益突出。新常态下，加快农业发展方式转变和结构调整，迫切需要利用现代信息技术，针对现代农业建设中的重点领域进行方式方法创新，推动现代农业发展。

第一，我国农业资源严重不足，农产品需求刚性增长，农产品供给安全压力增大，直接影响我国粮食安全国家战略。利用现代信息技术，科学有效地开发、保护、利用农业资源，提高农业资源利用率、劳动生产率，提高农业生产的智慧化水平，是实现农业可持续发展的重要基础。

第二，我国农业生产中化肥、农药、农膜等农资产品投入严重过度，农业生态环境恶化，对我国农业的可持续发展构成巨大挑战。为了推动产出高效、产品安全、资源节约、环境友好的现代农业建设，农业部专门制定了"到2020年化肥、农药使用量零增长行动方案"。农业生态安全是国家生态安全的重要组成部分，是实现农业可持续发展的基本前提。近年来，我国耕地、草原的农药、化肥污染以及水域的富营养化问题十分突出，保护和修复生态环境，保障农业的可持续发展，迫切需要利用现代信息技术，实现耕地质量监测、草原生态系统监测和渔业水域生态环境监测，保障农业可持续发展。

第三，我国农业"小生产"和"大市场"矛盾十分突出，农产品市场价格剧烈波动，"菜贱伤农""蛋贱伤农""谷贱伤农"等现象屡屡出现，不利于形成高效的农业市场流通体系。一方面，我国农业生产的主体是2亿分散、弱小的农户，农业生产组织化程度依然很低、交易成本高昂，农业自然灾害频发，给农业生产带来了非常大的不确定性，农产品滞销卖难问题时有发生。另一方面，全球经济一体化快速发展，我国积极部署推动农业"走出去"战略。当前，国际农业市场日趋复杂，农业面临着高风险，国内外农产品价

格倒挂现象严重。迫切需要利用现代信息技术，构建基于"互联网＋"的农产品电子商务服务，为农业生产者提供全方位的信息服务，让他们及时地、更大范围地了解市场供求状况，实现农民与市场的有效对接，突破现代农业发展中的市场瓶颈。

第四，我国农产品质量安全事故频发，迫切需要突破从"农田到餐桌"的全供应链监测和追溯技术，为农产品生产者、消费者和政府提供服务。农产品质量安全是保障人民群众身心健康和生活质量的前提，是增强农业竞争力的基石，是提升政府公信力的重要方面。近年来，我国农产品质量安全事故频发，不仅影响了农产品食品行业的健康发展，给农民造成了重大经济损失，还严重动摇了我国消费者对食品安全的信心，成为举国关注的重大社会问题。农产品质量安全保障的关键在于农产品供应链的透明化。利用现代信息技术，可以全面感知动植物个体的位置、生产过程、流通过程和各环节责任者信息，对整个供应链的信息进行实时、动态分析，实现对农产品供应链质量安全的透明化监控、智能化分析和自动化控制。

第五，我国农民无法有效获取生产技术、市场等信息，已成为制约农民增收的关键因素，亟需创新信息服务方法，提高政府公共服务能力，培育新型农民。一方面，农业生产主体缺少有效的信息获取手段，新的信息传播媒体、传播工具在农民中推广应用相对不足，一些互联网平台在农村中的传播也并不广泛；另一方面，农业信息泛滥、农业信息过载等问题比较突出，冗余、虚假、重复信息多，农民难以获取有效信息。利用现代信息技术，研究低成本、多样化、广覆盖的"三农"信息服务，建设综合农业生产辅导、农村信息服务、农村日常管理等于一体的"云服务平台"，为农业生产经营主体提供及时有效、适用性强的生产技术、市场流通和政策法规等信息服务，培育有文化、懂技术、会经营的新型农民，保障农民收入持续、稳定增长。

2. 优先发展方向

未来农业信息技术优先发展方向主要包括：开展农业物联网技术研究与应用，实现农业生产过程动态监测；开展农业大数据研究，提升农业生产管理水平；开展农产品电子商务建设，推动农业标准化和集约化发展；开展农业"云服务"技术研究，创新农业信息服务新方法；创新"互联网＋"，助力农业转型与升级。

（1）农业物联网

农业物联网可以实现对农业生产环境数据的精准、实时采集，实现对农业生产过程的全程监控，降低农业用工成本，提升农业资源利用率，提升农产品产量和品质，保障国家粮食安全。

在农业生态环境保护方面，研究制定土壤、水资源强酸性物质、强碱性物质、重金属等有毒物质指标含量标准和监测标准；研究制订大气二氧化硫、一氧化氮和二氧化碳等指标监测标准；研发有毒气体、土壤重金属等毒害物质传感器，研究微观和宏观农业生产环境监测方法；研发耕地质量监测系统、草原生态监测系统和渔业水域生态环境监测系统；研究农业生态环境影响链条，制订农业生产环境预警指标，构建农业生产环境危害分析和预警平台。

在农业智慧生产方面，研发动植物环境（土壤、水、大气）、生命信息（生长、发育、营养、病变、胁迫等）传感器，研制成熟度、营养组分、形态、有害物残留、产品包装标识等传感器，开展农业物联网技术和装备研发，加强动植物生长过程数字化监测手段、模型研究；研发大田作物农情监测系统，实现对农田生态环境和作物苗情、墒情、病虫情以及灾情的动态高精度监测；在信息采集点数据感知的基础上，融合农业生产管理模型，研发大田生产智能决策系统，实现科学施肥、节水灌溉、病虫害预警防治等生产措施的智能化管理；基于无线传感、定位导航与地理信息技术，研发农机作业质量监控终端与调度指挥系统，实现农机资源管理、田间作业质量监控和跨区调度指挥。

在农产品质量安全保障方面，研究和编制农业领域条形码（一维码、二维码）、电子标签（RFID）等的使用规范；研究制订农业物联网传感器及传感节点、数据采集、应用软件接口、服务对象注册以及面向大田、设施农业、农产品质量安全监管应用标准；研建农产品生产环境和生产过程电子化档案标准；研究生产环境信息实时在线采集和无线传感器网络技术，开发农业投入品管理信息系统和农产品生产过程信息管理系统；研制集多种传感器、车辆定位、无线传输于一体的冷链物流过程监测设备，突破低成本、低能耗关键技术，开发农产品冷链物流过程监测与预警系统；构建农产品质量安全监管数据仓库，开发农产品质量安全全供应链追溯平台。

在农业物联网产业化方面，加快农业物联网关键核心产业发展，开展农业物联网技术和装备的系统引进和自主研发，掌握生物传感器、光学传感器等专用设备的核心关键技术，提升动植物环境、生命信息等智能感知识别制造产业发展水平，构建农业物联网通信网络制造及服务产业链，发展农业物联网应用及软件等相关产业。大力培育在国内外具有较强影响力的农业物联网企业，培育一批农业物联网产业化研究基地、中试基地和生产基地，部署农业物联网公共服务平台，不断完善农业物联网产业公共服务体系，形成具有较强竞争力的农业物联网产业集群。强化产业培育与应用示范的结合，鼓励和支持农业物联网相关的设备制造、软件开发、服务集成等企业及科研单位参与应用示范工程建设。

（2）农业大数据

农业大数据在集成与共享各种涉农数据的基础上，通过对农业数据集进行深度挖掘和分析，发现隐藏其间的数据价值，大大提高政府决策管理水平。

农业大数据涉及农业水、土、光、热、气候资源以及作物育种、种植、施肥、植保、过程管理、收获、加工、存储、机械化等各环节多类型复杂数据的采集、挖掘、处理、分析与应用等问题。从领域来看，以农业领域为核心（涵盖种植、林业、畜牧水产养殖、产品加工等子行业），逐步拓展到相关上、下游产业（饲料、化肥、农药、农机、仓储、屠宰业、肉类加工业等），并需整合宏观经济背景数据，包括统计数据、进出口数据、价格数据、生产数据、气象数据、灾害数据等；从专业性来看，需要分步构建农业领域的专业数据资源，进而逐步有序规划各专业领域的数据资源，如针对畜品种的生猪、肉鸡、蛋鸡、肉牛、奶牛、肉羊等专业检测数据等。

在农业大数据标准体系设计方面，研究制定农业生产环境数据、农业资源数据、动植物生命体数据、农产品生产加工过程数据、农产品市场流通数据和交易数据术语、格式、内容、分类标准；构建基于空间地理信息的国家耕地、草原和可养水面数量、质量、权属等农业自然资源信息、农业生态环境基础信息数据资源，探索农产品生产加工过程数据、农产品市场流通数据和交易数据开放和公开方式、标准。

在农业大数据综合采集体系构建方面，建立基于主题爬虫技术的网络数据采集系统，研究 Deep Web 数据采集关键技术；建立基于农业物联网技术的农业生产环境数据采集系统，实时采集大田、设施、水域中的环境数据；建立基于卫星技术的农业遥感数据采集系统，采集农用地资源、农作物大面积估产与长势监测、农业气象灾害等数据；建立基于移动互联的智能数据采集系统，动态采集农产品市场信息、农情信息、农业突发事件等数据。

在农业大数据统一高效管理平台构建方面，建立基于分布式技术的海量非结构化数据存储系统，实现图片、文档、视频等资源的共享、共用；建立基于云架构的海量结构化数据存储系统，提供数据的高效检索与转换功能；研究现有数据资源的集成、共享、融合关键技术，实现农业大数据的开放共享。

在农业大数据智能分析平台方面，研究农业大数据智能分析处理技术，重点针对海量数据的相关关系研究；研究农业社会网络技术关键技术，挖掘农业大数据之间存在的网络关联，分析其尺度特征；研究农业大数据可视化关键技术，支持所有结构化的信息表现方式，包括图形、图表、示意图、地图等，实现农业大数据分析的可视化。

（3）农业电子商务

基于"互联网＋"的农村电子商务平台，能够破解"小农户"与"大市场"对接难题，提高农产品流通效率，实现农产品增值，促进农民增收。

在农产品电子商务平台培育方面，支持具有一定规模且有一定影响力的农产品电子商务网站平台加快发展，重点在农村优质农产品、农资供应、大宗农产品等领域打造一批全国性电商大平台；充分发挥网络零售低成本、快速覆盖全国市场的优势，重点建设销售优势特色的专业化农产品网络零售平台，鼓励有条件的大型快递、物流企业利用物流配送优势发展网络购物平台；在粮食、鲜活农产品、特色农产品等领域建成一批以商品交易为核心、以现代物流为支撑、以金融及信息等配套服务为保障的规范的大宗农产品现货交易电子商务平台。

在推动线上线下互动交易方面，鼓励阿里巴巴、京东、腾讯等互联网公司积极参与农产品电子商务建设，构建基于"互联网＋"的农产品冷链物流、信息流、资金流的网络化运营体系；积极推动中粮等大型农业企业自建电子商务平台，推动农产品网上期货交易、大宗农产品电子交易、粮食网上交易等；加快推进美丽乡村、"一村一品"项目建设，实现优质、特色农产品网上交易以及农产品网络零售等。

在推动农产品生产与销售对接方面，推动涉农电子商务平台与农业产业化基地、农产品产销大户、大型超市、农产品批发市场、加工企业、大型餐饮连锁企业及中高档酒店对接；鼓励农民以个体、合作社等多种模式参与农产品电子商务平台，破解"小农户"与"大市场"对接难题；探索"网上看样、实体网点提货"的经营模式，促进农村市场网络零售业发展；推动涉农流通企业、农产品批发市场、配送中心和农资流通企业应用电子商务，畅通工业品下乡和农产品进城渠道。

（4）农业"云服务"

农业"云服务"技术能够实现资源聚合和虚拟化，提高应用服务的专业化水平，提供按需供给和灵便使用的服务模式，提供高效能、低成本、低功耗的计算与数据服务。

在农业云平台构建方面，研究支持分布式、并发任务的云服务器节点技术，构建大规模计算节点集群；研究支持身份认证、加密与隔离的硬件安全技术，保证应用服务的安全防护，保障数据安全；研究大规模分布式数据共享与管理技术，资源调度及弹性计算技术，构建支撑海量数据存储的云服务平台。

在农业云平台管理方面，研究利用云计算应用服务开发和运行环境、用户信息管理、运行管控、安全管理与防护、应用服务交互等共性支撑技术，构建一体化的云资源管理与服务平台；研究云计算环境下的存储与数据网络融合、虚拟机接入、多用户数据隔离、业务数据迁移等关键技术，保障异构业务的无障迁移与对接。

在农业云平台业务系统服务方面，开发和整合农情信息资源，研发服务不同区域、不同品种、不同农业生产经营主体的苗情、墒情、虫情和灾情服务"云平台"；在农产品市场监测预警技术体系的基础上，研发服务农业生产经营者和政府的农产品市场信息服务"云平台"；在突破农产品质量安全追溯链信息采集和管理技术的基础上，研发农产品质量安全服务"云平台"；开发和整合农业科技信息资源，研发农民科技教育服务"云平台"。

（5）"互联网＋农业"

"互联网＋农业"可促进专业化分工、提高组织化程度、降低交易成本、优化资源配置、提高劳动生产率等，为农地确权、农技推广、农村金融、农村管理等提供精确、动态、科学的全方位信息服务，是一种革命性的产业模式创新。

在助力农村信息服务提升方面，积极落实国家农村信息化示范省建设项目，完善农村综合信息服务"云平台"；构建农村文化教育信息服务系统，开展面向基层农民的科技和文化知识远程教育服务；建设农村劳动力转移与就业信息服务系统，实现农村劳动力培训转移就业服务的全程信息化；建立农村土地流转信息服务系统，逐步实现农村土地承包经营权动态化管理；统筹城乡社会保障信息服务系统，实现农村最低生活保障信息和农村养老保险、医疗保险、失业、工伤、生育保险等信息的快速查询和服务；建设农村医疗卫生信息服务系统，逐步形成农村医疗、预防、保健、公卫、疾控的一体化管理与服务。

在助力农村"大众创业、万众创新"方面，积极落实科技特派员和农技推广员农村科技创业行动，创新信息化条件下的农村科技创业环境；加快推动国家农业科技服务"云平台"建设，构建基于"互联网＋"的农业科技成果转化通道，提高农业科技成果转化率；搭建农村科技创业综合信息服务平台，引导科技人才、科技成果、科技资源、科技知识等现代科技要素向农村流动；打造基于"互联网＋"的农业产业链，积极推动农产品生产、流通、加工、储运、销售、服务等环节的互联网化；构建"六次产业"综合信息服务平台，助力休闲农业和"一村一品"快速发展，提升农业的生态价值、休闲价值和文化价值。

（二）学科未来几年发展的战略思路与对策措施

党的十八大报告指出，坚持走中国特色新型工业化、信息化、城镇化、农业现代化道路，推动信息化和工业化深度融合、工业化和城镇化良性互动、城镇化和农业现代化相互协调，促进工业化、信息化、城镇化、农业现代化同步发展。农业信息化是信息化的重要组成部分，是助力农业现代化发展的有力推手。当前，农业信息技术不断渗透到农业生产、经营、管理和服务的各个环节，对现代农业建设影响深远。

以创新农业信息技术为切入点，加强农业信息技术基础理论、方法和技术研究，加快农业信息化进程，进而撬动农业现代化发展，实现国家以农业现代化驱动四化同步发展的战略目标。

一是以技术创新和应用为核心，服务国家战略需求。当前，信息技术发展迅速，在各行各业都产生了非常大的影响。农业信息技术是信息技术与农业的结合，应该突出技术创新，针对农业中的具体问题提出明确的研究思路和对策。由于不同国家或地区资源禀赋不同，技术创新将呈现不同的方向和路径。因此，在农业信息技术的发展上，要以我国农业资源禀赋和"三农"国情为指引，以解决五大重点领域的关键问题为目标，着力突破一系列关键技术，大力促进农业信息技术的创新和应用，服务我国的战略需求。

二是培育农业信息市场，发展农业信息产业。当前，人类正在全面进入信息社会，国民经济日益信息化，在发达国家，信息经济、知识经济已经成为主导的经济部门。农业信息化是历史的必然，农业信息产业在不久的将来将成为农业经济的主导。因此，要高度重视农业行业中的信息采集产业、信息处理产业及信息分析和服务产业，培育农业信息市场，促进农业信息行业产业化，推动"大众创业、万众创新"蓬勃发展。

三是强化政府引导作用，推动农业信息化。各级农业部门要牢固树立信息化引领支撑现代农业发展的观念，将农业信息化贯穿于现代农业建设的全过程，贯穿于"三农"服务的全过程。政府部门要提早布局农业生态环境监控，推动农业生产过程智慧化，构建农产品市场监测预警体系，打造农产品质量安全保障体系，建设服务"三农"的"云平台"，解决当前我国农业发展的突出问题。政府部门要做好本地区、本行业农业信息化顶层设计，支持符合国家和本地区战略需求的信息化项目，积极推动立项实施。政府部门可以通过委托和补贴等多种形式，引导农业企业、科研院所、高等院校和农业种养大户参与到农业信息化建设中来，为现代农业的发展提供源源不断的动力。

── 参考文献 ──

［1］ 曹卫星. 农业信息学［M］. 北京：农业出版社，2005.

［2］ 王人潮，史舟. 农业信息学与农业信息技术［M］. 北京：中国农业出版社，2003.

［3］ 孙九林. 农业信息工程的理论、方法和应用［J］. 中国工程科学，2000，2（3）：87–91.

［4］ 刘旭. 信息技术与当代农业科学研究［J］. 中国农业科技导报，2011，13（3）：1–8.

［5］ 李乃祥. 农业信息技术导论［M］. 北京：中国农业出版社，2011.

［6］ 郭作玉. 农业信息技术在农业发展中的重要作用［J］. 天津农林科技，2006（2）：4–7.

［7］ 李道亮. 中国农村信息化发展报告（2008）［J］. 中国信息界，2009（Z1）：72–84.

［8］ 梅方权. 农业信息技术的发展与对策分析［J］. 中国农业科技导报，2003（1）：13–17.

［9］ 沈瑛. 国外农业信息化发展趋势［J］. 世界农业，2002（1）：43–45.

［10］ 许世卫. 农业信息科技进展与前沿［M］. 北京：中国农业出版社，2007.

［11］ 赵春江，薛绪掌. 数字农业研究与进展［M］. 北京：中国农业科学技术出版社，2005.

［12］ 胡泽林. 基于物联网的自适应精准农业远程监控与智能决策关键技术及其原型系统［D］. 北京：中国科学院，2012.

［13］ 高峰，俞立，张文安，等. 基于作物水分胁迫声发射技术的无线传感器网络精量灌溉系统初步研究［J］. 农业工程学报，2008，21（1）：60–63.

［14］ 余觊琭. 基于吸收光谱法的光纤气体传感器及传感网络［D］. 北京：北京交通大学，2011.

［15］ Liao K, Paulsen M R, REID J F. Real–time detection of colourandsurfacedefectsofmaizekernelsusing machinevision［J］. Journal of Agricultural Engineering Research, 1994, 59（4）: 263–271.

［16］ Suo X, Jiang Y, Yang M, et al. Artificial neural network to predict leaf population chlorophyll content from cotton plant images［J］. Agricultural Sciences in China, 2010, 9（1）: 38–45.

［17］ 毛罕平，张艳诚，胡波. 基于模糊C均值聚类的作物病害叶片图像分割方法研究［J］. 农业工程学报，2008，24（9）：136–140.

［18］ 胡建东，段铁城，何赛灵. 基于自建模技术的电容土壤水分传感器研究［J］. 传感技术学报，2004，3（1）：106–109.

［19］ Seyfried M S, Murdock M D. Measurement of soil water content with a 50–MHzsoildielectricsensor［J］. Soil Science Society of America Journal, 2004, 68（2）: 394–403.

［20］ 孙艳红. 无线传感器网络在农田温湿度信息采集中的构建与应用［D］. 郑州：河南农业大学，2010.

［21］ Roblin P, Barrow D.Microsystems technology for remote monitoring and control in sustainable agricultural practices［J］. Journal of Environmental Monitoring, 2000, 2（5）: 385–392.

［22］ 高峰. 基于无线传感器网络的设施农业环境自动监控系统研究［D］. 杭州：浙江工业大学，2009.

［23］ 韩华峰，杜克明，孙忠富，等. 基于ZigBee网络的温室环境远程监控系统设计与应用［J］. 农业工程学报，2009，25（7）：158–163.

［24］ 高峰，俞立，张文安，等. 基于无线传感器网络的作物水分状况监测系统研究与设计［J］. 农业工程学报，2009，25（2）：107–112.

［25］ 汪懋华. "精细农业"发展与工程技术创新［J］. 农业工程学报，1999，15（1）：7–14.

［26］ 秦江林. 中国特色的精细农作的技术支持体系初探［J］. 农业工程学报，2001，17（3）：1–6.

［27］ Wang N, Zhang N, Wang M.Wireless sensors in agriculture and food industry–Recent development and future perspective［J］. Computersand Electronicsin Agriculture, 2006, 50（1）: 1–14.

［28］张浩然，李中良，邹腾飞，等. 农业大数据综述［J］. 计算机科学，2014，41（z2）：387-392.

［29］郭承坤，刘延忠，陈英义，等. 发展农业大数据的主要问题及主要任务［J］. 安徽农业科学，2014，42（27）：9642-9645.

［30］温孚江. 农业大数据与发展新机遇［J］. 中国农村科，2013（10）：14.

［31］孙忠富，杜克明，尹首一. 物联网发展趋势与农业应用展望［J］. 农业网络信息，2010（5）：5-8，21.

［32］秦怀斌，李道亮，郭理. 农业物联网的发展及关键技术应用进展［J］. 农机化研究，2014（4）：246-248，252.

［33］李道亮. 农业物联网导论［M］. 北京：科学出版社，2012.

［34］《中国农村科技》编辑部. 农业，站在"互联网+"的风口上［J］. 中国农村科技，2015（4）：57-59.

撰稿人：刘世洪　郑火国　姜丽华　郭雷风　陈　涛

农业信息管理发展研究

一、引言

（一）学科概述

随着现代信息技术的飞速发展及广泛应用，人类已经进入以信息化、网络化和全球化为主要特征的发展时期，信息作为一种重要的资源正在改变着社会资源的配置方式。关于信息，由于研究者的学科不同，其定义的内涵也不尽相同。信息作为科学概念，是20世纪初由信息论的奠基人申农在通信理论中以专门术语的方式提出来的。1948年申农在《贝尔系统电话杂志》上发表了《通信的数学理论》一文，在信息的认识方面取得重大进展，因而被公认为信息论的创始人。申农认为信息是用来减少随机不定性的东西，信息的多少意味着消除了的不确定性的大小。

而信息管理则是一个发展中的广义的概念。它最先源于美国，于70年代后期由一些学者提出，于80年代中期传入欧洲，学者们从不同角度对信息管理进行定义。信息管理是信息科学和管理科学有机结合而形成的边缘学科，它吸收了现代信息技术和管理方法，吸收了信息科学理论和管理科学理论，在信息管理的长期实践过程中，在传统的情报学和图书馆学的基础上，综合形成了信息管理科学的理论。尽管专家学者们对信息管理的内涵、外延以及发展阶段有着种种不同的认识，但对于信息管理就是对信息资源进行开发、规划、组织、控制、集成利用的一种管理已基本达成共识。业界专家认为信息管理是人类为了实现确定的目标而对信息进行的采集、加工、存储、传播和利用，对信息活动各要素（信息、人、技术设施、机构等）进行合理的计划、组织、指挥、控制和协调，以实现信息及有关资源的合理配置、开发与利用，从而有效满足组织自身和社会信息需求的全过程。

信息管理研究作为一个新兴的研究领域，于90年代初期才传入中国图书情报界，到

90 年代中期，我国学者才推出一批相关的研究专著和论文。在农业信息研究领域，目前只有少数图书情报界学者开始涉及信息管理的研究，对农业信息管理的研究才刚刚起步。随着现代农业生产系统在农业生产与研究的各个领域逐步渗透，产生了大量的信息流，信息管理在农业领域的应用也越来越重要，通过对新兴信息技术的追踪与应用，进行有效的信息组织与信息系统规划管理，以实现信息资源建设与评价、知识组织与农业科技情报等研究。

（二）学科发展历史回顾

信息管理兴起于 20 世纪 70 年代末、80 年代初，但对文献、档案、资料等的管理却由来已久，在对信息进行管理的传统阶段，以信息源管理为核心，以图书馆为象征，同时也包含档案管理和其他文献资料管理。图书馆对文献的收藏以文献利用为目的，但图书馆重视文献收藏，即对"源"的管理，忽视"用"的功能。在 20 世纪 50 年代兴起了重视"用"的科技情报研究所，这类机构主要从事二次文献加工，对文献信息进行多向主动传递的工作。中国农业科学院农业信息研究所等一系列农业领域的情报机构在此时搜集、整理与传播国内外农业科学技术成就与先进经验方面，促进了我国农业现代化的发展。随着计算机技术的发展，信息管理阶段转向对"流"的控制，以自动化的信息处理与信息系统的构建为主要管理内容。发达国家起步较早，逐渐形成了庞大和完善的信息体系与制度，建立了全球信息网络。在美国，农业研究专家、从事农业生产的农户以及农产品经销商通过农业信息网络解决各类问题。在国内，中国农业科学院计算中心于 1983 年成立，成为我国农口第一个计算机应用研究机构，承担与完成了各类研究课题、国际合作项目等。随着各式各样计算机化信息系统的建立，更需要宏观层次的信息共享与研究。涉及信息活动的各种要素信息、信息生产者、信息技术、信息用户等均被作为信息资源的要素而纳入管理的范畴。进入 20 世纪 90 年代，知识作为一种独特而无限的资源成为经济发展的核心要素，组织的发展逐渐从依靠资本积累转向依赖于知识的积累与更新，目的是改善组织或机构获取、共享和利用知识的能力，可称为资源管理的高级阶段。

21 世纪之后，农业信息管理研究对象进一步细化，研究方法逐步成熟，学科理论逐渐形成，学科体系日益完善。"十五"以来，中国农业科学院农业信息研究所承担了国家和部委"农业本体论在知识组织中的应用""科研机构知识管理及其系统研究""农业科技基础数据信息系统建设与共享""农业古籍珍藏与全文数字化研究与建设""当代世界农业科技发展动态与趋向"等方面的科研任务，在资源建设、资源评价、信息资源、知识组织、组织技术、农业科技战略情报等研究领域取得了一批有影响的科研成果，建立了覆盖我国大多数农业学科领域的国家农业科学数据共享平台，为我国农业科技创新、科研管理与决策提供了有利的信息保障。在"十五""十一五""十二五"国家农业信息科技相关研究项目的支持下，设立了现代农业技术领域项目，全国各科研单位、高等农业院校科技工作者大力开展农业信息科技创新工作，解决了农业信息科技领域中的一批关键理论与技术问题。国际率先开展多领域知识服务本体研究，我国在该领域也占有一席之地。随着信息技术的快速发展，农业信息管理突破了传统的农业图书馆学与农业情报学研究领域，集成、融合现代信息技术与管理技术，进行现代农业信息管理开创性研究。

近几年来，农业信息管理领域成果丰硕，包括中国水稻研究所"水稻科学数据平台创建及应用"；黑龙江八一农垦大学"水稻本田现代化管理系统的研究"；广东省农业科学院科技情报研究所"基于 3G 网络的农业病虫害可视化诊断服务平台研究"；四川省农业科学院农业信息与农村经济研究所"农作物育种战略研究与信息服务体系建设"；云南省农村科技服务中心"云南省面向东南亚、南亚国家农业科技合作与技术转移平台建设及应用"；青岛农业大学"糯玉米品种间外部特征的数字图像识别研究"；河北农业大学"基于物联网的农业信息化系统的研究""智能农业信息传播平台的研究""集中型广域农业信息服务系统研究"；河南农业大学"郑州市作物精准施肥专家决策系统开发"；吉林农业科技学院"农村信息化科技服务体系建设——吉林农业有害生物诊治专家系统推广""农业技术一站式服务平台的构建"；甘肃农业大学"软计算在病虫害诊断专家系统中的应用研究"；中国水产科学研究院长江水产研究所"长江渔业资源与环境数据库建设与应用"；中国水产科学研究院淡水渔业研究中心"渔业资源信息管理及演示平台的构架"；中国农业大学"面向移动终端的农业信息智能获取关键技术及应用"以及中国农业科学院农业信息研究所"农业科学数据共享平台构建与应用服务""面向农业科技创新的信息服务关键技术与集成应用"等成果屡获奖项。

天津市农村工作委员会信息中心与中国科学院合肥物质科学研究院研发的"农业物联网平台系统""农业物联网平台架构"、中国热带农业科学院科技信息研究所与海南省农业科技 110 股份有限公司研发的"一种热带作物生产环境信息监测系统"以及中国农业科学院作物科学研究所研发的"一种用于农作物田间自动化数据采集管理系统"等分别申请了国家专利。信息科学技术的广泛应用和高度渗透，将重塑世界经济发展新格局。在农业信息管理领域，应触探领域动态，前瞻信息技术、资源结构、管理模式与人才队伍，明确战略发展方向，共谋创新与发展。

二、本学科最新研究进展

（一）学科发展现状及动态

信息管理学科在农业领域的应用以农业信息资源和农业信息活动为研究对象，综合运用社会科学和自然科学的相关理论与方法，研究农业信息的运动规律和应用方法。具体来说，就是研究农业信息的获取、加工、存储、传递和利用全过程管理的理论、原理、原则、方法和技术问题。近年来，逐步凝练和形成了独具特色的研究方向，如信息资源管理（information resource management）、信息组织与开发利用（information organization and utilization）、数字图书馆（digital library）、农业信息传播（agricultural information communication）、农业信息分析与竞争情报（agricultural information analysis and competitive intelligence）。在学科建设方面，重点开展农业信息管理的基础理论与发展、农业文献信息资源建设、农业文献信息资源开发、农业信息资源服务、农业信息资源效益评价、农业信息系统开发、农业知识管理等研究。在关键技术研发方面，重点突破农业信息资源分析评价技术、农业知识组织体系构建及其应用技术、农业数字资源整合与关联技术以及面向科研创新的知识服务技术等一批关键核心技术。在资源体系建设方面，汇集农业领域专业文献资源，进行数字化加工，通过知识仓储技术等实现文献数字化以及资源的开放获取。在农业科技信息服务方面，开展了农业知识管理研究，在农业知识管理理论和模式、农业知识管理系统建设、农业知识库构建、农业知识地图与知识内容检索、知识管理与科技创新、知识管理与组织机构变革等方面取得重要进展。

随着信息技术的发展，信息管理学科不断与时俱进，融合信息科学理论、计算机科学理论、管理科学理论等多种理论。通过开展农业信息资源建设、信息组织及开发利用、农业信息资源效益评价等研究，重点突破信息资源分析评价、知识组织、本体论、数据挖掘与知识发现、数字资源长期保存等关键技术，完善农业信息管理学科。

1. 理论方法研究

（1）数字化标准建设

国外图书馆在文本资源加工方面开展较早，通过多年的交流和合作，图书馆、各机构之间相互借鉴和协调。美国国会图书馆的美国记忆项目、澳大利亚国家图书馆藏品数字化项目、哈佛大学图书馆数字化工程项目针对文本资源数字化加工制订了适用的标准和技术体系。美国国会图书馆的文本编码指南为图书馆不同目的的文本数字化项目提供了最佳实践建议。该指南制订了 5 个不同的编码级别，使建议尽可能全面，以适用于不同的实际操作。此外不少图书馆及信息保存机构还进行了跨机构合作，美国的联邦政府机构数字化指南计划（Federal Agencies Digitization Guidelines Initiative，FADI）制订了用途更广的一系列资源加工的标准，这使不同机构的文本资源数字化加工可以更紧密合作。

我国图书馆文本资源数字化加工已有 10 多年的历史，其加工和保存的技术方法有很多。早期文本资源数字化加工以图像转化为主，在此基础上我国探索了数字图书馆资源建设标准，如中国数字图书馆标准建设项目（CDLS）、大学数字图书馆国际合作计划（CADAL）。中国在实施这些项目的过程中，积累了大量的文本资源数字化加工的经验和成果。在商业机构中，以北大方正和清华同方为代表，对数字化标准建设进行了卓有成效的实践，方正电子书目前已在全球 3 000 多家学校、政府机构应用。各公司还针对电子文件格式和元数据自行研制数据加工规范。图书馆对文本资源进行数字化加工，形成更为有序的信息内容，使文献信息价值更加显著和突出。伴随着信息技术的发展，文本资源数字化加工方法增多，同时，标准多样性和复杂性又制约了文本资源数字化的发展。

2001 年国家科技图书文献中心（NSTL）正式发布了《国家科技图书文献中心——文献数据加工细则》来规范和约束数据加工的格式和内容，以提高数据加工的标准化和规范化水平。2002—2006 年 NSTL 组织协调我国数字图书馆标准规范建设项目，先后完成并推出了与数字图书馆建设相关的一系列标准和研究报告。为进一步提高数据库建设的标准化和规范化水平，2008 年 NSTL 启动了文献数据加工细则的修订工作，包括国家农业图书馆在内的多家机构参与此项工作，遵循数字图书馆标准规范项目的相关标准和其他研究成果，以数字图书馆资源组织和现代网络信息服务的角度，重新修改和细化了 NSTL 的数据加工规范。并基于上述成果，于 2009 年出版《文献数据库数据加工规范》一书。该书是国内第一部在文献数据库建设中基于元数据理论制订的数据加工和管理的规范性文档，对各类文献数据加工、管理、互操作都提供了指导和规范，基于 XML Schema 的形式化描述和数据转换实现了各类数据在数据加工系统、仓储系统和发布系统等业务系统间的高效、安全传输与数据交互。

（2）开放获取政策

开放获取（Open Access，OA）是指在网络范围内任何人都可以免费、及时、永久、全文地联机获取数字科技与学术资料（主要是在同行评议的期刊上发表的研究资料）。互联网广泛的公众访问推动了开放获取运动，自 20 世纪 90 年代末开放获取运动兴起以来，其政策的制定者通常是国家或地方级别的科研资助机构以及教育机构。2013 年 5 月，联合国教科文组织发布了"有关联合国教科文组织出版物的开放获取政策"，决定通过一个有 6 种语言界面的文库"开放教科文组织 2013 年 6 月 1 日后全部研究成果的在线访问权限，同时不会设置版权通常规定的多项限制条件"。该政策在性质上仍属于强制性的绿色开放获取政策，但它通过亲自践行无限式开放获取为其 195 个成员国树立了榜样。世界银行早在 2010 年 4 月就开放了其统计数据库，以免费、公开、易查的方式对外提供关于世界各国民生的广泛数据。2012 年 4 月，世界银行又发布了针对世行所有研究成果和知识产物的开放获取政策，同时启动了新的公开知识文库。世行的开放获取政策要求所有由世行出版的作品在创作共享协议 CC-BY 下发表，这不仅使得任何一个上网的人都可以自由、方便、快捷地获取和再利用世行的知识宝藏，还有助于世行加强信息公开、实现影响最大化。

在国内，明确制定开放获取政策的机构还是少数，在 2014 年 5 月 15 日召开的全球研究理事会 2014 北京会议的新闻通气会上，中国科学院和国家自然基金委分别发布了《中国科学院关于公共资助科研项目发表的论文实行开放获取的政策声明》和《国家自然科学基金委员会关于受资助项目科研论文实行开放获取的政策声明》，要求得到公共资助的科研论文在发表后把论文最终审定稿存储到相应的知识库中，在发表后 12 个月内实行开放获取。这充分体现了我国科技界推动开放获取、知识普惠社会、创新驱动发展的责任和努力，也表明我国在全球科技信息开放获取中做出的重大贡献。这将极大促进科技知识迅速转化为全社会的创新资源和创新能力，支持创新型国家建设。

（3）知识组织体系

"知识组织"这个概念最早是由英国著名的分类法专家布利斯（H.E.Bliss）在1992年出版的《图书馆的知识组织》中提出。它是在图书馆学、情报学的分类系统和叙词表的研究基础上发展起来的。关于知识组织的定义有很多，但都表现出相同点，即知识组织的核心就是对知识的本质以及知识之间的关系进行有序的揭示，即知识的表达和序化。只有对知识进行有效的组织，才能实现快速、高效率的信息检索，最大限度地满足用户对信息的需求。知识组织体系（Knowledge Organization System，KOS）对内容概念及其相互关系进行描述和组织，支持对信息对象按照知识内容和知识结构进行描述、链接和组织，包括词汇表、分类聚类体系、语义网和本体等。

传统的知识组织体系如分类法、标题词表、叙词表等在传统的知识组织中已经发挥了巨大的作用，并在多年应用实践中不断发展成熟。随着互联网Web 2.0时代的到来，传统知识组织体系的缺陷与不足越发明显地显现出来，某种程度上甚至对人类组织知识构成了制约。无论是国际流行的杜威十进制分类法，还是我国采用的中图分类法，传统知识组织体系的一个典型特征就是其秩序森严的等级制结构。在传统知识组织体系中，知识被分门别类地安置在特定的框架下，并且一经确定往往在一个较长的时期内相对固定。近年来，在互联网上异军突起的领域本体（domain ontology）和社群分类法对传统知识组织体系结构产生了巨大的冲击，使以网络为基础的知识组织体系相对于传统知识组织体系显露出"柔韧"性的一面。UMLS（Unified Medical Language System）是美国国家医学图书馆建立的关于生物医学和健康的知识组织体系，是基于传统知识组织体系关联扩展建设语义网络模式的典型代表。国内，滕广青、毕强等认为知识组织结构体系是按照"线形→树形→盒状→链式→网状"的演变进化路径不断"柔化""复杂化"的过程。知识组织体系相关研究的发展方向主要包括知识链接与知识关联的研究、数据挖掘理论和应用的相关研究以及用户研究等。除此之外，还有很多学者探讨了具体的知识组织体系研究，如数字图书馆知识组织体系、数字档案馆的知识组织层次体系、学科信息门户的知识组织体系等。

（4）本体研究

本体最初是哲学上的概念，是关于存在及真实世界的任何领域中的对象、性质、事件、过程和关系的种类和结构的学说。近年来，随着信息化的不断发展，本体已成为知识工程、信息检索与获取、知识表示、软件工程、自然语言处理等多个领域的热门研究课题。在钱平主编的《农业本体论研究与应用》一书中，农业本体被定义为"农业学科领域中一套得到认同的、关于概念体系的明确、正式的规范说明"。20世纪80年代末到90年代初，本体被知识工程领域所借鉴，本体的建模方法也初步确立。近年来，国外对本体建模做了大量研究并将其运用于知识工程领域。W3C（World Wide Web Consortium）是一个关于信息、商业、通信和共识的论坛。W3C的本体研究立足于本体在语义网中的应用。德国卡尔斯鲁厄大学AIFB（Institute of Applied Informatics and Formal Description Methods）研究所的本体研究多以知识管理为目的，在本体基础理论、数字表达方面的研究尤为突出。美国斯坦福大学的知识系统实验室 KSL（Knowledge Systems Laboratory）的本体研究注重与机构的交流合作，推动了本体相关技术产品的开发和应用。联合国粮农组织（FAO）拥有内容丰富的农业信息数据库，建立有与农业新闻和农业技术及政策等相关的网站，还拥有存储农业文献的虚拟图书馆，一直在致力于实现开发与维护农业信息和知识管理的目标。2011 年联合国粮农组织农业本体服务项目以粮农叙词 AGROVOC 为原型，构建了农业本体服务。

调研发现，目前国内进行本体研究的主要有三支科研力量。一是中国科学院计算所、数学所、自动化所的若干实验室，代表人物是陆汝铃院士、金芝博士、武成岗、史忠植等人；二是哈尔滨工业大学计算机系，代表人物是王念滨博士；三是浙江大学人工智能研究所，代表人物是高济教授。此外，北京大学计算机科学与技术系、北京大学视觉与听觉处理国家重点实验室、北京理工大学计算机科学工程系人工智能研究所、国防科技大学管理科学与工程系、北京邮电大学智能研究中心等单位的科研人员，也在潜心研究这方面的课题。另外，中国农业大学、南京农业大学和中国人民大学信息学院和图书馆也在进行农业本体方面的研究和应用。国家科学数据中心也十分关注我国进一步开展本体研究和在不同领域中开展更广泛的应用，农业本体服务也是重要的研究内容。

农业本体论研究正在成为农业信息领域的研究热点。包括中国农业科学院农业信息研究所、广东农科院情报研究所在内的多家机构共同合作，承担"十五"国家攻关计划"农业信息化技术研究"中"农业信息智能检索与发布技术研究"研究课题，从事农业本体论的研究及其在农业知识组织中的应用。该项研究于 2005 年通过农业部组织的成果鉴定，并获得中国农业科学院科技进步奖二等奖。同时参加联合国粮农组织"农业本体服务计划"项目工作组会议和亚洲农业信息联盟年会，并发表论文，进行学术交流。完成中国科技文献信息智能检索系统和农业本体管理系统，在诸多农业领域得到应用。同时形成了我国第一个农业本体论的研究团队。

（5）学科化服务研究

学科化服务这一提法在国外研究中较少出现，但国外对学科馆员研究比较早，研究的层次也比较深。学科馆员制度的实行充分体现了学科化服务的思想。调研文献发现，早在1946 年，伊利诺伊州立大学图书馆系主任罗伯特·唐斯（Robert Downs）就研究了研究型大学图书馆设置学科馆员的问题，强调培养学科馆员的迫切需求，当时研究主要集中在对学科馆员的建制和工作职责上。随着信息技术的发展和知识传播网络化，服务内容得到不断扩展，1950 年美国的内不拉斯加大学图书馆设立分馆并配备学科馆员，这是学科馆员制度最公开、最正式的建立。

在国内，学科化服务是近几年提出的新的信息服务概念，最早见于中科院文献情报中心的内部资料。2000 年，张晓林在《中国图书馆学报》上发表了《走向知识服务——寻找新世纪图书情报工作的生长点》的文章，提出要把"图书馆知识服务"作为重点研究对象，并提出"图书情报工作的核心能力应该定位于知识服务"的创新观点。该文章在国内学术界产生了重大影响，就此拉开了国内图书情报界研究图书馆知识服务的序幕，此后该主题成为学术界理论研究的热点并不断升温，涌现出越来越多高质量的研究成果。各大高校都在积极开展学科化服务，调研文献发现目前学科化服务的主要模式是由学科化服务用户、学科馆员、学科化服务智能化平台、信息资源库和共享知识库等构成。引入LIBRARY2.0理念，应用Web2.0技术，以用户个性化需求为驱动力，以提高用户满意度和用户信息素质为目的，以解决用户学科专业问题、促进知识创新为最终目标，开展个性化、集成化、多层次的学科化服务。

（6）学科资源评价

当前科研创新活动、科研决策活动对于科学评价的需求与日俱增。合理的科学评价能为科学研究、奖励、管理提供依据，使科研人员客观地了解自身学术水平和影响，使管理决策部门正确地评价科学活动，合理地制订激励措施，以保证科学系统积极有效地运行，促进科学的发展和社会的进步。从国外的情况来看，科学评价已经成为一种快速成长的产业。伴随着20世纪80年代世界范围科学评价的兴起，学科评价作为科学评价的一个重要内容在各国的实际工作中受到关注。20世纪80年代中期，量化评估因其在成本和效率方面的优越性被采用，文献计量方法在科学评价中的作用日益受到重视。正如2005年OECD科研基金评价研讨会主席G. Roberts指出的那样，文献计量方法在提高评价效率方面将起到重要作用。研究学科评价及文献计量在学科评价中的应用，不仅有助于推动科学评价理论研究的发展，为学科评价提供有益的方法支持，也是情报学自身发展的一次尝试。

在国内，国家教育部、中国科学院、武汉大学等机构发布的学科排行榜多侧重排名，并且存在多头重复评价现象。虽然中科院、中信所有多项指标用于学科科学特征评价，但评价内容各自为政，缺乏规范性。目前为止，国内对学科评价对象、内容并没有提出明确的定义，对学科评价的目的和意义也没有统一解释。从方法论意义上讲，国内早期科技规划等学科评价大都采用专家定性评价方法。20世纪90年代，随着国际用于评价的文献计量方法的发展，国内开始采用文献计量指标进行科学评价，但指标的学科指向性不明确或还未上升到学科层面。国内学科评价还处于起步阶段。

（7）竞争情报

竞争情报（Competitive Intelligence，CI）是一种针对竞争环境和竞争对手的信息收集和分析活动，是关于竞争环境监视与市场预警、竞争对手分析和竞争策略制订的信息研究活动。竞争情报的发展以1986年美国竞争情报从业者协会（Society of Competitive Intelligence Professionals，SCIP）的成立为标志。国际著名的管理学家、哈佛大学商学院迈克尔·波特（M. E. Porter）自20世纪80年代相继发表了《竞争战略》《竞争优势》和《国家竞争优势》等著作，把现代竞争理论的研究推向了高潮。我国竞争情报研究起步较晚，1987年刘怀宝发表了我国第一篇竞争情报论文，标志着我国竞争情报研究的开始。1994年1月，中国科技情报学会情报研究暨竞争情报专业委员会（1995年4月组建中国科技情报学会竞争情报分会）成立，自此我国竞争情报研究走上相对正规化的道路。

新的时代特征给战略管理与决策方式带来了新的挑战与机遇。充分利用各种来源、各种类型、不同结构的全信息，深入分析竞争对手的核心竞争力与弱点所在，全面扫描当前的竞争环境与态势，是新环境下竞争情报工作的核心。竞争情报研究由以企业情报为主逐步拓展到知识产权、商业秘密保护和高技术发展跟踪预警等领域，出现了竞争情报研究的高知识化、高智力化发展趋势。在发达国家的国家技术创新系统中，企业已经是技术创新的主体，企业所从事的研发活动也延伸到了基础科学研究领域。一些大型技术性企业开始从事原创性的科学技术研究，牢牢把握竞争优势的核心。技术竞争情报不仅是满足于认识技术威胁和识别技术机会的需求，而且已经演变为一种实施技术创新管理和战略管理的工具。目前竞争情报主要有商业竞争情报、技术竞争情报、企业竞争情报、产业竞争情报、政府竞争情报以及国家竞争情报等应用模式。

2. 关键技术研究

（1）数字化技术

文献数字化是指把原来纸质、磁带、胶片等各种形式存储的传统文献信息转化为用计算机设备存储的信息，并实现对其的管理、传输与数字化存取。目前常见的文献数字化技术和方法主要有键盘录入、扫描存储、OCR 识别、语音识别等，在文献数字化进行中发挥着重要作用。其中键盘录入对技术、设备要求较低，OCR 识别成本低、速度快，是当前文献数字化的两种主要技术。

文字识别（Optical Character Recognition，OCR）是指通过计算机技术及光学技术对印刷或书写的文字进行自动识别的技术，它是低成本实现文字高速自动录入的一项关键技术。大规模的数字化工程表明，采用 OCR 技术将书面文字转化为电子形式的编码字符，在建立图文对照的基础上进行半自动的人工校对和补字录入，是现实可行的途径。通过扫描 OCR 识别与自动校对技术相融合，可有效改善扫描过程中拒识和误识等情况。

文本自动校对作为文献数字化的最后过程有着非常重要的地位。而自动校对系统技术在很大程度上依赖自然语言处理的基础研究，只有通过构建信息丰富、标注完整的大规模综合语料库、语言知识库，解决好词语切分、标注等问题，才能有效提升中文文本自动校对系统的性能。

语音识别技术是利用计算机，通过识别与理解，将语音信号转变为相应的文本或指令的技术。由于大量语音材料数字化需求以及便捷性与低成本性，语音识别技术在业界引起关注且发展较快，已成为文献数字化若干技术中一个重要补充。

（2）互联网信息采集处理技术

互联网信息采集主要是通过网页之间的链接关系，从 Web 页面中通过信息采集器（Web Crawler）自动获取信息，并且随着链接实现不断扩展。欧洲、美洲及亚洲发达国家的网络资源采集项目起步较早，发展相对成熟，具有多机构合作采集、法律法规健全、标准规范成熟、采集流程规范、采集方式综合、服务类型多样等特点。网络资源的采集机构一般由各国的国家图书馆、档案馆或著名大学的图书馆负责。由于网络资源存缴和保存面临着复杂的知识产权约束和商业利益冲突，为了保证网络资源采集与保存工作无后顾之忧，欧美各国均制定了与数字资源呈缴相关的法律或法案。

随着互联网的普及，广大网民散播各种社会思想、诉求个人利益以及传播意识形态的网络舆情被政府等相关部门所重视，网络舆情信息的采集处理技术成为研究热点。在技术实现上，由美国研发的话题检测与跟踪技术（TDT）是目前国际最主流的信息处理技术。这项技术自1996年提出以来，已进行了多次理论改进和实际测试，为舆情信息采集技术的研究和发展提供了多方面的支撑和保障。在中文信息处理领域，舆情研究工作者常采用多维向量语法空间、中文法分词等技术对互联网舆情信息中的主题进行自动化识别。

在对大量网络资源进行处理、统计与分析时，也会使用到数据挖掘等新兴技术。数据挖掘（Data Mining）就是从大量的、不完整的、有噪音的、随机的数据中，提取出潜在有用的信息与知识的过程。通过对网络资源的数据挖掘，可实现自动预测趋势和行为、关联分析、聚类、概念描述、偏差检测等功能。

（3）数据仓库技术

早在20世纪70年代，随着经济与计算机技术的发展，传统的数据库技术已经不能满足人们对信息的处理需求，企业迫切希望能够获得决策信息以及信息系统具有支持突发查询能力，且能解决任何业务相关问题的能力，这时数据仓库（Date Warehouse）应运而生。W.Hlnmon在《数据仓库》中给出定义：数据仓库是一个面向主题的、集成的、随时间变化的、非易失性的数据集合，用于支持管理层的决策过程。不同于数据库系统，数据仓库系统是用来支持决策和进行数据分析处理的工具，具有面向主题、集成、相对稳定和随时间变化的特征。随着信息管理技术在图书馆的应用，其采集、处理、积累的数据越来越多，如何收集、保存、维护、管理、分析、共享正在急速增加的数据，使其现在和将来具有完整性与可用性，是图书馆必须解决的问题。数据仓库技术正成为图书馆数据管理新模式的关键技术。

随着信息大爆炸，人们获得有用的信息越来越困难，需要智能分析与处理，形成知识产品，而此时产生的知识仓库便是知识管理与知识经济下数据仓库的发展。知识仓库的构建很大程度上需要依赖于信息处理技术以及知识发现技术，但又同时被日新月异的计算机技术、信息处理技术的发展不断向前推动，包括人工智能、神经网络、专家技术、多媒体技术、机器学习等理论技术的快速发展为知识仓库的构建创造了可能。

当前，我国农业正处于向现代化农业转变的发展阶段，农业科技创新成为实现农业现代化的关键。构建农业知识仓库能够更好地帮助科研用户实现灵活处理信息、提炼知识和交流协作的目的，并有助于进行知识发现和知识创新。

（4）基于语义网的信息组织技术

在网络环境下，信息揭示和组织的方式具有重要意义。作为下一代万维网形态的新设想，语义网（Semantic Web）这一概念于1998年由Tim Berners-Leeshouci首次提出，其基本思想是扩展当前的万维网，使其能够表达可以被机器（计算机）所理解的语义，以便人与机器、机器与机器之间的交流。2000 年又提出以 XML（S）、RDF（S）和 ONTOLOGY 三大技术为核心的语义网标准体系结构，在国际上引发语义网研究热潮。

从信息组织的视角来看，语义网的提出既是挑战又是机遇。本体作为下一代网络语义网的核心组成部分，是对相关领域词汇的基本术语和关系以及利用这些术语和关系构成的规定加以规范化定义，以形成对领域内概念、知识及概念间关系的统一认识与理解，从语义层次上实现网络信息资源的共享和重用。

利用分类法、主题词表及分类主题词表构建本体是目前领域内公认的可行性方案。自语义网提出之后，国内外很多学术团体相继开始了利用现有叙词表建立本体的尝试，已经有十多种叙词表被转换为本体。联合国粮农组织成立了农业本体论服务项目小组（AOS），利用 RDFS（RDF Schema）将 Agrovoc 叙词表转换为农业本体。美国 Syracuse 大学的 J.Qin 和 S. Palinn 具体探索了将 GFM（教育资料网关）中的受控词表转换成本体的原理和原则框架。阿姆斯特丹大学的 B. J. Wielinga 等将艺术和建筑叙词表（AAT）转换为本体。SWAD Europe 专门成立了叙词研究小组，对各种叙词表进行分类研究，提出了一个以 RDFS 语言为基础、用叙词来描述本体的组织体系 SKOS（Simple Knowledge Organization System）。

2005 年 W3C 提出 SKOS 标准后，国内外的图书情报界已将大量知识组织系统采用 SKOS 进行转化，如医学主题词表（MeSH）、美国国会图书馆标题表（LCSH）等。2009 年，《杜威十进分类法》（简称 DDC）也以 SKOS 格式发布了关联数据版本，并对外提供了前三级类目数据的开放下载。在语义网的环境下，FAO 采用关联数据的技术，通过对农业信息资源的统一描述建立农业信息资源的概念模型，并对核心词表 AGROVOC 进行改造和发布为关联数据，然后提供开放的应用协议来实现农业信息和知识的整合与全球共享。张士男等提出了《科图法》中类目、类号、关系、类目注释等的 SKOS 转换。国家图书馆也开展了将《中国分类主题词表》MARC 格式数据向 SKOS 转换研究，并在《中国分类主题词表》向 SKOS 自动转换过程中针对多对一、一对多以及主题数据和分类数据等复杂情况提出了转换解决方案。

国内农业领域与联合国粮农组织开展广泛合作，完成了农业多语种叙词表（AGROVOC）的中英文翻译任务、AGROVOC 与农业科学叙词表概念映射（Mapping）等工作，为充分整合利用国际范围内的农业科技资源奠定了语义资料基础。采用 W3C 推荐的本体描述语言 RDF、OWL 及 SKOS 等，对农业科学叙词表中的 6 万多个叙词及 13 万多条"用、代、属、分、参"等词间语义关系进行不同形式的规范化描述，并开发了叙词表向本体转化的自动批量转化工具，构建了更适合网络环境下开展应用的轻量级农业本体。

（5）知识服务平台关键技术

知识服务平台的开发、实施与应用是一项复杂而系统的工程，涉及许多关键技术，包括数据库技术、超链接技术、信息推送（PUSH）技术、智能代理技术（Intelligent Agent）、并行网络搜索引擎、网格技术、语义 Web 技术等。在大数据时代，RFID 射频数据、传感器数据等将会成为未来大数据的主要来源，因此，知识服务平台的构建需要解决大数据知识服务的数据、知识、资源、能力、服务、过程和任务等资源和能力的智能感知、接入、网络传输、海量传感数据的智能化高效管理与处理等技术。

在深层次知识服务及技术平台研究方面，国外尤其是美国、英国、澳大利亚等国家都从国家基础信息设施建设层面进行了推动，出现了基于农业领域本体的知识服务、基于本体的 VIVA 系统、基于 SOA 的体系架构、基于 Sakai 的虚拟科研环境、哈佛大学的 Harvard Catalyst、哥伦比亚大学的 Sciologer 等技术与工具。国内虽然起步较晚，但发展较快，出现了中国科学院的领域知识环境（SKE）、地学 e-science、部分高校的 Sakai 应用，以及面向科研项目与嵌入科研过程的知识服务、基于 Web2.0 的学科知识服务模式及平台、高校深层次信息服务平台等一系列实践成果。

人类正进入一个高度数字化、网络化的信息时代。正如一些专家所说的，融计算机技术、网络技术、通信技术、信息数字化技术以及多媒体技术等现代信息技术于一体的互联网的发展及其在世界范围内的广泛普及，极大地改变了全球信息生态环境。知识服务平台的建设也必然成为农业信息管理的发展方向。

（6）基于文献计量学的相关技术

文献计量学（Bibliometrics）是一门定量科学。对文献的量化研究可以追溯到 20 世纪初。1969 年 Pritchard 首次正式提出"Bibliometrics"一词，并对其定义为"将数学与统计学用于图书和其他通讯媒介物的一门科学"。可以认为，文献计量学是以文献体系和文献计量特征为研究对象，采用数学、统计学等计量方法研究文献情报的分布结构、数量关系、变化规律和定量管理，并进而探讨科学技术的某些结构、特征和规律的一门学科。

知识图谱研究就是基于引文分析、同被引分析、共现分析、聚类分析、词频分析、社会网络分析和多维尺度分析等可视化分析方法，利用可视化分析工具，如 Cite Space II、TDA、Ucinet、VOSviewer、Bibexcel、SPSS、Histcite 和 WordsmithTool 等，对本学科的国内外文献数据进行分析，绘制科研合作网络、共现网络、引文网络和共被引网络等各类科学知识图谱，动态清晰、直观形象地全面解读学科或领域的国内外发展趋势、研究进展、热点与前沿；研究主体（核心作者、期刊、机构和国家等）及其之间的互引和合作关系；研究基础（核心文献、高被引文献和经典文献等）及其之间的动态演化关系（反映学科知识结构）、学科或领域的引文历史及文献之间的互引关系等。自信息可视化和科学知识图谱绘制领域权威专家陈超美将可视化工具 Cite Space 及知识图谱绘制方法引入中国后，国内学者对该主题的研究呈井喷之势。目前，知识图谱除了在情报学领域得到广泛和深入应用外，正快速地向其他学科或领域（如体育科学、教育学、科学学、管理学、军事科学、医学、经济学、物理学和新兴技术领域）进行扩散。

3. 应用研究

（1）科学数据管理平台

除了对文献资源的集成式管理与应用外，科学数据的共享与管理也是一大趋势。科学数据不仅是科技创新和国家发展的战略资源，也是政府部门制定政策、进行科学决策的重要依据，还是学者们进行科学研究的数据支撑，其科研价值、经济价值以及社会价值是大家共同认可的。20世纪末，许多国家和机构开始了科学数据共享平台的建设。在农业科学数据库建设方面，国际组织、欧美发达国家已经建成了一大批主体数据库，比较有特色的数值型数据库包括联合国粮农组织所收集和管理的农业统计数据库、ECOCROP、家畜饲料资源信息系统（AFRIS）、水产品种数据库（DIAS）、消费数据库（CONSUMPTION）、FORIS、园艺苗木性能方面的数据（HORTIVAR）、土壤制约因素、沙漠和旱地土壤、人口分布、陡坡分析、土地退化严重程度和因农业生产人为造成的土地退化的信息资料等。国际农业研究磋商小组（CGIAR）下属的16个研究中心（如未来收获中心）每年也要产生大量的研究报告，这些研究报告中包含有大量的农业科学数据；与此同时，农业科学各个专业数据库也得到了发展，如在生物科学数据方面，有基因银行（Gene Bank）数据库；在资源与环境方面，有全球资源信息数据库；在草业数据方面，有澳大利亚的世界牧草属数据库；在植物保护方面，比较有特色的数据库有虫害全集数据库、病虫害综合治理资源数据库、杀虫剂信息数据库等；在土壤科学方面，有加拿大在20世纪70年代着手建设的基于地理信息系统技术的土壤数据库（The National Soil Database）等。我国虽然是在2002年才开始着手这方面的建设，但是在总结和吸取国外成功经验的基础上，已经迅速建成了覆盖地学、气象、地震、农业等领域的科学数据共享网并初具规模。

据调研，国家农业科学数据共享中心以满足国家和社会对农业科学数据共享服务需求为目的，立足于农业部门，通过集成、整合、引进、交换等方式汇集国内外农业科技数据资源，面向全社会提供包括作物科学、动物科学、草业科学、农业资源与环境、农业生物技术、农业信息等12大类核心学科的农业科学数据资源共享服务。农业科学数据共享中心建设由中国农业科学院农业信息研究所主持，中国农业科学院部分专业研究所、中国水产科学研究院、中国热带农业科学院等单位参加。

（2）开放获取系统

2014年3月德国数字图书馆门户网站公布，用于存储和共享德国文化和科研成果。用户可从网站中获取德国博物馆、档案馆、科研机构以及历史遗迹保存组织的数字化资料，如书籍、图片、音频、视频等。各对象之间建立了语义链接，用户可在相关对象间浏览切换，并可获得外部的相关链接信息。同时，网站开辟了收藏对象、编译注释对象、保存共享检索结果等实用功能的用户个人空间。2012年4月世界银行创建了开放知识库（OKP），2013年8月已拥有12 000多份出版物，出版物类型包括机构出版的图书、报告、连续出版物、工作论文、经济和行业工作报告、知识笔记等。OKP的功能基于DSpace平台，还可下载统计信息、作者简介和作品引用信息，出版物内容可被谷歌学术搜索和世界银行数据网站检索，可与其他知识库进行互操作和被第三方OAI–PMH机制采集元数据。开放获取的大发展致使科学文档和数据激增，OA发起机构开发了一系列机构库软件为机构/组织存储、出版及共享科研成果提供基础设施支持，如开源软件Dspace、Fedora、

Archimede、CDSware 等，商业系统软件 Documentum、Bepress 等，机构库研究项目成果 e-Scholarship、JISCIE、Knowledge Bank 等。调查结果显示，OA 网站系统的创建主体有大学图书馆、政府机构、项目自建、出版社、各类研究机构和情报中心等。其中大学图书馆、学术研究机构和情报中心都有自己的研究队伍，为本机构系统存储提供了先决条件和保障。机构库是 OA 存储的主要模式，据机构库登记机构 ROAR 的统计结果显示，截至 2014 年 8 月全球机构库已经增至 3780 个，记录数据达千万条。OA 运动已逐渐被各界认同和参与，OA 已经成为全球信息存储、发布、利用和管理的重要阵地。

在开放获取应用方面，中国科技论文在线于 2003 年 8 月正式开通，它是经教育部批准，由教育部科技发展中心主办，针对科研人员普遍反映的论文发表困难、学术交流渠道窄、不利于科研成果快速高效转化为现实生产力而创建的科技论文网站。奇迹文库创办于 2003 年 8 月，是国内最早的中文电子预印本服务系统，是由一群中国年轻的科学、教育与技术工作者效仿 arXiv.rg 等模式创办的非盈利性质的网络服务项目，专门为中国的科研人员开发定制的电子预印本文库。该系统由中国科学技术信息研究所与国家科技图书文献中心联合建设，是一个以提供预印本文献资源服务为主要目的的实时学术交流系统，由国内预印本服务子系统和国外预印本门户（SINDAP）子系统构成。

在机构知识库建设方面，中国科学院机构知识库以发展机构知识能力和知识管理能力为目标，快速实现对本机构知识资产的收集、长期保存、合理传播利用，积极建设对知识内容进行捕获、转化、传播、利用和审计的能力，逐步建设包括知识内容分析、关系分析和能力审计在内的知识服务能力，开展综合知识管理。目前中科院机构知识库已经涵盖近 100 个专业研究所。香港大学 IR 建设致力于收集、展示、保存香港大学的学术智力成果，并且可以通过所有搜索引擎搜索到其中的记录。清华大学已开始 IR 的全面建设，如 E-print 数据库（期刊论文等）会议论文数据库、研究课题成果库等都是直接应用 Dspace 提供的功能实现的，并且结合实际需要，基于 Dspace 的数据模型进行了资源组织结构的设计以及基于 Dspace 系统以事件触发模式构建的工作流机制设计了资源的提交、审核和发布方案。

在农业领域，中国农业大学图书馆搭建了中国农业大学知识库系统，该知识库目前由教师文库、学位论文以及学科专题文献信息服务平台三大部分构成。中国农业科学院农业信息研究所搭建的 IR 平台沿用了 Dspace 的数据模型，部署了 1 个院级 IR 平台和 3 个所级 IR 平台。

（3）知识组织系统

美国斯坦福大学的知识系统实验室（Knowledge Systems Laboratory，KSL）无论是在本体建模工具领域，还是在本体应用层面的研究方面，都站在了知识工程领域的最前沿。KSL 的 N. Gruber 在 1993 年最早提出了"本体"在知识工程领域的定义。目前，KSL 的研究主题主要有本体的合并及诊断（Ontology Merging and Diagnosis）、语义网技术、可复用知识的海量存储库（Large-Scale Repositories of Reusable Knowledge）、增强的设计对象复用技术（Technology for Enhanced Reuse of Design Objects）等知识共享技术（Knowledge Sharing Technologies）以及物理系统的建模与分析（Modeling and Analysis of Physical Systems）和应用性智能系统（Adaptive Intelligent Systems）。在这些研究项目中，又以本体和以本体为基础的语义网技术的研究处于首位。德国卡尔斯鲁厄大学应用情报学和规范描述方法研究所（Institute of Applied Informatics and Formal Description Methods，AIFB）对本体基础理论和本体的数学表达进行了深层次的研究。AIFB 研究所目前从事的研究重点是构建基于本体的知识门户和语义门户。AIFB 已完成的课题主要涉及底层知识库的构建、本体的构建和集成以及本体构建工具的研制，如运用概念聚类法进行本体集成的卡尔斯鲁厄本体与语义网配套工具 KAON（The Karlsruhe ontology and Semantic Web Tool Suite）项目。正在进行的项目主要涉及本体系统及其框架在语义网建设中的运用，且更加侧重于知识发现。

在农业领域，联合国粮农组织世界农业信息中心（WAICENT）作为 FAO 的一个机构，对 FAO 在世界范围内的信息资源管理、数字化、网络化起到了巨大的推动作用。近年来，WAICENT 认识到，虽然因特网上有大量的农业相关信息资源，但由于这些信息资源分布于不同的服务器上，信息需求者很难获得完整的所需相关信息。所以，他们从 2001 年起开始策划定义一种通用的农业语义系统，为农业信息服务需求者提供服务，获取权威的农业信息资源。粮农组织称这个语义系统为农业本体服务（Agricultural Ontology Services，AOS）。AOS 项目意在建立网络信息资源管理的相关标准，从而促进网络信息资源的数字转换、准确检索等。

（4）学科信息门户

国外对学科信息门户（Subject Information Gateway，SIG）的研究较早，于 20 世纪 90 年代就开始对学科信息门户进行研究和建设。学科信息门户的概念可追溯到学科信息网关（Subject Gateway，SG）概念。由于 IT 界 Portal 概念的兴起，学科信息网关的建设已逐渐转向学科信息门户的形式，研究者也直接将 SIG 翻译为学科信息门户。国外学科信息门户建设研究的起步比较早，从 1996 年的 DESIRE 一期工程开始，SIG 就在欧洲范围逐渐普及。到 2001 年 DESIRE 项目进入第二期时，SIG 在世界各大洲迅速发展壮大，如德国哥廷根大学开发的 Geo-Guide 就是一个关于地理科学的学科信息门户，这些门户主要服务于教学和科研工作。早期的学科信息门户大多是依靠一些大型科研项目资助建设起来的，比如英国的 Intute 就是由英国高等教育资助理事会下的信息系统联合委员会 JISC 和艺术与人文研究委员会 AHRC 开发建立，专注于教学、研究方面的学科信息门户，目的是利用专家的评估来筛选最优质的网络资源。随后学科信息门户逐渐发展为由图书馆、科研机构来建设，到目前为止已建立基于各种学科的学科信息门户上百个。

国内学科信息门户的建设比较晚，大约始于 1999 年上海图书馆的"数字图书馆资源总汇表"和 2000 年 CALIS 组织的学科导航库，主要是图书情报机构参与网络信息资源的选择与组织。现阶段比较有代表性的有：在中科院知识创新工程科技基础设施建设专项"国家科学数字图书馆（CSDL）项目"的资助下，形成的生命科学、化学、数学、物理、资源环境、图书情报等 SIG 网站，国家科技图书文献中心（NSTL）建设的科技热点门户，武汉理工大学图书馆建设的学科信息门户等。

（5）知识服务平台

国外对知识服务的研究最初起源于企业类组织的知识管理，其目的是提高企业的经济效益和竞争能力，后来该理念被引入图书情报领域。1997 年美国专业图书馆协会（SLA）在 Information Outlook 上设立专门栏目开展对知识管理的研究探讨。2001 年 SLA 前会长 Guyst.Clair 撰文指出专业图书馆最新发展趋势就是要开展知识服务，专业馆员和信息专家在新形势下，应为用户提供创新知识、获取知识的知识服务，使知识服务成为一种信息使用的管理方法。国外对知识服务应用的研究呈方兴未艾之势，一般偏重于图书馆，特别是高校图书馆知识服务的实施尝试，如美国麻省理工学院和斯坦福大学共同研究开发的知识基础设施、北卡罗来纳州立大学图书馆开发的 Mylibrary@NCstate 系统等。也有研究知识推荐服务的文献，如 Netflix 推出的基于大数据分析的个性化推荐系统架构、阿里云推出的基于内容和行为的智能云推荐体系。

中国科学院研究所文献情报机构是我国专业图书馆最有活力的体系之一，近十年来，中国科学院文献情报体系逐步形成文献资源保障能力分析和咨询、信息素质培养与能力建设、学科专题信息服务、学科情报和战略情报研究、专业文献信息与知识环境建设（专业信息平台建设）、科研机构成果与知识管理等位核心的专业化知识服务模式。中国医学科学院医学信息研究所设计的重大传染病信息知识服务平台作为国家科技重大专项课题"艾滋病和病毒性肝炎等重大传染病防治研究信息化技术平台研究"的子平台之一，需要解决将众多的文献资源尤其是所有与传染病相关的资源进行有效的组织和管理的问题，突破传统的检索方式，提供全方位的知识服务。中国农业科学院农业信息研究所在借鉴传统文献分类体系优点的基础上，设计并构建科学、合理、实用、系统的农业热点信息门户资源的元数据规范、分类组织与浏览体系，对国内外相关领域内核心、稳定和持续的网络信息资源进行全面搜集、评价、分类、组织和有序化整理，以集成化、高效化地整合揭示各种网络精品信息资源，最大限度满足用户需求，并先后构建了食物与营养、节水农业、农业立体污染防治、水资源可持续利用、海洋生物技术和可再生能源等农业热点门户导航系统。

（二）学科重大进展及标志性成果

1. 大规模文献数字化智能化处理技术

随着计算机技术、通信技术和网络技术的发展，借助信息技术开展农业信息资源整理、实现农业信息数字化已成必然趋势。调研发现，农业科技数字知识体系主要由自建资源（文摘、引文）、网络资源、科学数据、购买资源及其他资源以及相应的数字化加工、采集、组织、存储、整合和管理平台组成。在农业科技文献资源数字化加工过程中，研究人员引入工作流、流程监控、精细化管理等理念与方法，设计并研建了"文献资源数字化智能加工与精细化管理技术平台"。该平台将数据加工规范、任务流程管理以及协同工作环境等集于一体，实现了网络环境下数字化加工全程跟踪管理、多人协同加工、质量控制以及流程监控等。在大规模中外文引文数据加工过程中，引入智能化的加工处理流程和技术，在深入分析大量引文著录规律的基础上，提出十余种典型的引文著录类型，设计了自动批量拆分的工作流程，建立了基于特征词分类和期刊名称知识库的计算机自动批量拆分软件及配套的质检程序和批量修复工具，显著提高了数据加工的效率和质量，确保引文数据每年的加工能力在 500 万条以上。

2. 多层次农业知识组织体系建设

随着互联网等现代信息技术的发展，农业科技创新环境与科研方式发生了巨大变化，科研用户的信息需求呈现数字化、网络化、协同化、专业化、共享化等新的趋势。在大数据时代，信息资源迅速增多，目前信息资源组织方式尚不能满足农业大数据的挖掘与分析，急需聚合数量繁多、类型庞杂的资源，在相同以及不同领域的资源间建立链接聚合资源，通过语义推理和语义扩展，及时高效分析和挖掘出有用的信息，完善资源服务深度与广度。

在农业信息管理领域，我国与联合国粮农组织开展广泛合作，完成了农业多语种叙词表（AGROVOC）的中英文翻译任务、AGROVOC 与农业科学叙词表概念映射（Mapping）等工作，为充分整合利用国际范围内的农业科技资源奠定了语义资料基础。采用 W3C 推荐的本体描述语言 RDF、OWL 及 SKOS 等，对农业科学叙词表中的 6 万多个叙词及 13 万多条"用、代、属、分、参"等词间语义关系进行不同形式的规范化描述，并开发了叙词表向本体转化的自动批量转化工具，构建了更适合网络环境下开展应用的轻量级农业本体。突出的技术与成果有：

（1）网络环境下农业科学叙词表的新发展

农业科学叙词表（Chinese Agricultural Thesaurus，CAT）由中国农业科学院农业信息研究所在 20 世纪 90 年代组织全国近百名专家经过六年的共同努力研制完成。CAT 是一部大型、综合性农业叙词表，共收录了包括农业、林业、生物等领域在内的 6 万多个词条以及 13 万多条词间语义关系。最近几年，研究人员针对 CAT 开展了大量的研究与实践，如将 CAT 部分类目的词汇及词间关系批量转换为本体 RDF 格式，与 FAO 合作完成 CAT 与 AGROVOC 叙词表的映射；将 CAT 以本体描述语言 OWL 加以表示，实现 CAT 向农业初级本体的转化。然而，要提高 CAT 在组织管理和开发应用快速增长的网络信息资源中的可操作性和实用性，还应研究采用 SKOS 描述规范，将 CAT 中的叙词表及词间关系转换为 SKOS 模型中的概念和语义关联，并与数据网络中其他 SKOS 格式的知识组织体系建立广泛的语义关联映射。

（2）农业科学叙词表向关联数据转化

简单知识组织系统 SKOS 为叙词表、主题词表、分类法和术语表等知识组织体系提供了一套规范、灵活、简单、可扩展的描述转化机制，由核心词汇、映射词汇和扩展词汇三大部分组成。具有轻量级语义描述能力和更广泛应用场景的 SKOS，能最大限度地兼容传统知识组织体系，实现其网络环境下的转化和应用。借鉴国内外知识组织系统向 SKOS 转换的经验，基于 SKOS 的核心词汇和映射词汇，应用 SKOS 语义模型和关联数据的理念，可将农业科学叙词表转化为 CAT/SKOS，使其成为知识组织层次的关联数据。

（3）叙词向概念转化

在将 CAT 向 SKOS 转换时，每个叙词都将被转化为 SKOS 的一个概念。作为 SKOS 的概念，唯一标识符（URIs）是必备要素，用于唯一标识概念（skos: Concept）的实例。在关联数据的构建实践过程中，推崇应用 HTTP URLs 来标识资源。CAT 的叙词都拥有一个稳定、唯一的系统内部编号（term-code）。因此，在其叙词转换化概念时，term-code 将作为 HTTP URLS 动态生成模板 "http://lod.aginfra.cn/cat/concept/{term-code}" 的一部分，以确保指定唯一、稳定的 HTTP URLs 来识别和解析 CAT 中的各个概念。农业科学叙词表向关联数据转化过程中，还包括标签属性的应用、语义关系的转化以及 CAT 的 SKOS 描述模型等过程。

（4）与其他农业知识组织系统的映射互联

鲜国建博士调研了国际上 AGROVOC、NALT、EUROVOC 和 LCSH 等几大涉农知识组织体系，建立了 CAT 与它们映射互联的描述框架；同时，还获取并整理了它们的关联数据，通过概念精确匹配，在概念实例层面分别与 CAT 中的概念建立了语义关联关系；自主开发了农业科学叙词表的批量转换工具，将 CAT 中的 6 万多个叙词、词间关系以及与其他知识组织体系的映射关系统一转换为关联数据版本的 CAT/SKOS，为后续知识组织体系间的互操作以及信息资源的标引和检索奠定了重要基础。

3. 农业知识服务系统研究进展

知识服务是学术性文献信息机构的主要发展趋势之一，代表着未来专业图书馆的核心能力。农业知识服务是从农业信息服务延伸出来的新概念，是将存储在计算机中有关农业的显性知识和农业领域专家大脑中的隐性知识转移给农业用户的过程。在我国，中国农业科学院、广东省农业科学院和安徽省农业科学院等较早开展了农业知识服务方面的相关研究。研究者们对农业知识服务模式进行了研究，如提出农业知识服务模式由农业知识服务平台 + 农业知识仓库构成。知识服务平台的作用可比作知识的网络操作系统，自身具有知识服务功能，同时可对知识仓库的运行进行管理与服务。知识仓库可以是分布异构的多媒体专业数据库和知识元库构成的库集合。此模式是农业知识服务的核心，也有学者研制出能提供及时和非及时农业知识服务的系统平台。

在农业信息管理领域，围绕农业科研用户的个性化、知识化服务需求，通过对用户个性化知识资源的采集整合以及知识关联、知识导航、智能检索等知识服务关键技术的研究应用，研究人员建立了面向不同科研机构、学科团队、专业领域等用户群体的专业知识服务平台；通过应用、集成和优化信息自动采集、大规模数据智能处理、知识组织以及集成融汇等知识服务关键技术，构建了以面向科研人员提供一站式公共集成服务为基础，以面向不同研究机构、学科团队、专业领域等提供深层次知识服务为创新，以支持在线学术交流和协同科研为拓展的多维知识服务体系及支撑技术平台。现已面向中国农业科学院、部分省市农科院乃至全国农业科研用户开展应用服务，在农业科研项目申请、科学研究、成果申报、农业科技成果转化以及研究生培养等方面发挥着重要的支撑作用。同时，利用建立的农业热点及重大事件信息监测与服务平台，在农业科技动态监测、农产品质量安全信息监测以及农业突发事件中提供了及时有效的信息支撑和决策参考。中国农业科学系统农业信息研究所承担的农业专业知识服务系统紧密围绕国家农业科技创新和科技发展战略需求，通过收集、整理与整合国内外农业领域知识资源，开展知识资源组织、挖掘分析以及关联打通等关键技术研究，为中国工程院农业领域院士的科学研究、战略咨询等提供知识化服务。通过近两年时间的研究，目前该系统形成了以统一搜索、专家学术圈、深度分析、热点监测、专题报告、特色资源、农业百科、农业问答、个人空间为核心的专业化知识服务体系。

4. 机构知识库研究与建设

机构知识库（Institutional Repository，IR）又可称作机构存储、机构仓储、机构库、机构典藏，是机构在网络环境下建立的一个共享数据库，该平台对各种数字化产品（尤其是学术机构中专家、教授、学生的知识成果）进行收集、保护和传播。大多数学术机构组建机构知识库的目的是提供一个"开放存取"的研究成果交流平台，实现学术研究的全球交流共享，存储其他研究机构的数字资源，包括未公布或以纸质方式存储容易丢失的文献。

目前，中国香港和台湾地区的机构知识库联盟发展较为规模化，如台湾学术机构典藏（Taiwan Academic Institutional Repository，TAIR）和香港机构知识库整合系统（Hong Kong Institutional Repositories，HKIR）。台湾学术机构典藏是台湾大学图书馆接受台湾教育部门委托建设的台湾学术成果入口网站，以达到长久保存学术资源及提供便利使用的目的，也让台湾整体学术研究成果产出更容易在国际上被发现与使用，进而与世界学术研究接轨。目前加入 TAIR 计划的单位有 131 所，其中已完成安装系统并运作的有 109 所。香港机构知识库整合系统整合了香港中文大学、香港科技大学、香港理工大学等 8 所政府资助大学的机构库，截至 2013 年 9 月该系统的学术资源量已超过 29 万条。

我国大陆地区的机构知识库联盟建设还处于探索试验阶段，目前建设得比较完善的案例主要有中国科学院机构知识库网格、CALIS 机构知识库以及学生优秀学术论文机构库（Outstanding Academic Papers by Students，OAPS）。其中，中国农业科学院的机构知识库 CAAS-IR 建设采取了"集中揭示、分布部署"的院所两级模式，为每个研究所建立独立的所级 IR，承担本所知识资产的收集、管理和服务；院级 IR 通过收割或导入研究所知识元数据，实现全院知识资产的集中揭示和展示利用。

5. 科技热点及重大事件信息监测服务系统

在国外，通过网络信息支持动态监测和战略决策分析日益成为情报机构的一项重要工作。相关的情报机构提出了开源情报（Open-source intelligence，OSINT）理念，致力于利用公开可以获取的，而不是隐蔽和秘密的信息资源来实现情报分析。在计算机科学领域，通过网络信息挖掘有用的知识一直是 Web 智能、文本挖掘、话题追踪和探测、舆情监测的重要主题，近年来的一些研究和试验对于网络科技信息自动监测服务体系的建设有着重要的参考意义。如从联机新闻信息中抽取关键实体和重大事件的研究、利用事件实现 Web 存档内容的评价和选择的研究、利用 Web 资源对阿拉伯之春进行的事件分析和展示、提出利用链波下降规则（Ripple-Down Rules，RDR）构建开放的信息抽取系统等，对网络科技信息自动监测服务体系的建设有着重要的借鉴意义。

目前已建立农业热点及重大事件信息监测服务平台，并在农产品质量安全信息监测、农业科技动态追踪、转基因生物安全信息监测等方面进行了应用。针对食物与营养、农业立体污染、节水农业以及转基因新品种培育等国家重点领域，建立了对应的信息资源门户网站，为我国科技工作者提供权威及时的信息服务和资源导航，助力该领域的科技人员及时了解领域研究热点及国内外科研发展态势，提高网络信息资源利用效率，形成能够支撑和保障本领域科研需求的、可靠的科技信息门户。以为农业管理决策部门提供情报服务为目标，基于站点内容管理、网络信息定向采集、智能分析、长期存储以及集成管理等关键技术，建立农业科技热点及重大事件信息监测服务系统，支持从科技文献数据库进行特定文献信息的获取，提供网络站点或专题的构建与内容发布，实现网络信息资源和馆藏文献资源的重构、整合和利用，为各类农业突发事件的信息收集、整理、发布和快速处置提供快速通道，有效支持网络敏感信息监控、情报收集、舆情分析、行情跟踪等特色服务的开展。

6. 移动环境下的微信息服务

移动信息服务是集现代通信技术和现代信息服务为一体的新的信息服务模式，随着无线移动网络和多媒体技术的发展，移动用户不断增加，移动设备迅猛发展，通过使用各种移动设备，方便、快捷、灵活地获取信息服务的需求急剧增加。国内高校图书馆移动信息服务始于 2003 年，2003 年 12 月 1 日北京理工大学图书馆正式开通短信服务。2005 年进入集中发展阶段，全国许多大中小型高校图书馆都开通了短信平台，移动信息服务以短信服务为主。2007 年 WAP 网站服务逐渐兴起，与短信服务形成互为补充的格局。随着 3G 无线网络的覆盖，WAP 网站将成为图书馆移动信息服务的发展方向。

随着移动互联网的发展，越来越多的图书馆机构开设微博作为信息发布的渠道、参考咨询服务的平台及馆员读者互动的空间。国家农业图书馆微博开通于 2011 年 8 月，由国家农业图书馆馆员负责微博信息的发布与回复等事项。期间响应中央一号文件，借助中国农业科学院农业信息研究所基本科研业务费支持，利用国家农业图书馆官方微博作为服务平台开始为广大地方乡镇农业局、农术推广站、动植物疫病防控站、种植养殖企业等机构或涉农个人快速提供中文农业实用技术文献查询和网络传递服务。2014 年共通过"国家农业图书馆官方微博"提供咨询 61 次，收到了来自基层农业机构、农村合作社和种植养殖户等用户的积极响应和大量好评。

伴随移动媒体时代的到来，微信作为一种新型的社会化媒体，成为继微博之后又一高效的服务应用。2014 年 11 月，为更好地宣传和推广图书馆资源与服务，国家农业图书馆开通官方微信服务，提供本馆介绍、服务公告、农业学术搜索、馆藏书刊目录、电子期刊导航、网上咨询、教育培训、专题信息等信息服务。服务开通后，用户反响良好，关注用户人数快速增长。用户可通过在微信软件中直接搜索"国家农业图书馆"或扫描 NAIS 平台首页（http://www.nais.net.cn）的二维码，关注国家农业图书馆官方微信。

三、本学科国内外研究进展比较

1. 信息资源建设比较

国外农业信息资源建设经历了较长的时期，但是由于其起步较早，使得现如今农业信息资源建设已经比较完善。以美国为例，自 20 世纪 50 年代开始，国家投入了大量的资金进行农业信息资源建设工作，而建设的核心是利用计算机技术进行农业信息的科学计算工作，但当时农业信息处理工作相对比较落后，没有专门的处理手段；从 20 世纪 70 年代开始，国外已经开始了农业信息的采集与数据库建设工作，建设的核心是农业信息的共享；到了八九十年代，随着网络技术与计算机技术的快速发展，很多国家农业信息资源实现了资源自动化处理，很多农业信息资源库建设均是建立在网络基础之上。经过半个世纪的建设，国外农业信息资源建设已经日趋成熟，农业信息资源建设已经涉及农业的各个方面，在美国，农业信息资源建设规模已经超过工业。从农业信息资源建设范围来看，国外目前已经建立了信息存储与发布系统、农业生产与专家在线指导系统、农业经营模拟系统、农业信息采集与支持系统，这些系统的建立为农业信息资源的共享与服务提供了重要基础。

尽管我国农业信息资源建设时间较短，但是目前仍然取得了较多的成绩。目前，中国农业科学院成功建设了中国农业资源数据库并已投入使用。从资源收录情况来看，该项农业资源项目相继收录了我国目前栽培的主要作物种类，相关栽培与种植信息达到了 30 余万份。除此之外，还相继建设了畜牧产品数据库、农村合作经济库、农业信息数据库、农产品销售数据库，其中收录了我国目前主要的与农业相关的栽培与经营信息，对促进我国农业经济发展具有重要作用。尽管如此，当前我国农业信息数据库建设规模与速度远低于国外发达国家，这与我国传统农业大国的情况远远不相适应。因此，我国农业信息资源建设还有很长的路要走。从我国农业信息资源的分布上来看，很多信息资源分布在不同的部门，信息分散以及碎片化比较严重。从国家层面上来看，农业信息资源主要分布在 3 个部门，即农业部、农业科研部门、农业教育系统，而到了省级，农业信息就分散至 6 个主要的系统中，其中农业部信息中心是主要的信息采集和收集系统，而农业科学研究部门的资料室、信息收集部门、大中专院校图书馆以及科技研究部门也是重要的农业信息储存部门，但是这些部门之间信息共享性差、资源整合能力不强、没有建立统一的信息发布系统，这也使很多农业信息得不到有效的传播和利用。

近几年来，国际上开放获取发展势头迅猛，越来越多的大学、研究院所、学术联盟或科研资助机构发布、强化已有 OA 政策，或创建知识库，甚至传统学术期刊出版商也陆续向开放获取出版领域转型，抢占 OA 市场，使 OA 资源数量快速增长。Wiley 全球副总裁、出版总监 Patrick J. Kelly 博士提供的数据显示，2007—2012 年 OA 期刊文章数量占期刊文章总量的 5% ~ 13%，2014—2016 年这个比例将上升到 16% ~ 22%。受 OA 影响，学术期刊出版模式和出版政策发生了实质性改变。牛津大学出版社将与美国杜克大学、哈佛大学及斯坦福大学合作，自 2014 年起出版 OA 期刊 *Journal of Law and the Biosciences*，学术出版巨头 *Science* 主办兼出版方美国科学促进会将于 2015 年推出在线期刊 *Science and Advances*。世界上最古老的科学社团和出版商英国皇家学会也将于 2014 年内上线自己的开放获取杂志。在国家政策方面，英国理事会（RCUK）于 2012 年 7 月 16 日颁布了新的开放获取支持政策，明确要求接受项目资助者必须在符合 RCUK 开放获取政策的期刊上发表项目论文，即这些期刊要么允许论文开放出版，要么允许作者开放存缴（开放时滞期在科技领域不超过 6 个月，在人文社科领域不超过 12 个月）。欧盟委员会在 2012 年 7 月 17 日发布了欧洲自 2013 年实施的 800 亿欧元研究计划"战网 2020"（Horizon 2020）的开放获取政策。此外，2012 年丹麦 5 家科研资助机构联合发布成果开放获取政策，澳大利亚国际卫生与医学研究理事会、澳大利亚研究理事会均颁布了新开放获取政策，强制要求受资助探究产出的研究论文开放存储。与之相比，我国政府机构在开放获取政策制定方面则显得相对落后，缺乏从国家层面上制定相关政策来支持和指导我国开放获取运动的发展。因此，由政府机构作为主体制定开放获取政策不仅十分关键，而且尤为紧迫。目前仅有包括中国科学院在内的少数大学和科研机构制定了开放获取政策，所以我国需要更多的大学和科研机构作为政策制定主体，制定相关政策以推动开放获取运动的发展。在 2014 年 5 月 15 日召开的全球研究理事会 2014 北京会议的新闻通气会上，中国科学院和国家自然基金委分别发布了《中国科学院关于公共资助科研项目发表的论文实行开放获取的政策声明》和《国家自然科学基金委员会关于受资助项目科研论文实行开放获取的政策声明》，要求得到公共资助的科研论文在发表后把论文最终审定稿存储到相应的知识库中，在发表后 12 个月内实行开放获取。目前国内学术期刊出版没有像欧美那样形成垄断，因此 OA 期刊对印本期刊出版利益的冲击较小。近年已有越来越多的学术期刊建立自己的编辑部网站，推出在线期刊，可免费全文检索下载过刊文章，如中国科学院的《应用数学学报》中文版、北京大学的《数学进展》等。国内学术期刊出版政策正由印刷向数字化出版转变。

2. 知识组织研究比较

信息组织对用户有效获取和利用信息发挥重要作用，因此，信息组织一直受到图书馆学与实践领域研究者们的关注。随着信息技术的不断发展，信息组织研究开始关注与新技术的融合，本体研究、Web2.0 环境下的信息组织新模式、知识组织等逐渐成为国内外研究者们关注的焦点。综合分析近几年国内外有关信息组织的相关研究成果发现，国内外研究者关于信息组织的研究，宏观上具有明显的相似性，主要涉及信息组织新技术、新方法的研究和传统的分类与编目的改进以及与新的信息组织技术整合的研究等，但在具体的研究进展方面存在一定的差异。

国内外研究者都非常重视本体相关研究。本体是语义网的核心，图书情报界对语义网的研究主要集中在对本体的研究上。国外除了关注具体领域本体的构建外，还比较重视本体在信息检索中的应用、本体评价以及本体相关模型构建的研究。国内图书馆学关于本体的研究主要集中在基于本体的智能检索、基于本体的信息集成、基于本体的可视化检索等方面。总的来说，近几年国外以本体为主题的文献涉及图书情报学的内容相当广泛，涵盖了从图书情报事业管理到图书情报技术发展的各个方面。而国内学者对本体技术方面的研究还比较薄弱，也不够系统和深入。此外，本体构建和应用在国外已成为研究热点，而国内关于本体的研究则多为理论研究，应用研究和实例研究成果较少。

分类法一直是信息组织的传统方法，也是信息组织方法的重要基础。近几年受数字技术影响，传统分类呈现出一定的缺陷，由此一些研究者开始关注对传统分类与编目理论、技术的改进研究，并取得了一定的研究成果。Murat 从语用理论和元理论的 3 个层面详细阐述了现有的分类理论，并以高准确度文本检索（High Accuracy Retrieval from Documents）为实例，分析了自动文本分类的局限性。此外，对传统信息组织方式的改造是图书馆信息组织领域关注的另一个话题。图书馆目录系统是对图书馆信息进行组织和揭示的体现，有些学者开始关注 OPAC 改造的研究，如 Blyberg 为 AnnArbor District 图书馆目录开发了名为 SOPAC（the Social Online Public Access Catalogue）的新目录组织系统。而国内有关分类与编目的研究主要集中在对传统信息组织工具网络化、本体化的改造研究，如叙词表、文献分类法。曾新红承担的国家社科基金项目"基于本体和知识集成实现中文叙词表的升级、共享和动态完善"发表了系列研究成果，设计了 Onto Thesaurus 来表示结构规范的中文叙词表（主题词表）以实现其本体化升级和在语义 Web 环境中的共享应用和网络化共建，并在此基础上实现了较为完备的中文叙词表本体共建共享系统（Onto Thesaurus Co-constructing and Sharing System）。倪皓和侯汉清在研究中对比了国内外几种代表性叙词表的编制标准，分析了这些叙词表等级关系处理和显示的异同，指出随着网络技术的发展，叙词词间关系的处理及显示出现了以下几种变化，即词间关系的可视化显示、自定义词间关系、将本体引入次序表等。

信息组织和知识组织在我国的起步较晚，但近几年呈现快速升温状态。2009 年中国图书馆学会第八次全国会员大会将原标引与编目专业委员会更名为信息组织专业委员会。2009 年 6 月 11—13 日在上海召开的全国第五次情报检索语言大会以"网络环境下信息组织的创新与发展"为会议主题，重点探讨了网络环境下信息组织的发展动态。目前，我国图书馆学领域中对信息组织和知识组织的研究更多的是侧重原理和概念的探讨，具体的应用研究相对较少，仍处于借鉴国外先进经验的阶段。而国外在该领域的研究已经相对较为成熟，重点已经从基础概念和原理的研究转向为具体应用和实际操作，且不断推出新的技术和理念。在有关信息组织研究内容方面，国内的研究者在标引领域对分类法和主题法都给予了关注，是对这一领域研究传统的一个继承；编目领域的研究则在书目数据、规范控制等方面相对集中；本体的研究成为本领域研究的热点，这一热点体现着新技术应用的趋势，在今后的研究中有可能会得到继续的加强。而关于相关技术的应用，国内主要还是处于借鉴国外先进技术的阶段，较多的对 Web2.0、本体、语义网等技术进行介绍和探讨，并且存在一定的拓展。如李萍萍和李书宾介绍了传统知识组织到语义 Web 环境下知识组织的转换，阐述了语义 Web 知识组织的方法、知识组织工具和知识组织体系，探讨了基于语义 Web 的国内知识组织发展现状和前景。国内研究者在今后研究中仍然需要加强对国外研究的跟踪和学习，以推进国内信息组织和知识组织的应用研究。

3. 知识服务研究比较

2003 年，美国学者克莱尔、哈瑞森和托马斯·佩里兹在《创建一流知识服务》的文章中更加强调知识型组织的发展要紧紧依靠图书馆员和其他知识工作者为用户提供更为准确计时的知识服务，克莱尔的科学研究成果成为后来国外图书馆知识服务实践研究的基础。近年来，国外众多图书馆、学者和学术研究机构对知识服务及相关领域进行了深入研究。如丹麦 Roskilde University 服务研究中心和丹麦技术大学的信息与通信技术中心合作研究的 e-Service 项目，系统研究了知识服务的理论发展过程，对其中的典型案例进行了分析，研究创建 ICT-networks 在知识服务中的角色和相关的产品。另外，出现了一批专业化的针对图书馆知识服务的开发研究机构，如澳大利亚 Charles Sturt 大学信息研究学院的研究开发知识管理技术及其应用领域的"知识管理研究小组"，其研究计划之一是基于知识的图书馆计划，应用智能技术实现远程学术指导、读者帮助等功能。此外，美国国会图书馆联合世界各地图书情报机构共同参与和开发了 CDRS（联合数字参考咨询服务），其后又与 OCLC（联机计算机图书馆中心）推出新型分布式合作参考咨询服务系统 QP（Question-point），弥补了 CDRS 的不足，创造了面向最终普通用户的服务模式。但从整体情况来看，美国直接研究知识服务理论的文章还很欠缺，专门探讨高校图书馆知识服务的文章较少。

20 世纪末，中国开始引入知识服务的概念和理论，但是国内知识服务局限于理论研究，对知识服务应用方面的研究较少。国内知识服务较成功的案例主要有上海图书馆的网上知识联合知识导航站、清华同方知网技术有限公司研制的"CNKI 知识网络服务平台"、国家图书馆信息咨询中心建立的"全国图书馆信息咨询协作网"、清华大学图书馆建立的"学科馆员—图情教授"制度等。与国外相比，国内对知识服务的研究主要是对知识服务和相关概念的辨析以及就知识服务体系和管理机制、实施方法等进行理论研究，实践应用上的研究广度和深度还有待拓展和深化。

就学科馆员服务而言，自 1981 年美国卡内基梅隆大学图书馆首推学科馆员服务以来，美国高校图书馆学科馆员服务受到了图书馆界的广泛关注，经过几十年的发展，目前，美国各大高校纷纷推出了特色化的学科馆员服务，其学科馆员的知识服务工作已嵌入学科并朝着专业化、多样化、个性化、增值化的方向发展。美国哈佛大学秉持"用户第一，服务至上"的理念，针对不同用户群的不同需求推行等级服务模式，开展创新型的课程服务和研究服务等深度知识服务，学科馆员积极深入到院系、教室，密切参与教学、科研，将知识服务融入教学、科研活动、学科文献资源的推广中。哈佛大学对学科馆员的资质要求为：①在美国图书馆协会（ALA）认可的机构获得图书馆学硕士学位；②具有相当程度的学科知识且精通图书馆业务；③具有良好的沟通协调及团队协作能力。清华大学、武汉大学、上海交通大学等高校图书馆网页上都详细罗列了与学科专业对口的相关咨询人员的具体信息，用户可以通过学科馆员进行深入的咨询解答，得到与对口学科相关的具有针对性的专题情报服务。鉴于学科导航是高校图书馆对网络资源进行有效开发和利用的重要保障，国内重点大学的图书馆都提供了学科导航服务，大多数高校图书馆还在图书馆网页显而易见的位置设置了学科服务的相关链接。目前，CALIS 重点学科网络资源门户的建设推动了高校图书馆学科导航建设热潮，成为高校图书馆学科导航库建设的主流方式，所调查的图书馆基本都采用了 CALIS 重点学科网络资源门户的形式，比较注重突出学科导航库的专业性、学科性特点。

数字参考咨询起源于美国马里兰大学图书馆，经过几十年的发展和变革，美国高校图书馆数字参考咨询无论是理论研究，还是实践探索都走在世界的前列。美国参考咨询服务的最大优势是研制和开发了理想的数字参考咨询系统，其主推的 Question Point（QP）堪称全球合作数字参考咨询服务系统的典范。QP 充分利用网络的协同技术，挖掘各成员馆的资源优势、人才优势、技术优势，实现资源共享，加强馆际间的合作与交流；通过增加网页推送、同步浏览、白板等咨询软件功能设计为用户提供全天候的服务。QP 凭借费用低、效率高、操作简便、对知识资源的全球存取、提供对专家资源更为平等的利用、与其他本地的虚拟咨询项目合作等特点，受到全球范围内各高校图书馆的青睐和认可。目前，QP 的成员馆遍及 30 多个国家和地区，共 2000 余家。国内高校图书馆数字参考咨询服务主要采用实时和非实时相结合的咨询模式开展数字参考咨询服务，部分高校已在尝试开发一个更加符合我国国情和馆情的数字参考咨询系统，如 CALIS 的分布式联合虚拟参考咨询系统（CVRS）就是在借鉴国外 QP 系统的基础上，立足于国内自主研发的一个更适合我国本土的合作数字参考咨询系统。

MyLibrary 是近几年比较盛行的一种全新的个性化服务方式。美国康奈尔大学率先推出的 MyLibrary 是最具代表性和影响力的个性化服务系统，该系统经过不断更新，已经发展成为技术成熟、运行稳定、服务功能多样化的系统，取得了良好的应用效果。该系统采用 Java 加 Oracle 数据库的模式，能够支持和存储大量的用户和信息，具有跨平台和操作性强的优势。通过 MyLibrary 服务，图书馆不仅能为用户提供图书馆资源及其他 Wed 资源的定制、最新资源通告消息、个人链接收藏、个人图书馆管理、页面样式的定制等基本服务，还能为用户提供查阅图书馆目录及借阅记录、文献传递、数字参考咨询等深层次的特色服务。在国内，MyLibrary 的应用虽然较晚，但发展迅猛，已经在高校图书馆中推广。最具代表性的是浙江大学的 MyLibrary 系统，该系统采用浏览器 / 服务器服务模式，具有服务功能全面、可定制性强、注重用户个人信息保护等优势。用户通过 MyLibrary 可以实现查看个人图书借阅情况、续借、取消预约、设定邮件等个性化服务。相比之下，我国高校图书馆在开展代查代检、读者荐购、定题服务等方面还不够深入。

四、本学科发展展望与对策

（一）未来几年发展的战略需求、重点领域及优先发展方向

1. 战略需求与重点领域

信息科技日新月异的发展正在以前所未有的速度改造着农业、工业和服务业，催生了新的行业革命，信息化已经成为各行业现代化的制高点。信息资源在农业生产中取得了越来越重要的地位，对农业信息资源进行有效筛选、加工与配置显得尤为重要。农业信息管理学科的理论、方法和技术创新，对于推进农业信息化、辅助解决影响我国农业发展中的关键问题、实现农业现代化具有十分深远的意义。未来几年农业信息管理战略需求与重点领域主要集中在：

（1）农业资源整合有赖于农业信息深度组织与分析

目前的数字图书馆虽然是面向用户的信息服务，但是实际上如果不能及时对大量更新的数据进行处理分析，这种面向用户的信息服务也只是一句空话。馆藏信息和网络信息发展到一定程度会是数据呈几何级增长的大数据，现在的信息资源组织方式尚不能满足农业大数据的挖掘与分析。应运用数据挖掘等技术，聚合数量繁多、类型庞杂的资源，在相同以及不同领域的资源间建立链接，聚合资源，通过语义推理和语义扩展，及时高效分析和挖掘出有用的信息，完善资源服务深度与广度。

（2）农业科学研究需要嵌入式科研环境平台综合优化

未来农业研究活动的深度和广度越来越大，相互协作已成为成果科学创新的重要手段，更多科研机构、实验室和科学家需共同参与，广泛利用历史资料、实验数据、模型和方法。这种情况下，迫切需要建立面向农业领域的信息化科研环境平台，为农业科研活动提供便捷的信息化手段和协同合作研究的嵌入式科研环境，利用先进的网络设施和技术手段实现农业研究活动的科研保障。

（3）农业人员科技创新需要农业信息知识服务保障

知识服务是学术性文献信息机构的主要发展趋势之一，代表着未来专业图书馆的核心能力。随着数字化、网络化技术的应用不断深入，知识服务包括了信息管理、知识管理、战略性学习的相关内容与工具，面向研究、决策制定和创新等提供服务。未来专业图书馆的核心能力定位在知识服务，即以信息知识的搜寻、组织、分析、重组的知识和能力为基础，为农业科技提供知识应用和知识创新服务。

2. 优先发展方向

（1）开放信息资源的研究、获取、组织与应用

开放获取的理念由来已久，它是一种免费提供全文的信息服务方式。在开放获取的模式下，科研人员可以免费订阅学术信息的全文。近年来开放获取已得到了广大科研工作者的广泛支持和拥护。从 2002 年第一届开放获取会议至今，开放获取的发展已经走过了10 多年。在信息获取途径方面，开放获取期刊的发布与获取主要依托于网络环境，而不采用传统的纸本模式。在获取费用方面，开放获取期刊的出现和发展使一部分期刊不需要订购就可以直接获得。在知识交流的效率等方面，开放获取期刊在尊重知识产权的同时扩大了读者对学术信息的使用权限，极大地提高了知识交流的实效性。开放获取期刊的上述特征，使现行的知识交流方式发生了较大的变化。开放获取作为新的学术交流理念，经知识交流的形式和内容带来了一定的影响。虽然通过纸本期刊文献开展的知识交流形式依然存在且占据重要的位置，但随着网络和信息技术的发展，知识交流的形式和渠道逐渐多样化。开放获取期刊在知识交流方面时滞短、效率高等特点，使之成为当今知识交流的重要工具和途径之一。

在这个背景下，图书馆资源建设面临的不仅仅是商业资源，更多类型的开放资源成为图书馆关注的对象，研究型图书馆在开放环境中如何构建开放资源体系为用户服务成为资源建设的重要课题。开放信息资源应从资源的评价和遴选、开放资源的开放利用模式、开放资源获取与利用的技术规范等方面入手，深入分析各种类型、分布广泛、开放程度不一、使用许可和技术约束各异的开放资源，研究开放资源建设过程中的策略、方法、标准和规则，以期为图书馆发现、评价、遴选、采集、集成、再利用开放资源提供相关指南参考。

（2）信息资源的碎片化加工、深度组织与关联打通

随着互联网技术的不断发展和应用，信息爆炸式增长、对象之间语义关系复杂、数据动态变化、异构资源之间难以交流等问题逐渐凸显，无序信息与碎片化信息充斥着整个网络，想要快速获取有效信息需要对信息进行深度加工与组织，通过数据之间的关联发现线索。这些都是信息组织需要面对和解决的问题。关联数据作为一种发布、共享、利用具有关联关系的数据、信息、知识的良好方法，一经提出就引起了广泛关注。关联数据的引入让碎片化的信息资源变成了一个相互关联的整体，同时提升了信息资源的语义化程度。这使信息资源的组织更加精准，资源的利用方式也变得更加灵活与方便，资源的利用价值将大大提高，更便于用户获取和利用。

在以数据密集型计算为特征的科学研究"第四范式"兴起和"大数据"时代到来的背景下，农业科技创新环境、科研方式和科研用户的信息需求呈现出一些新趋势和新特征。应提出需要引入关联数据等新的服务理念和技术手段来创新服务内容和功能，提升知识服务对科技创新的作用和贡献；重点设计关联数据驱动的领域知识服务系统的体系架构和功能模块，并在集成应用 SPARQL、Virtuoso 等关键技术基础上，开发关联数据驱动的水

稻领域知识服务原型系统，实现领域知识的集成浏览和关联发现、动态分面导航与检索、SPARQL 终端查询、HTTP URI 参引解析和 RDF 内容下载等服务功能。

（3）面向不同用户群体开展个性化、知识化服务

进入知识经济时代，情报部门的服务重点已由信息提供过渡为知识服务，而大数据时代的来临更使如何从海量的数据中发掘对用户有用的知识并进行推送，成为考验情报部门服务能力的一项重要指标。纷繁复杂的信息为科研人员获取有用知识带来了阻碍，甚至有些时候科研人员对自身的需求也不能有效表达。面对这些问题，实现个性化的知识服务、进行科研跟踪推送成为情报部门支持科研工作的有效途径。提高推送的质量，挖掘用户需求，尽可能发现相关知识，成为情报部门必须考虑的问题。

个性化知识服务是指采用语义网、数据挖掘、信息检索、个性化推荐等技术，研究网上用户的学习行为，挖掘其知识背景、兴趣、学习风格、情感、社会关系等信息；用户在网上浏览、搜索、提问和自主学习时，通过逻辑推理和语义扩展明确其学习需求，对关联课程数据（Linked Course Data，LCD）或领域知识本体（Domain Knowledge Ontology，DKO）进行语义检索，准确查找相关资源，以适当的可视化方法展现，为用户提供导航、推荐、问答和定制等个性化知识服务。个性化知识服务需建立一个高效、高内聚、低耦合的知识服务体系架构，以实现各服务模块间领域信息和用户信息的高度共享与互通。还需建立准确反映用户个性和行为特征的用户模型，准确及时分析用户行为和社交关系，建立动态用户模型以提高个性化服务质量。研究基于用户行为特征和知识本体的用户建模，构建用户本体，在用户本体和知识本体之上构建相应的逻辑规则进行语义推理，动态完善用户本体和明确用户学习需求。

（4）移动环境下的微服务

图书馆微服务是在微博、微信、微小说等微事物不断出现的背景下产生的一种新型服务，图书馆依托网络信息技术，通过便捷的移动通信设备为读者提供个性化、差异化、细微化的服务。移动互联网时代，读者的信息需求具有多元化、数字化、零散化等特征，图书馆开展微服务必须建立基于移动客户端的图书馆微服务系统，组建微服务团队，精选微内容，多渠道、多角度实施微服务。图书馆微服务不同于以往大而泛的宏服务，它走进读者，为读者提供小细节的个性化服务。图书馆微服务是基于移动客户端的移动图书馆服务，它超越了移动图书馆侧重传统服务与移动终端整合的局限，更注重知识服务。

图书馆微服务特点是个性化、差异化。图书馆传统服务强调为读者群体服务，服务模式是大众化、普适性的，对读者个性化需求考虑较少。网络信息时代，不同年龄、不同职业、不同受教育水平的读者对信息的需求有很大差异，即使同一群体、读者的需求也是各有不同，极富个性。微服务将读者细分，每个读者都被看作是图书馆服务中的一分子，读者可以通过网络直接向图书馆提交服务需求，图书馆根据读者需求更有针对性地提供服务。这种服务具有差异性，是个性化服务的升级，是图书馆服务方式的飞跃，开创了图书馆服务的新天地。

（5）农业科研大数据应用云平台

大数据概念本质是计算科学、数据科学向应用社会科学演进融合的过程，是新一代信息技术的集中反映。将大数据技术应用于农业信息服务领域，不仅可为农业信息服务技术带来革命性进展，还可促进农业产业的整体进步。云计算作为一种架构模式，可以整合分散的数字信息资源，实现集约化的数字图书馆，采用基于"云服务"的总体架构，通过建立"云服务中心"实现资源、服务、技术和系统的共建共享。云计算构建的数字图书馆云服务平台变革了图书馆服务体制以及运行模式，可以最大限度满足用户对数字资源的服务需求。云计算有效改善图书馆的服务体验，构建了整体框架指导图书馆的发展。随着云计算带来的计算能力革命，针对大数据资源的处理挖掘和分析并以此展开个性化的服务逐步成为可能。

农业信息服务要紧跟大数据时代的步伐，适应未来发展趋势，借助大数据技术带来的契机，着力克服目前农业信息服务领域中存在的问题，努力实现农业信息服务的技术创新。整合多渠道农业数据，引入数据挖掘展现技术，以专业分析为导向，面向农业相关人员提供数据查询、在线分析、共享交流等应用服务，打破信息"孤岛"，实现资源互联互通，为农业科研创新提供支撑，建立农业科研大数据应用云平台势在必行。

（二）未来几年发展的战略思路与对策措施

1. 战略思路

立足中国农业科学院优异的农业科技信息资源基础，以数字资源深度聚合与关联技术研究、农业知识服务系统构建研究、大数据环境下知识服务的开展与研究为未来战略发展方向，建设农业智库，为我国农业科技创新提供科技信息保障。

（1）农业开放资源集成揭示

当今科技信息资源和数字环境正在发生革命性变化，数字资源、开放获取逐步成为科技信息资源的主流形态，新的知识创造、组织、传播和利用形态正在形成，科技创新发展对专业化、个性化、知识化的科技信息及服务需求迫切。开放获取正逐步成为科技信息资源的主流形态之一，旨在促进科研成果共享、消除信息贫富差别和数字鸿沟。农业信息资源是世界科技信息资源的重要组成部分，积极推动农业科技信息资源开放获取，为科技创新和社会发展服务，是农业信息科技领域的必然趋势。

为此，需要加强开放数字资源的集成揭示，研究建设农业科技信息资源开放应用平台，基于多类型资源形成领域数据海及知识应用产品库，建立支持公众利用开放知识进行大众创新的支撑平台。构建基于农业科技信息资源大数据的开放式农业数据应用与知识服务云平台，建立支持公众开放利用的技术工具与服务机制，面向用户实现社会化的知识聚合与服务融合，实现创新型知识应用与服务。

（2）农业科技信息资源聚合与知识关联

我国农业科技正进入快速发展期，但多年来由农业科技信息资源分散孤立、搜索手段与知识分析手段缺乏带来的信息数据低效利用等问题并未消除，信息的处理还处于分散化、单一化、固定流程化的局面当中。因此，农业科技信息资源的深度聚合与挖掘利用势在必行。

运用关联数据技术发布的数字资源对象，具有可共享、可重用、规范化和结构化的特性，利于聚合数量繁多、类型庞杂的数字图书馆资源在相同以及不同领域的资源间建立链接，利于跨平台、跨系统之间的跨库检索，实现数字图书馆资源的聚合。通过语义推理和语义扩展，可使用户在检索和查询时语义明确化，通过基于本体、实体、子图、关联的语义搜索，可进一步发现更多用户感兴趣的资源之间的关联，完善数字图书馆的资源服务深度与广度。

（3）知识组织与知识挖掘

现有农业学科领域文献数据规范化程度低，语义关联粒度有待细化，难以从语义层面开展深层次学科领域知识分析服务。针对这一现状，应结合学科领域知识深度分析的需求，面向农业学科领域知识分析构建语义知识库，重点基于词表、范畴与领域本体、科研本体等知识组织工具和知识资源，构建面向农业学科领域知识分析服务的领域语义知识库，实现农业学科领域底层分析数据的多维度、多粒度、多层面的深度语义描述与组织，为提高农业学科领域知识分析服务效率奠定坚实的数据基础。

当前农业领域知识分析方法缺乏深层次、系统性，农业学科具体知识分析结果准确性与可用性有待进一步提高，针对这一现状，应开展农业学科领域知识挖掘分析技术示范应用研究，重点开展学科领域前沿动态追踪与探测、发展趋势预测、发展态势描绘等学科领域知识分析方法优化研究，提出一套系统的农业领域知识分析方法；面向农业学科领域具体分析需求，有针对性地研究知识分析方法涉及的知识动态聚类、语义关联计算、深度语义表示等关键技术，为提高分析结果的可用性、准确性和有效性奠定集成基础。

（4）知识发现与知识服务

随着互联网、移动设备、物联网和云计算等相关技术的发展，海量数据呈指数增长，大数据时代的信息服务更具挑战性，服务手段、方式等也会随着大数据的特点而变化。知识服务是一种面向用户知识需求解决过程的深层次服务。它针对用户在知识获取、知识选择、知识吸收、知识利用、知识创新过程中的需求，利用知识发现技术对相关专业知识进行搜寻、组织、分析、重组，为用户提供所需专业知识的服务。

面向研究所、研究室、课题组和个人，进行资源重组和服务集成，建立面向科研一线的学科化服务机制，以个性化、学科化、知识化服务为手段，运用知识发现技术，提升用户信息获取与利用效率。深入研究用户模型构建方法、个性化服务推荐算法等，运用前期较成熟的领域知识分析服务技术与方法成果，设计并构建农业学科领域知识分析服务平台，实现基于科研人员所在区域、知识领域、分析兴趣点等方面的个性化农业学科领域知识服务，为农业科研与科学决策提供示范性的深层次知识服务，为农业科技创新提供有力的战略决策支持。

（5）农业本体构建

构建农业本体，以形成农业信息组织结构的共同理解、认识并分析农业领域的知识为目标，为进一步建立农业语义网络奠定基础。针对本体构建中的开发效率与开发规模以及农业领域知识数量大、领域知识交叉的问题，开展半自动本体构建方法及基于知识领域模型的农业本体网络管理方法研究。根据不同知识来源（词表、半结构化、非结构化），利用自然语言理解、命名实体识别等技术，开展农业词语表示特征及从海量数据中获取农业知识的半自动农业本体的开发方法研究，为构建大规模农业知识本体提供基础数据。在已有的跨抽象层次的知识组织框架和知识领域建模方法的基础上，研究农业领域本体间的关系类型及网络构型，开发跨领域知识管理的本体构建工具，为大规模本体构建提供管理平台。

针对本体构建中异源、异构数据及相关概念的语义理解等问题，开展本体评测标准研究与基于本体的大规模数据语义融合研究。利用推理、应用目标实现效果检验等方法和技术，开展本体构建质量评价研究，为本体的质量检验提供标准。利用本体技术和语义逻辑代数方法，实现信息融合在语义上的完备性和一致性，在信息集成中增加语义融合功能，降低信息集成的数据量，提升集成后信息的查询和分析效率及准确性。为满足本体应用过程中不同需求，进行本体模型适应性动态生成方法研究，并依据本体动态建模方法和技术，实现本体的重构和重用，以提高本体的应用价值。

2. 相关对策措施

（1）研发数字资源融合与关联技术

提升资源的利用率与复用率，推动知识发现与知识服务的发展，提供良好的知识共享与知识交流的环境，完善用户服务内容是农业信息管理基础建设的重要任务之一。以建设富含语义关联的、可计算的知识内容体系，形成支持知识创新的农业科技信息资源中心为预期目标，重点开展大规模文献数字化新技术、新方法研究以及互联网开放资源发现、获取与组织技术研究，突破知识获取、知识处理、知识标引等关键技术，汇聚、整合和关联农业科技信息资源，研究构建富含语义关联的大规模农业综合科技数字知识仓库系统，开展多粒度的农业科技信息深度组织与知识揭示，实现资源深度聚合和集成可计算。

（2）开展大数据环境下知识服务与研究

大数据环境下，服务创新不是单纯的理论问题，也不是单一的对策问题，而是面向用户的社会化知识聚合与服务融合的现实问题。以形成可靠的农业科技信息资源为基础，以可计算的知识内容为支撑，以知识应用和知识服务机制为依托，以支持科技创新重大需求和公众开放知识创新的农业科技信息资源开放应用平台为预期目标，在农业领域通过应用、集成和优化信息自动采集、大规模数据智能处理、知识组织以及集成融汇等知识服务关键技术，通过对用户个性化知识资源的采集整合以及知识关联、知识导航、智能检索、本体构建等知识服务关键技术的研究应用，满足农业科研用户的个性化、知识化服务需求。服务创新应逐步发展成以用户需求为中心、以信息技术为桥梁、以知识服务的价值挖掘为目的、以关系网络（超网络）为宏观视角的信息服务模式，为农业科研提供全面支撑。

（3）促进农业科技信息资源数据进一步开放应用

在依法加强安全保障和隐私保护的前提下，稳步推动农业科技领域公共数据资源开放。加快建设国家农业科技数据统一开放平台，制订公共机构数据开放计划，落实数据开放和维护责任，推进公共机构数据资源统一汇聚和集中向社会开放，提升数据开放共享标准化程度，优先推动政府机构的农业科技信息数据集向社会开放。建立政府和社会互动的大数据采集形成机制，制订政府数据共享开放目录，通过农业科技信息数据公开共享，引导农业各领域企业、行业协会、科研机构等主动采集并开放数据。构建农业资源要素数据共享平台，为各级政府、企业、农户提供农业资源数据查询服务。利用大数据、云计算等技术，对各领域知识进行大规模整合，搭建层次清晰、覆盖全面、内容准确的农业知识资源库群，建立国家农业知识服务平台与知识服务中心，形成以国家平台为枢纽、以农业行业平台为支撑的知识服务平台，为农业科技创新提供精准、高水平的服务。

—— 参考文献 ——

［1］左亮亮. 安徽省"211工程"高校图书馆数据库资源建设与利用研究［D］. 合肥：安徽大学，2010.

［2］龙伟. 图书馆文本资源数字化加工标准研究及其应用［J］. 图书馆建设，2014（3）：45-49.

［3］孟辉. 国外开放获取政策最新动态述评［J］. 科技与出版，2014（9）：92-96.

［4］龙伟，杨勇. 中文近代文献数字馆藏建设的策略与实践［J］. 图书馆建设，2010（12）：48-50.

［5］马宁宁，曲云鹏. 中外网络资源采集信息服务方式研究与建议［J］. 图书情报工作，2014（10）：85-89.

［6］龙宇. 互联网舆情信息采集系统的设计与实现［D］. 成都：电子科技大学，2013.

［7］曾润喜. 我国网络舆情研究与发展现状分析［J］. 图书馆学研究，2009（8）：2-6.

［8］罗昊. 浅谈社会公共安全中的舆情监测系统应用［J］. 中国科技信息，2011（17）：98.

［9］刘淼. 面向知识服务的期刊文献知识仓库构建研究［D］. 大连：大连理工大学，2013.

［10］赵蕾霞，钟永恒. 国外开放获取工具的发展及趋势研究［J］. 图书馆学研究，2014（23）：42-46.

［11］李锐. 中外开放获取资源现状比较研究［D］. 南京：江苏大学，2010.

［12］朱丽雪. 基于DSpace的机构知识库构建［D］. 天津：天津师范大学，2010.

［13］赵瑞雪，杜若鹏. 中国农业科学院机构知识库的实践探索［J］. 现代图书情报技术. 2013（10）：72-76.

［14］滕广青，毕强. 知识组织体系的演进路径及相关研究的发展趋势探析［J］. 中国图书馆学报，2010（5）：49-53.

［15］侯阳，刘扬，孙瑜. 本体研究综述［J］. 计算机工程，2011，37（增刊）：24-26.

［16］贺玲玉. 基于关联数据的农业信息资源整合研究［D］. 武汉：华中师范大学，2014.

［17］钱平，郑业鲁. 农业本体论研究与应用［M］. 北京：中国农业科学技术出版社，2006.

［18］鲜国建. 农业科学叙词表向农业本体转化系统的研究与实现［D］. 北京：中国农业科学院，2008.

［19］李景. 本体理论在文献检索系统中的应用研究［M］. 北京：北京图书馆出版社，2005.

［20］常春. 联合国粮食与农业组织AOS项目［J］. 农业图书情报学刊，2003（2）：14-15，24.

［21］王翠萍，张研研. 学科信息门户的个性化服务调查研究［J］. 图书馆学研究，2008（7）：59-62.

［22］杨冬梅. 我国学科信息门户的信息构建研究［D］. 长春：东北师范大学，2010.

［23］张斌，马费成. 大数据环境下数字信息资源服务创新［J］. 情报理论与实践，2014（6）：28–33.

［24］姜永常. 论知识服务与信息服务［J］. 情报学报，2001（5）：572–578.

［25］张晓林. 走向知识服务：寻找新世纪图书情报工作的生长点［J］. 中国图书馆学报，2000（5）：32–37.

［26］刘丽伟. 高校图书馆学科化服务模式实践研究［D］. 重庆：西南大学，2010.

［27］董琳，刘清. 国外学科评价及其文献计量评价指标研究［J］. 情报理论与实践，2008（1）：37–40.

［28］化柏林，李广建. 大数据环境下的多源融合型竞争情报研究［J］. 情报理论与实践，2015（4）：1–5.

［29］沈悦青. 基于文献计量学指标的世界一流学科遴选与分布研究［D］. 上海：上海交通大学，2011.

［30］马海群，吕红. 基于中文社会科学引文索引的中国情报学知识图谱分析［J］. 情报学报，2012. 31（5）：470–478.

［31］胡泽文，孙建军，武夷山. 国内知识图谱应用研究综述［J］. 图书情报工作，2013（3）：131–137.

［32］鲜国建. 农业科技多维语义关联数据构建研究［D］. 北京：中国农业科学院，2013.

［33］刘细文，吴鸣，张冬荣，等. 中国科学院研究所文献情报机构的知识服务探索与实践［J］. 图书情报工作，2012（5）：5–9.

［34］刘细文，马费成. 技术竞争情报服务的理论框架构建［J］. 图书情报工作，2014（13）：5–10.

［35］寇远涛. 面向学科领域的科研信息环境建设研究［D］. 北京：中国农业科学院，2012.

［36］邱均平. 机构知识库的研究现状及其发展趋势的可视化分析［J］. 情报理论与实践，2015（1）：12–17.

［37］黄筱瑾，黄扶敏，王倩. 我国机构知识库联盟发展现状及比较研究［J］. 图书馆学研究，2014（12）：94–98.

［38］张智雄，刘建华，邹益民，等. 网络科技信息自动监测服务系统的建设［J］. 科研信息化技术与应用，2013，4（2）：9–17.

［39］李丽敏. 中国国家农业图书馆与美国国家农业图书馆信息服务的比较研究［D］. 武汉：华中师范大学，2014.

［40］苏蓉. 基于大数据的数字图书馆信息服务研究［D］. 武汉：华中师范大学，2014.

［41］刘炜，周德明. 从被颠覆到颠覆者：未来十年图书馆技术应用趋势前瞻［J］. 图书馆杂志，2015，34（1）：4–12.

［42］武庆圆. 开放获取期刊的知识交流研究［D］. 武汉：华中师范大学，2013.

［43］张建勇. 开放资源建设：评价、技术规范和再利用模式［J］. 图书情报工作，2013（21）：11.

［44］王娜，闫振斌. 泛在网络中基于动态关联数据的信息组织机制研究［J］. 图书馆学研究. 2014（11）：52–57.

［45］鲜国建. 农业科技多维语义关联数据构建研究［D］. 北京：中国农业科学院，2012.

［46］陈毅波. 基于关联数据和用户本体的个性化知识服务关键技术研究［D］. 武汉：武汉大学，2012.

［47］靳艳华. 图书馆开展微服务工作的思考［J］. 图书馆工作与研究，2014（12）：33–35.

［48］刘泽照. 国外大数据研究特征及趋势预测［J］. 图书论坛，2014（8）：103–108.

［49］陶雪娇. 大数据研究综述［J］. 系统仿真学报，2013（8）：142–146.

［50］曾新红. 中文叙词表本体的形式化表示与SKOS的比较研究以及对建立中文知识组织系统形式化表示标准体系的建议［J］. 中国图书馆学报，2010（2）：99–106.

［51］Datenschutzerkl Rung. Deutsche Digital Bibliothek Presents First Full Version［EB/OL］. https：//www. deutsche–digitale–bibliothek. de/content/news/2014–03–31–001，2014–08–04.

［52］COAR. Profile of the World Bank's Open Knowledge R epository［EB/OL］. http：//www. coar-repositories. org/news–media/profile–of–the–world–banks–open–knowledge–repository/，2014–08–04.

［53］Liang A C, Lauser B, Sini M, et al.From AGROVOC to the Agricultural Ontology Service/Concept Server: An OWL model for creating ontologies in the agricultural domain［EB/OL］. http://ceur–ws.org/Vol–216/submission–31. pdf，2014–02–11.

［54］ Soergel D, Lauser B, Liang A, et al. Reengineering thesauri for new applications:The-AGROVOC-example ［EB/OL］.ftp://ftp.fao.org/docrep/fao/008/af234e/af234e00.pdf，2014-04-13.

［55］ Alexander Maedche. Ontology Learning for the Semantic Web［M］．Norwell: Kluwer Academic Publishes, 2002.

［56］ OECD. The evaluation of scientific research: selected experiences［M］．Paris: OECD, 1997.

［57］ Ashton W B, Johnson A H, Stacey G S. Monitoring science and technology for competitive Advantage［J］．Competitive Intelligence R review，1994, 5（1）:5-16.

［58］ Ashton W B, Klavans R A. Keeping abreast of science and technology: Technical intelligence for business ［M］．Columbus: Battelle Press, 1997.

［59］ Aghion P, Dewatripont M, Hoxby C, et al. The governance and performance of universities: evidence from Europe and the US ［J］．Economic Policy, 2010, 25（6）:7-59.

［60］ Buela-Casal G, Gutiérrez-Martínez O, Bermúdez-Sánchez, et al. Comparativestudy of international academic rankings of universities ［J］．Scientometrics, 2007,71（3）: 349-365.

［61］ Kawtrakul A. Ontology Engineering and Knowledge Services for Agriculture Domain［J］．Journal of Integrative Agriculture, 2012, 11（5）:741-751.

［62］ Clair G S, Stanley D. Knowledge services: The practical side of knowledge management-How KD / KS creates value with knowledge services,information professionals are "putting KM to work"（part I，part II）［J］．Information Outlook，2008，12（6）: 54-58.

［63］ T Ploeger, B Armenta, L Aroyo, et al. Making Senseof the Arab Revolution and Occupy: Visual Analytics to Understand Events ［C］//Detection, Representation, and Exploitation of Events in the Semantic Web. USA：Boston, 2012.

［64］ M H Kim, P Compton, Y S Kim. Rdr-based open inform the web document ［C］//Proceedings of the sixth international conference on Knowledge capture. Canada：Banff，2011.

［65］ Murat K. Need for a systemic theory of classification in information science ［J］．Journal of the American Society for Information Science and Technology，2007（13）:1977-1987.

［66］ Greenberg J. Advancing the semantic web via library functions ［J］．Cataloging Classification Quarterly, 2007（3/4）: 203-227.

［67］ F O Weise, M Borgendale. EARS: Electronic Access to Reference Service ［J］．Bulletin of the Medical Library Association，1986（4）:300-304.

［68］ Liang A C, Lauser B，Sini M，et al. From AGROVOC to the Agricultural Ontology Service/Concept Server: An OWL model for creating ontologies in the agricultural domain ［EB/OL］．2014-02-11.

［69］ Enar Ruiz-Conde, Aurora Calderón-Martínez. University institutional repositories competitive environment and their role as communication media of scientific knowledge ［J］．Scientometrics, 2014（98）: 1283-1299.

［70］ Christian Gumpenberger , María-Antonia Ovalle-Perandones, Juan Gorraiz. On the impact of Gold Open Access journals ［J］．Scientometrics，2013，96（1）:221-238.

撰稿人：孟宪学　赵瑞雪　雷　洁　鲜国建　朱　亮　寇远涛　王德川

农业信息分析发展研究

一、引言

（一）学科概述

信息分析工作逐渐应用到农业生产与管理活动之中，并在理论方法研究、关键技术创新和设备系统研发等方面取得重要进展，从而催生出以农业信息流运动规律为研究对象的农业信息分析学（agricultural information analytics）。农业信息分析学是信息分析在农业生产、市场流通、农产品消费和农业经营管理等领域实践活动的科学归纳和抽象总结。我们将农业信息分析学定义为：以农业信息流为研究对象，以农业、信息、经济、管理等学科为基础，以信息技术为手段，通过分析农产品生产、流通和消费等环节信息流，揭示农业产业链中各类信息变化规律的新型交叉学科（许世卫，2013）。

农业信息分析学是专门针对农业活动中信息规律研究的又一信息分析领域。农业信息分析学是涉及计算机、经济、管理、情报学、农学等多个学科交叉的综合学科领域，多学科交叉是农业信息分析学的重要特征。农业信息分析学的主要学科基础是计算机科学及应用、信息系统学、经济学、管理学。随着农业信息技术的发展及在农业领域应用的深化，农业信息分析的地位和作用日益凸显，农业信息分析学的理论与技术应用有利于农业、农民和农村工作中实际问题的科学解决。

（二）学科产生背景

现代农业发展的战略需求，是农业信息分析学产生和发展的根本动力；农业与信息相关领域的实践活动，是农业信息分析学产生和发展的内在动力；快速发展的信息技术，为农业信息分析学提供了有效研究工具。

1. 现实战略需求催生了学科的产生和发展

农业始终是社会发展和国民经济的基础。农业产业安全直接关系国家经济发展速度，关联产业稳定、食物安全和亿万农民的收入。随着我国农业开放度逐渐提高，加之市场、自然、环境、资源等诸多因素的影响，农产品供给与需求的矛盾日益加剧，农业产业风险逐年扩大。因而亟须通过运用农业信息分析的理论方法，加强农业早期安全防范，推进现代农业发展和社会主义新农村建设，实现农业高产、优质、高效、生态、安全的发展目标，加快中国特色农业现代化建设。

2. 实践工作推动了学科发展

20世纪90年代中后期，我国政府部门开始了有关信息分析、监测预警的实践工作。农业部、国家粮食局、商务部等都开展了粮食流通和粮食储备、农产品生产流通与消费的信息分析工作。1996年农业部市场信息司就中国粮食安全预警及其组织机构与职能运作进行了分析研究。自2002年起，农业部开始进行农产品分品种的市场形势分析与研究成果应用。这些实践工作的开展有力地推动了农业信息分析学科的发展。

3. 信息技术为学科发展提供了有效工具

日新月异的信息技术使农业信息分析的方法和手段更加快速、智能，表现出信息智能化分析的趋势与特点。目前，依托现代信息技术，为满足农业信息分析的需要，农产品信息标准化技术、智能化数据采集与处理技术、海量数据管理技术、生产风险因子早期识别技术、农产品消费替代效果评估技术、农产品市场价格短期预测技术等正在研发并逐步运用于农业生产、流通和消费实践之中，从而为农业信息分析学提供了有效的分析、研究与管理工具。

（三）学科发展历史回顾

我国的农业信息分析工作起步于20世纪50年代。回顾历史，农业信息分析学的发展历程可以分为开始起步时期、快速发展时期和不断完善时期三个阶段。

1. 开始起步时期

第一个阶段：20世纪50年代至80年代的开始起步阶段，分析方法和技术工具是学科发展的重要标志。计算机等现代信息技术尚未引入农业信息研究领域，我国的农业信息分析工作主要依赖传统的方法和工具。信息收集主要来自典型调查和实地访谈，信息管理依靠人工完成，信息分析以专家经验判断为主。农业信息分析学在第一个阶段的理论方法尚不成熟，研究技术手段十分落后，研究对象不够明确，学科发展比较缓慢。

2. 快速发展时期

第二个阶段：20世纪80年代中后期，以计算机农业应用研究为标志，农业信息分析工作进入了向智能化分析方向努力的新阶段。农业科研工作者开始借助现代信息技术手段更为快捷地获取信息，分析方法实现了由专家经验判断向模型分析与计算机模拟智能分析相结合的转变。政府部门开展了农业信息分析、农业监测预警等实践工作。农业部、国家粮食局、商务部等都开展了粮食流通和粮食储备、农产品生产流通与消费的信息分析工作。农业部于1992年出台了《农村经济信息体系建设工作方案》，于1993年成立了农村经济信息体系建设领导小组，于1994年成立了市场信息司，于1995年制订了《农村经济信息体系建设"九五"计划和2010年规划》。2002年，农业部开始对8个农产品种类进行市场形势分析与研究，到2010年，市场形势分析与展望研究的范围扩大到18个品种，并分别按月度、季度、年度定期发布分品种监测报告。科研项目的开展推动农业信息分析理论和方法日益成熟，现实工作的需要也促使农业信息分析的技术和手段不断改进。这段时期丰富的实践活动极大地推进了农业信息分析学的学科建设。

同时，学术交流是推动学科建设的有效途径。为了理清学科发展思路、构建学科理论体系、创新学科技术方法、交流学科研究进展，从2007年开始中国农业科学院农业信息研究所每年主办一次以"农业信息分析"为主题的全国性学术研讨会，也成为促进农业信息分析学科建设的有效手段。

3. 不断完善时期

第三个阶段：2010年至今的不断完善阶段。首先，科研工作有力地推动了学科建设。"十五"以来，在一批国家科技支撑项目、国家自然科学基金项目以及部委重大专项（如"农产品数量安全智能分析与预警关键技术支撑系统及示范""基于物联网技术的农业智能信息系统与服务平台""农业信息分析与农产品预警研究"等）的支持下，全国各大农业高校以及科研院所积极进行农业信息分析领域的理论探索工作，创新了一批农业信息分析关键技术，推动了学科成果应用，从而促使农业信息分析学科日趋成熟。作为我国从事农业信息分析研究的领头单位，中国农业科学院农业信息研究所最早将计算机应用在我国农业信息分析领域。该所先后建立了"农业部智能化农业预警技术重点开放实验室""农业部农业信息服务技术重点实验室"和"中国农业科学院智能化农业信息预警技术与系统重点开放实验室"等机构。这些机构的建设为农业信息分析学学科发展提供了良好的支撑平台。回顾发展历史，我国农业信息分析学科建设始终与科研工作紧密结合，而科研实践工作也为学科发展奠定了坚实的基础。

其次，政府部门的实践活动继续促进我国农业信息分析学科不断完善。2012年2月，农业部成立了市场预警专家委员会。专家委员每年至少承担1~2项农业部有关业务司局委托的研究课题与任务，参加半年一次的农产品市场形势及热点研讨会。市场预警专家委员会委员密切跟踪、研究农业市场体系和信息化发展中的战略性、前瞻性、基础性问题，及时提出政策建议，为我国农业市场化改革和信息化建设提供理论支持、决策依据和战略储备。

再次，进入21世纪以来，农业高等院校和科研院所大力加强学科体系建设，推动我国农业信息分析学科不断成熟。有关科研单位围绕理论方法研究、关键技术创新和设备系统研发三个方面大力开展科学研究，进一步完善农业信息分析学科理论与方法。农业部门科研机构研究制定了学科建设方案和学科体系框架，提出了农业信息监测预警、食物安全仿真决策、农业经营风险分析三大研究方向，明确了农业监测预警的理论与方法、食物安全仿真决策支持系统以及农业经营风险形成机理模拟等12个重点研究命题。中国农业科学院农业信息研究所组建了农业监测预警创新团队和农业生产管理数字化技术创新团队，这两支创新团队的研究选题和工作任务基本上涵盖了农业信息分析学科发展的多个重点任务。

最后，最近几年农业信息分析学学科理论研究取得了显著成就，一批学科著作先后出版，如《农业信息分析学》《农产品数量安全智能分析与预警的关键技术及平台研究》《农业信息智能获取技术》《农业信息协同服务：理论方法与系统》以及《农村农业信息化系统建设关键技术研究与示范》等。特别值得一提的是，2012年中国农业科学院研究生院开始招收农业信息分析学博士和硕士学位研究生，这标志着我国农业信息分析学的理论和方法体系日趋完善。

二、本学科最新研究进展

（一）学科发展现状及动态

随着信息分析与农业生产经营管理各个领域融合程度的日益紧密，经过多年的积累和发展，我国农业信息分析学学科内容日益丰富，学科领域不断拓展，学科发展取得了显著成效。农业信息分析学科在信息采集、信息分析和信息服务三个方面取得了重要的研究进展。

1. 信息采集

基础数据的获取是农业信息分析工作的基础与前提。随着农业信息分析研究工作的推进，我国农业信息数据获取已经实现了由"传统静态"到"智能动态"的转变，自动获取、智能搜索等方法已经在当前的数据采集活动中广泛应用，对监测对象实现了智能化监控，逐渐形成了一批较有影响力的农业信息数据库，为我国农业信息分析提供了有力的支撑。最近几年，我国在农业信息采集领域的研究主要围绕信息采集设备研制、先进信息技术应用和农业信息数据库建设三个方面。

（1）农情与市场信息监测设备研发

在农情与市场信息监测设备研发方面，一是探索研发了耕地信息采集设备。以耕地为对象，研究了基本粮田耕地信息的数字化技术，为每块耕地进行标定、编码，建立了多层视图的地理信息系统；研制了耕地信息自动获取和处理技术及信息采集设备。二是研制了生产风险因子数据采集设备。开展了现有传感器信号转换与处理技术的集成应用研究，开发出智能化生产风险因子主要信息获取设备，自动采集光照、温度、降水、风力等气象信息及土壤养分、土壤墒情等农业生产环境要素信息。三是研制农情信息采集设备。基于农产品产量预测，以基本农情为对象，研制出移动便携式农情采集设备，精确、及时传输上报采集点的种植面积、作物长势、种植结构等相关信息。四是研制市场信息采集设备。针对农产品市场行情，研究开发便携式集数据采集、数据上传等功能为一体的先进农产品市场信息采集设备（农信采）。

（2）先进信息技术应用

现代信息技术发展日新月异，并不断应用于信息采集工作，极大地推动了农业信息学科的发展。国内科研人员十分关注先进信息技术在信息采集工作中的应用，开展了大量的研究工作。依托先进信息技术，农业信息采集的方法和手段呈现出智能化趋势。目前，物联网、云计算、无线传感、卫星遥感、人工智能、Web 挖掘、大数据等现代信息技术广泛应用于农业生产、农产品市场、农产品消费、突发事件等相关领域的数据采集、传输、处理与监控中，使获取数据的时效性、动态性、准确性、针对性明显增强。如物联网技术可通过射频识别（RFID）、无线传感器、红外感应器、传输网络、全球定位系统等设备手段，把监测对象与互联网有效连接，进行信息交换，实现智能化识别、定位、跟踪、监控和管理。物联网在农业信息分析数据的获取中作用巨大，如在农业生产方面，可将农业小环境的光照、温度、湿度、降雨量等和土壤的 pH 值、重金属含量等以及植物生长的特征等信息进行实时获取、传输并加以利用；在农产品市场流通方面，可将农产品流通的价格、交易量、路径、效率等信息实时采集，极大地丰富了信息分析工作所需的各项动态微观数据信息。

（3）农业信息数据库建设

农业信息分析的数据信息逐步积累，一批较有影响力的农业信息数据库逐渐建成。现代高端技术的采用，使得数据采集范围逐渐扩大、采集内容日益丰富、采集时效趋于即时，农业信息分析工作所需的基础数据不断扩容，形成了一批较有影响力的农业信息数据库。国家农业科学数据共享中心包括了作物、动物、区划、渔业、草地等七个数据分中心，集成了作物科学、动物科学与动物医学、农业区划数据、渔业与水产科学、热作科学、农业资源与环境科学、农业微生物科学等 12 个领域的 500 个农业科学数据库，每个数据库都拥有 10 万条以上信息。

2. 信息分析

信息分析是农业信息工作的核心环节，可对分布在各个领域的农业信息进行处理，挖掘其背后反映的现象、规律等，进而辅助后续的分析、决策工作。近年来，国内农业信息研究人员在农业信息监测预警、农业风险分析和食物安全仿真决策三个信息分析领域开展了大量工作，取得了显著进展。

（1）农业信息监测预警

在理论方法研究方面，我国农业科研工作者针对农业信息监测预警数据语义不清的现状，提出了农产品信息监测全息化理论；针对农业信息监测预警系统化特点，研究提出了模块化系统方法论；针对当前农业信息监测预警精准度不高的现状，研究了农业生产和市场波动剧烈影响机理，分析了农业生产、市场等信息波动规律及其影响因子的相关关系，提出了监测预警指标的评估技术，建立了农业生产、市场、消费等监测预警指标体系，构建了基于多源信息融合技术的农业监测预警的基本理论框架与方法。针对影响农业生产及市场稳定因素复杂、难测的现状，提出了智能化农业信息监测预警技术；针对农产品展望支撑技术缺乏，利用现代信息技术并融合经济学机制与生物学机理，开展了涵盖气象因子、投入因子和管理因子的监测预警模型与系统研究。

在关键技术研究方面，最近几年我国农业科研人员加强了农业预警信息的分类方法研究，探索了农业预警信息间的关联关系；开展了农业预警知识库划分标准和类型设计研究，构建了农业预警知识库群；分析了多源农业预警信息的语义特征，研究了农业信息数据的多源融合技术方法；建立了研究区农业预警的空间数据库与属性数据库以及综合集成的案例库。

在系统研发方面，针对农业信息分析中的大数据获取与科学处理问题，我国围绕大数据中的疏密度数据聚合化、智能分析、高价值数据快速应用等难题，积极开展研究，探索建立统一管理、全面覆盖、全方位服务的农业信息分析巨系统与服务平台。开展了模型及数据同步技术研究、协调及配置智能经纪服务技术研究等，实现了各应用系统、各预警分析模型的统一管理和调度。开展了基于多 Agent 技术的智能预警技术研究及业务组件的开发，探索实现各种预警结果与应对方案的智能化生成。开展了预警方案与主要结果可视化表达技术研究，开发出动态多维度的可视化表达组件。

在分析对象方面，农业信息分析工作者开展了大量的农业与农产品分析研究。首先，分析对象逐渐细化，分品种分析成为重点。小麦、棉花、猪肉、牛奶等具体分品种预警的文献增多，月度分析预测的文献趋多。分析对象由"总体"监测向"细化"监测转变的趋势明显，主要表现为分析品种的细化、监测内容的细化、预警周期的细化和区域覆盖的细化。分析产品不仅涉及粮、棉、油等大宗农产品，而且还涉及诸如木薯、葡萄等以前极少关注的品种。其次，分析对象逐渐扩容，小宗农产品成为农产品监测预警的新对象。近年来，我国农业信息分析形式由常规监测向热点跟踪扩展，预警内容由总体供求向产业链全过程监测扩展，预警周期由中长期监测向短期监测扩展，预警覆盖由全国向省域、市域、县域扩展，预警品种由"菜篮子"产品向"大宗农产品和小宗产品"扩展。

（2）农业风险分析

在理论方法研究方面，围绕农业发展面临的自然灾害风险、农产品市场价格波动风险、食物安全消费风险、农业环境生态风险和农业金融风险等重大类型风险，针对农业风险的内涵、性质、类型和特点，我国农业信息研究人员分析了不同类型农业风险的形成过程及传递特征，建立了各类农业风险发生的机理模型，并运用现代数理技术和信息技术，形象模拟和展示了农业风险发生、发展和扩散的机理和传导路径。

在关键技术研究方面，围绕农业发展中面临的各类风险，根据不同类型风险的特点，研究了风险因子识别方法和技术；在分析主要风险因子危害性、风险载体脆弱性、抗风险能力的基础上，构建了各类风险损失与风险因子间定量化关系，分析探明了主要动植物的潜在风险因子，研究测算了气象灾害、病虫害、土壤退化、环境污染、技术变化、价格波动、政策调整等各主要风险因子的影响度；研究了各风险因子的作用方式和危害程度，建立了早期判断不同区域不同类型农业风险的诊断技术和监测指标体系。同时，围绕农业产业发展中面临的不同类型风险，研究了各种风险的时空分布特征和计量方法，建立了各类农业风险评估理论模型；基于农业风险评估的目的用途、技术路径和可得数据，研究提出了不同类型农业风险的评估方法，建立了基于风险损失的概率统计评估方法、基于风险因子的指标指数评估方法和基于风险机理的综合评估方法；比较分析了常规风险和极端风险的性质和特征，研究了基于中值理论和极值理论的常规风险评估模型和极端风险评估模型；构建出不同空间尺度的农业生产风险评估实证模型，研究了不同类型农业生产风险最优评估模型的筛选技术；依据各类风险时空分布规律和特征，研究了农业风险时空分布多维表达技术、基于风险值的农业风险区划方法和基于风险因子的农业风险区划方法，制作了不同类型、不同级别、均值极值等各类时空分布的风险图，实现了农业风险时间变化和空间分布的准确表达。

在系统研发方面，我国围绕农业发展中面临的不同类型风险，依据不同类型和性质农业风险管理需求，研究了农业风险转移和分散技术和针对性风险管理工具，并综合考虑风险及风险管理工具间的相互作用，研究提出了农业风险的一体化管理工具组合技术；运用现代信息网络技术，研究了开发农业生产风险分析系统、农业风险评估系统、农业风险区划系统、农业保险管理系统、农业风险管理评价系统等；构建了农业风险信息管理平台，在确保农险信息安全性、全面性、准确性的基础上，进行农险信息的采集、存储、加工和分析，探索实现农业风险管理工作的实时监督、在线管理和智能分析，为政府科学决策提供参考依据。

（3）食物安全仿真决策

在理论方法研究方面，一是围绕我国食物安全目标，开展了食物数量安全、质量安全和可持续安全仿真决策方面的理论研究；二是开展了农产品消费相关理论的探讨研究，提出了农产品消费与食物安全仿真决策模型设计框架；三是加强了粮食安全与农业展望理论研究，拓展了农业展望新理念。

在关键技术研究方面，一是探索建立了食物安全数据库，该数据库集成全国食物安全供给与需求、市场与贸易、宏观政策、气候与灾害、世界经济形势、国际市场与贸易等历史数据；二是研究了仿真模拟的理论与方法，分析了食物安全仿真模拟的特征和需求，针对自然灾害、宏观政策等外部冲击对食物安全影响的机理，研究了食物安全情景仿真模型；三是依据不同影响因素和冲击发生的概率和频次，模拟了不同的外部冲击和政策情景下食物安全状况，探索采用定量方法对各种仿真模拟结果进行等级评估。

在系统研发方面，一是重点研究建立各类食用农产品基础信息数据库，开发了不同类型决策分析模型，建立了辅助决策的知识仓库，研制了适应不同决策需要的推理机，探索开发了粮食与主要食用农产品安全管理的决策支持子系统、人机交互子系统以及综合决策平台。二是利用建立的数据资源、模型群、知识仓库与推理机，分别开展了粮食及主要食用农产品安全性评价，研究了不同国内外环境条件下政策方案的生成、最优方案选择准则、当前政策条件下食物安全状况的模拟分析等内容。三是开展了食物数量安全与质量安全相结合的研究，开展了全产业链的食物安全研究，开展了包括分产业、分品种、分区域、分环节的专项研究。四是构建了食物安全系统平台，探索通过建立系统模型来研究农户食物安全与国家宏观粮食安全的关系。

3. 信息服务

信息服务作为农业信息分析的重要环节和最终目的，直接影响农业信息效用的最大发挥，提高信息服务质量在引导农业生产、支撑政府决策和创新现代农业管理方式方面发挥着越来越重要的作用。最近几年，国内农业信息工作者在食物安全信息公共服务技术研究、涉农信息应用系统研建以及政府决策参考支持方面做了大量的工作。

（1）食物安全信息公共服务技术研究

一是研究了食物安全舆情信息挖掘与专题推送技术。重点研究了食物安全舆情源信息采集技术、目标表示技术、特征提取技术、特征匹配技术、文本与非文本信息处理技术等，开发了不同类型的目标表示模型、权值评价模型，开展了特定食物安全命题的舆情信息挖掘研究，采用多种技术手段与服务模式向不同用户开展专题推送服务。二是研究了安全信息共享技术。重点研究了食物安全信息共享元数据标准、数据格式转换模式、数据共享编码策略、信息共享数据模型等，为食物安全信息共享提供了技术支撑。三是研究了重大食物公共安全事故影响评价技术。主要研究了重大食物安全事件分级标准、安全事件影响度评价指标体系与评价模型，探索了不同类型、不同影响度条件下食物安全重大突发事件应对方案。四是研究了重大食物安全政策动态跟踪与实施效果评估技术。综合利用信息监测技术、数据挖掘技术、GIS技术及追溯技术，开展了重大食物政策动态跟踪研究，分析了政策作用机理与路径，建立了政策实施效果评价指标体系与评价模型，并进行典型政策实施效果实证研究。

（2）涉农信息应用系统研建

20世纪90年代以后，国家"金农"工程、国家科技支撑计划、农业部市场预警专项等一系列重大科学工程和科研项目通过协作研究和示范，将农业信息分析应用到农业的各个领域。农业生产、食品安全、市场流通、农产品消费、疫病监控、病虫害防控等生产和管理工作中的预测预警系统不断研发，并在生产实践中得到广泛应用。

涉农信息分析系统开发明显加快，由点到面覆盖领域明显拓宽。据不完全统计，目前全国与农业相关的主要监测和预警系统共有84个，其中食物保障预警系统12个、食品安全监测预警系统18个、市场分析与监测系统35个、作物分析与预警系统19个。据有关报道，食物保障预警系统主要包括"农业政策支持信息系统""中国粮食安全与食物保障预警系统""中国食物安全信息共享与公共管理系统"等，食品安全监测预警系统主要包括"食品安全监测与预警系统""农产品质量安全动态信息监测系统""城市流通蔬菜污染监测系统""北京市农产品质量安全监测系统"等，市场分析与预测系统主要包括"农产品市场监测预警系统""农产品市场分析与预测网络化系统""新华时讯通价格监测分析系统"等，作物分析与预警系统包括"水稻重大病虫害数字化监测预警系统""上海禽流感监测系统"等。

信息分析系统应用较好，在数据技术支持、组织体系保障方面发挥了积极作用。近十年来，农业部坚持开展农产品监测预警工作，建立了"农业部农产品监测预警系统"，该系统收集了 18 大类产品（粮、棉、油、糖、肉、蛋、奶、蔬菜、水果等）、14 大类主题（国际国内日更新，贸易月度更新等）的基础信息数据，通过灵活的指标、算法、警限管理动态组成预警模型，实现分时间分区域动态预警。系统集成 TRS、短信采集、BBS、网站抓取、BI、ETL、视频会商等技术，为农业决策部门及相关预警分析人员提供了自动协同工作环境，并及时发布会商后形成的预警报告、展望报告、聚焦报告、调研报告。2008年，新华社依托遍布全国的 333 个地级市及海外 23 个重点城市的信息采集员队伍以及海内外信息采集网络，建立了以农副产品和农资价格为主的采集、处理、分析和发布系统——新华时讯通价格监测分析系统。该监测系统由采集体系、加工体系、产品体系、用户服务与反馈体系 4 部分架构形成，国内网络部分每日定员、定时、定点、定品种采集和汇总 5 大类 40 种农副产品价格；国际网络部分每周采集 6 大类 18 种农副产品价格，每天不间断发布分析报告，实时更新综合信息发布系统，同时对价格异动进行应急监测。

（3）政府决策参考支持

近年来，我国农业信息分析工作取得显著成效，形成了一批农产品市场监测数据与深度分析报告，为政府部门掌握生产、消费、流通、库存和贸易等产业链全过程变化及稳定市场供给提供了重要的决策支持，信息分析的实际效果得到各方充分肯定。

农业部自 2002 年开展市场分析预测工作以来，农产品监测预警工作效果显著。由农业部信息中心、农业部农村研究中心、中国农业科学院农业信息研究所组成的信息分析员队伍对大米、小麦、玉米、猪肉、棉花、油料、禽蛋、奶类、蔬菜、水果等农产品进行常规分析监测和应急跟踪监测，并将根据数据信息和分析预测结果形成的日报、周报、月报、专报、专刊等形式的系列农产品市场监测数据与深度分析报告上报国务院或农业部。2010 年以来，分品种监测由常规监测延伸到热点监测，一些已经发生或潜在发生的事件被及时监测预警并及时上报，为相关部门及时有效地进行宏观调控提供了决策参考。其中，西南干旱对蔬菜价格影响、绿豆价格暴涨、个体奶站疯狂抢奶、美国鸡蛋沙门氏菌事件、小龙虾安全事件等热点引起了国务院和农业部领导的高度重视。

（二）学科重大进展及标志性成果

经过多年的积累和发展，农业信息分析学科取得了显著进展，提出了基于农业大数据的农业监测预警工作思维方式和工作范式，研发了农业信息监测设备，研建了中国农产品监测预警系统、农情监测系统、在线会商系统等平台，构建了农业风险分析和管理研究的理论框架，突破了农业生产风险评估和农业风险识别两项核心技术，研制了基于无人机的农业生产风险监测设备和基于3S+3G的农业灾害损失勘查采集设备，开发了中国农作物生产风险评估和区划系统、农业保险信息管理系统及平台。最近几年，国内农业信息分析工作者起草了农产品全息市场信息采集规范、农产品市场信息分类与计算机编码等国家行业标准，获得了便携式农产品市场信息采集器、农产品市场监测预警系统等实用新型专利，注册了农信采、农情采、农牧采、农调采等商标，在《中国农业科学》《中国软科学》《农业经济问题》Journal of Integrative Agriculture、China Agricultural Economic Review 等国内外核心期刊发表了一大批学术论文，形成了若干标志性成果。

1. 农产品市场信息采集技术取得突破

2015年，"农产品市场信息采集关键技术及设备研发"项目获得2014—2015年度中华农业科技奖科学研究成果一等奖。项目主要围绕农产品市场信息采集，开展关键技术研究与设备研制。它是以标准化市场信息采集为准则、以实时定位匹配采集为基础、以高适应性市场信息采集设备设计为核心、以系统性市场信息处理与分析预警为关键的完整技术体系。研制出农产品市场信息采集标准，创建市场信息采集技术与农产品分类系统，提出编码解码策略与信息验证规则库，有效提高了市场信息数据的全息性、安全性与准确性；创新了农产品市场定位匹配采集技术，集成多种无线通信技术，创建网络优化选择模型，提高了农产品市场信息采集的准确性与实时性；研制出农产品市场信息采集设备，优化了设备的硬件软件结构，增强了设备的便捷性、适应性和易用性；解决了农产品市场信息处理与分析预警技术难题，研发出农产品市场信息智能分析预警系统，较大提升了农产品市场数据的处理分析能力与利用率。项目有效解决了该领域信息感知、传输、处理环节的相关科学问题，为实现农产品市场的信息采集与分析预警提供了有效手段。

2. 农业信息分析理论研究取得重要进展

针对国内外不断深入的农业信息分析实践，中国农业科学院信息所专家在多年理论探索与实践运用的基础上，开展农业信息分析学理论方法和技术体系建立，完成《农业信息分析学》。这是迄今为止农业信息分析学科的第一部专著，也是农业信息分析学的"开山之作"。《农业信息分析学》全面系统地阐述了农业信息分析的相关理论、分析方法和模型系统，体现了近二三十年来农业信息分析工作实践与理论的创新成果，成为反映最近国内外前沿研究成果的创新性著作。《农业信息分析学》是对农业信息分析领域最新科研工作取得成果的全面凝练和总结，此书的出版发行是近些年农业信息分析学科建设取得的重要标志性成果。

3. 农业风险识别与评估技术研究成就显著

农业风险识别与评估技术是农业风险研究领域里的重要内容。农业生产风险识别是科学有效管理农产品生产风险的基础，是农业生产和管理部门进行风险管理相关决策的重要依据。目前国内研究人员以水稻、小麦和玉米等粮食作物为研究对象，分析了我国不同自然灾害的危害程度与危害频率、演变趋势和空间分布，拟合了作物因灾损失率序列的概率分布，估算了不同灾害因子对作物生产的危害程度，创新了农作物自然灾害风险损失识别技术。农业生产风险评估是我国农业稳定发展急需解决的现实问题，也是农业风险评估学科亟待解决的科学问题。当前国内研究人员基于现代风险分析和评估理论，分别构建了"剔除趋势→拟合分布→度量风险"的农业常规灾害风险评估模型和"计算损失→超越阈值→拟合分布→度量风险"的农业极端灾害风险评估模型，有效地解决了农业常规灾害和极端灾害损失的概率分布难题。这一农业风险评估技术核心问题的突破，不仅实现了对农业灾害风险的有效度量，进一步完善了农业风险研究的理论和方法，而且提高了对农业灾情预测预报的准确度，为政府决策提供了技术支撑。

4. 监测预警技术支撑《中国农业展望报告》发布

召开农业展望大会、发布农业展望报告，是世界上许多国家和国际组织强化农业信息监测预警体系建设、完善信息发布机制、开展农产品市场调控的重要工具。2014 年 4 月 20—21 日，由中国农业科学院农业信息研究所主办的首届中国农业展望大会在北京召开，开启了提前发布市场信号、有效引导市场、主动应对国际变化的新篇章，结束了中国没有农业展望大会的历史。会议发布了《中国农业展望报告（2014—2023）》以及粮食、棉花、油料、糖料、肉类、禽蛋、奶类、蔬菜、水果等农产品分品种展望报告，围绕农业资源环境、农业支持政策、农业科技创新等热点专题进行了研讨。2015 年 4 月 20 日至 21 日，2015 年中国农业展望大会再次在北京成功召开。在近年来我国农业信息分析理论逐渐成熟、方法体系日趋完善的背景下，作为我国农业监测预警领域研究成果的集中展示，连续两届中国农业展望大会的成功召开，标志着我国农业信息采集能力显著增强，农业信息分析水平大幅提高，农业信息发布机制日益完善。

三、本学科国内外研究进展比较

国外农业信息分析领域研究与应用起步早，在理论方法研究、关键技术创新和设备系统研发等方面一直处于领先水平。联合国粮农组织（FAO）、经济合作与发展组织（OECD）等国际组织建立了全球粮食和农业信息及早期预警系统（GIEWS），定期发布《作物前景与粮食形势》《粮食展望》《OECD-FAO 粮食展望》《特别报告与预警》《农产品市场形势》等报告。美国农业部建立了完善的短期与中长期农业展望研究体系，定期发布《世界农产品供需预测》。另外，许多国家开展了农业风险分析研究，有效提高了规避风险的能力。

农业展望是农业信息分析学领域最具活力的一部分。早在 1990 年，OECD 就开发了 Aglink 模型并将其引入农业展望工作中，用以分析预测农业和贸易政策变化对农产品市场的潜在影响，模型覆盖欧盟 27 国和世界主要农业生产大国，如美国、中国、巴西、澳大利亚等。2004 年，FAO 开发出 Cosimo 模型，用以分析发展中国家农业政策变化对粮食安全的影响。2004 年，OECD 与 FAO 决定将 Aglink-Cosimo 模型推广应用到广大发展中国家，合作开展农业展望工作，每年召开一次世界农业展望大会，发布未来十年世界农业展望报告。2005 年，OECD 与 FAO 联合召开第一届世界农业展望大会并发布了未来十年世界农业展望报告。

美国之所以能够有效引领国内农业发展，并长期掌控世界农产品贸易话语权，主要是因为构建了坚实的农业展望技术支撑体系，包括完善的信息工作机制、强大的基础数据资源和科学的数据研究方法。一是完善的信息工作机制。美国农业部由 34 个局（办公室）组成，共 10.5 万名员工，工作人员分布在农业部、各州办事处、试验站等，年度经费预算 260 亿美元。其中，原始数据采集工作由美国农业部内部专业司局负责，数据信息均公布在美国农业部网站上，可以免费查询下载；研究分析工作由政府部门、研究单位和大学共同负责，所有研究人员不必参与基础数据收集；农业展望报告发布由多部门组成的农业展望研究局牵头负责。二是强大的数据资源。目前，美国主要的农业数据资源包括农业普查数据库、经常性调查数据库、出口销售查询系统、全球农业贸易系统、生产供应和配送数据库等。三是科学的数据研究方法。美国农业展望的数据研究工作由政府部门、研究单位和大学共同负责，实行跨部门整合研究。美国农业部开发了多国商品联接模型（Baseline 模型），运用经济学和计量经济学知识分地区、分产品对农产品生产、消费、贸易和价格进行预测，该模型包括了 43 个国家和地区的 24 种农产品。同时，美国农业部还利用 GAMS 软件开发了一个农业贸易局部均衡模拟模型，运用经济学中的完全市场竞争、生产者和消费者福利最大化等假设，对农产品生产、消费、贸易和价格等中长期预测及政策效果进行模拟分析。

澳大利亚农业展望与监测预警体系相对比较健全，相关机构主要包括农业部、统计局、联邦科学与工业研究组织、联邦气象局、各州第一产业部（农业局）等政府部门以及澳大利亚肉类和牲畜有限公司、蔬菜协会等行业协会和公司。其中，澳大利亚农业部设有 21 个局（办公室、委员会）、4500 名全职员工，主要负责农产品数据统计、澳大利亚食品统计、国内外渔业统计、生物安全统计等有关农业基础信息的收集与整理等；澳大利亚统计局在农业领域主要负责采集一般性农业统计资料（27 大类）、牲畜和畜产品信息、农作物和牧场信息、农业用地信息、农业金融统计和产品价值信息等；联邦科学与工业研究组织在农业信息采集和监测方面，通过开发和应用澳大利亚社区气候和地球系统模拟器系统，实现对澳大利亚重点生态系统的长期监测，并提供有关物种分布、潜在碳存储和交换及气候变化等方面的数据信息；联邦气象局主要开展气象、水文、海洋等方面的数据信息采集、分析利用和灾害预警与预报等工作。澳大利亚 ABARES 每年定期或不定期地发布 20 余种农业展望和监测预警信息报告，既包括常规的长期展望报告，也包括中短期展望报告，有代表性的主要是《澳大利亚作物报告》和《农业大宗商品报告》。

近几年，中国在农业信息监测预警、食物安全仿真决策、农业经营风险分析等领域都取得了重要突破，例如研制并推广了先进的农产品市场信息采集设备，创新了农业风险识别与评估技术，连续召开了两届中国农业展望大会等。总体来看，中国农业信息分析学科发展很快，正在逐渐缩小与国外的差距。

四、本学科未来发展展望与对策

（一）未来几年发展的战略需求、重点领域及优先发展方向

1. 战略需求

（1）以市场为导向"转方式、调结构"，迫切需要农业信息分析提供支撑

在经济发展新常态下，中国农业发展环境和条件都将发生相应变化，同时也要面临许多老问题和新矛盾。通过推进农业信息分析学科的发展，加强农业监测预警研究，有助于深入研究资源环境制约、产业发展瓶颈、市场需求特点、市场运行走势，充分发挥信息引导农业生产的作用；有助于运用市场的办法指导和组织农业生产，统筹利用好"两种资源、两个市场"，更好地保障国家粮食安全；有助于推进农业发展方式转变，不断优化种养结构、产品结构、区域结构，实现农业发展由数量增长为主转变为数量质量效益并重，由依靠资源和物质投入为主转变为依靠科技进步和提高劳动者素质，全面提升发展的质量和效益。

（2）以农民为主体推进现代农业建设，迫切需要农业信息分析提供支撑

发展现代农业必须坚持农民主体地位，尊重农民的意愿。这就要求我们创新农业管理方式，通过加强农业信息分析研究，统筹产前产中产后、生产流通消费等各个环节，进行农业生产经营全过程预测预警，变事后被动跟进管理为事前主动引导服务，更好地满足农业生产经营主体的信息需求，降低农业生产经营决策的盲目性，帮助千家万户对接瞬息万变的国内外大市场，缓解农产品市场价格的波动，增强农产品市场调控的主动性、前瞻性、针对性、协同性，培育面向市场稳定的供给能力。

（3）制定和实施好农业发展战略，迫切需要农业信息分析提供支撑

中国农业发展需要置于世界农业发展大环境中，置于国民经济发展大环境中来谋划和布局。制定和实施好农业发展战略至关重要，加强农业信息分析研究，通过系统数据收集、数学模型运算和专家综合会商，有助于在编制过程中加强对产业发展现实问题的研究，在实施过程中加强对产业运行状况的预测预警，使战略内容更科学合理、措施更灵活有效。

（4）提升农产品国际竞争力，迫切需要农业信息分析提供支撑

当今全球已经步入信息时代，信息资源作为战略性资源，已经成为市场竞争的焦点，谁掌握了信息谁就掌握了市场主动权。未来要在全球化背景下谋划农业发展，必须加强农业信息分析，加快农业信息资源开发利用，通过对农产品资源、环境、生产、供求、价格等信息的挖掘、整理、分析、预测和发布，发挥我国农产品生产、消费"大国效应"，增强国际市场话语权，在维护我国农业核心利益的同时，继续为世界粮食安全作出新贡献。

2. 重点领域及优先发展方向

中国的农业信息分析工作经过几十年的发展，已经建立起了比较完整的农业信息监测统计体系，在农业发展中发挥了重要作用。国家战略需求和国际发展前沿为我国农业信息分析学未来的学科发展指明了方向。今后，中国农业信息分析学科需要在以下五个重点领域实现优先发展。

（1）创新数据采集技术

加强数据即时采集、开展农产品市场监测预警，是保障我国现代农业稳定发展的有效手段，是建立现代农业市场体系的重要支撑。目前，中国农业信息采集工作存在数据标准化程度低、采集实时性差、质量难以有效控制等突出问题。根据国家信息化和市场化不断融合背景下的农业信息采集工作需求，力争用5—10年的时间，创新农业数据智能采集技术，基于农业物联网等网络化数据采集系统，着眼于大数据时代数据分析、处理的发展需要，研制出具有可自动定位、标准化采集、CAMES智能支持、操作简单便捷的农业信息采集先进专用设备，实现信息采集样本标准化、渠道快速多样化、方法规范科学化、手段智能信息化、数据准确价值化。

（2）研究先进分析模型

长期以来，由于农业生产过程发散、生产主体复杂、需求千变万化，针对农业的异质、异构、海量、分布式数据处理分析模型缺乏，今后5—10年要着力加强适用农业数据分析挖掘技术研究。围绕农产品消费、粮食产量分析等重点工作，建立智能化机理预测分析模型；围绕农产品品种、气象、环境、生产履历、产量、空间地理、遥感影像等数据资源，建立农业协同推理和智能决策模型；围绕农产品市场信息，开展多品种市场关联预测技术和农产品市场预警多维模拟技术研究。

（3）建立智能分析系统

长期以来，由于农业基础数据资源薄弱、数据结构不合理、数据粒度不够、数据标准化与规范化程度低、分析模型缺乏等原因，中国农业信息分析系统建设与国外差距较大。针对农业领域数据海量、分散、异构等现象而难以集成、不能挖掘其巨大潜在价值的现状，今后5—10年要重点开展农业数据智能学习与分析模型系统关键技术研究，利用人工智能、数据挖掘、机器学习、数学建模等技术，针对农业领域所要解决的实际问题，建立智能分析系统对农业数据进行处理，辅助农业决策，实现决策的智能化、精确化和科学化。

（4）完善农业信息发布体系

农业监测信息发布体系的建设方向应当是强化信息资源共建共享，进一步推进农业信息的透明化，建立全国统一的农业行业监测预警信息发布平台，形成固定发布主体、固定发布时间、固定发布渠道、固定发布内容的格局。今后5—10年，要加快推进"全国农业信息发布平台"建设，加快完善中国农业展望工作制度，使之成为完善农产品市场调控机制的重要组成部分；完善部省信息发布协调机制，逐步实现省级农业行业监测信息发布时间上与部衔接，数据上与部吻合；探索构建相关部门涉农监测信息发布的协调机制，为农产品市场运行提供统一、权威的信息引导。

（5）强化农业综合信息服务

农业综合信息服务的建设方向应当是满足农业生产经营主体全方位、多样化的信息需求，充分运用现代信息传播手段，形成政府与市场优势互补、良性互动的农业信息服务新机制。今后5—10年，要着力加强现代数据信息分析与服务的软硬件建设，着力探索建立面向主产区种养大户、家庭农场、农民合作社和农村经纪人的现代信息服务系统，向重点对象定时定向发送生产经营决策所急需的各种信息。探索农业信息社会化服务模式，针对农业生产经营者的重点信息需求，通过政府订购、定向委托、以奖代补、招投标等方式，探索建立农业信息服务市场化运行模式。

（二）未来几年发展的战略思路与对策措施

1. 战略思路

（1）建设具有中国特色的监测预警制度与技术体系

当今世界以信息、网络、通信技术为先导的新科技革命正深刻改变传统产业发展方式。信息日益成为新型生产要素和重要社会财富，很多国家都把农业信息监测预警制度作为现代农业管理方式的重要组成部分。开展农业信息分析预警工作，已经成为政府提升宏观调控能力的重要手段。在新的形势下，加快建设具有中国特色的监测预警制度与技术体系意义重大。未来时期，要创新农业信息采集的理论和技术体系，加强数据即时采集和智能获取研究；建立农业数据智能分析模型，推动农业信息从定性分析向智能分析转变；大力开展中国农业展望活动，创新农业信息发布手段和机制，进一步完善农业信息发布体系。

（2）开展分品种生产与市场展望技术研究

农业展望是研判未来一段时期农产品市场供需形势变化，并通过释放市场信号引导农业生产、消费和贸易活动的重要调控手段。农业展望活动主要包括农业展望大会和农业展望报告。开展农业展望活动，是用市场信号引导农产品供给和需求、发挥市场配置作用的重要途径，是实现信息公开透明的有效方式，是国际组织和发达国家管理农业、引导农业的普遍做法。大力开展粮食、棉花、油料、糖料、肉类、禽蛋、奶类、蔬菜、水果等农产品生产与市场展望技术研究，发挥其在引导市场预期、支撑政策制定等方面的重要作用，是实现我国农业管理方式创新的重要手段。

（3）加强农业风险研究

农业生产是自然再生产和经济再生产相统一的过程，决定了农业生产具有高风险的特征。农业风险分析是农业信息分析学科重要的研究方向。农业风险分析工作主要以农业发展面临的自然灾害风险、农产品市场价格波动风险、食物安全消费风险和农业金融风险等为对象，研究各类农业风险发生的机理，从而为政府和农业生产经营主体的农业风险管理提供基础支撑。农业风险分析研究可以准确进行风险评估，及早获取风险信息，提高农业灾情预测预报的效果，从而有利于政府和农业生产经营主体科学制订风险管理措施，减少农业风险给农业生产带来的损失。

（4）加快食物安全仿真决策研究

粮食安全问题始终是治国安邦的头等大事，稳步发展粮食生产、保障主要农产品有效供给是我国各项工作的重中之重。作为农业信息分析工作的重点内容，食物安全仿真决策研究是保障粮食安全的重要措施。通过集成全国粮食供给与需求、气候与灾害、国际贸易、宏观政策等历史数据，建立粮食安全数据库。针对自然灾害、宏观政策等外部冲击对粮食安全影响的机理，基于粮食安全数据库，建立粮食安全管理决策分析工具与系统平台，模拟不同外部冲击和政策情景下的粮食安全状况，从而增强政府决策的针对性、及时性和有效性，为制定国家粮食安全发展战略提供强大的技术支撑。

（5）开展国际合作与交流

联合国粮农组织、经济合作与发展组织等国际机构和美国、澳大利亚等国较早地开展了农业信息分析工作。中国在农业信息分析理论研究、关键技术创新、农业信息分析预警模型构建、农产品监测预警系统平台建设以及农业展望信息发布等方面不断取得新进展，近年来，中国加快开展了同国际机构的交流与合作，有效地增强了农业信息分析的能力。例如在农业部的支持下，中国农业科学院农业信息研究所与FAO合作开展了"加强中国农产品市场监测与农业展望能力"项目，取得了良好的效果；2013年6月，世界农业展望大会在北京召开，进一步加强了我国同国外的合作。今后，我国需要通过"走出去学习、请进来交流"的方式，拓展合作领域，继续加强国际合作与交流，从而为农业信息分析学科重大理论问题的突破和关键技术体系的创新提供有力支撑。

2. 对策措施

（1）注重人才培养，提供智力保证

人才培养在学科建设中具有至关重要的作用。目前，人才不足已成为制约国内农业信息分析学发展的主要瓶颈之一。作为一门新兴学科，农业信息分析学科发展较晚。2012年，中国农业科学院研究生院建立了国内第一个农业信息分析学博士学位授予点和硕士学位授予点，并第一次招收农业信息分析学博士研究生和硕士研究生。此外，农业信息分析学是一门交叉学科，优秀的农业信息分析学科人才必须同时掌握农业专业知识和信息分析技术，并能将两者融会贯通、加以综合运用。今后，农业高等院校和科研院所必须按照学科发展的要求，加快培养高素质的农业信息分析人才，为农业信息分析学科的发展提供智力保证。

（2）做好项目课题规划，增加项目课题投入

科研项目在促进农业信息分析学科建设方面发挥着关键作用。与其他学科相比，在国家"973"计划、"863"计划、国家科技支撑计划以及国家自然科学基金委员会重大计划中，农业信息分析学科方面的项目数量和投入比例还不高，对学科的系统性建设还不够。

未来有关部门应该从系统性学科建设的高度，设立农业信息分析学科项目课题，并增加项目课题的数量和经费投入，从而更好地推动农业信息分析学科的发展。

（3）加快实验室和试验站建设，优化硬件环境

目前，国内在农业信息分析学科领域先后建立了"农业部智能化农业预警技术重点开放实验室""农业部农业信息服务技术重点实验室""中国农业科学院智能化农业信息预警技术与系统重点开放实验室"等。事实证明，实验室和试验站为农业信息分析学科的发展提供了坚实保障，也成为国内外科研人员交流与合作的重要平台。因此，建议在未来的政府规划中，加强农业信息分析领域中重点实验室、工程技术中心以及野外科学试验站的建设，从而为农业信息分析学科发展提供良好的硬件环境。

参考文献

［1］中国农业科学院农业信息研究所. 农业信息科研进展（2013）［M］. 北京：中国农业科学技术出版社，2014.

［2］许世卫. 农业信息分析学［M］. 北京：高等教育出版社，2013.

［3］许世卫. 农产品数量安全智能分析与预警的关键技术及平台研究［M］. 北京：中国农业出版社，2013.

［4］裴新涌. 国外农业信息服务体系建设的启示［J］. 农业图书情报学刊，2015，27(1)：154–158.

［5］孙九林. 农业信息工程的理论、方法和应用［J］. 中国工程科学，2000，2(3)：87–91.

［6］张兴旺. 我国农业信息分析工作的意义、问题与方向［J］. 农业图书情报学刊，2008，20(12)：8–10.

［7］许世卫，张永恩，李志强，等. 农产品全息市场信息规范及分类编码研制［J］. 中国食物与营养，2011，17(12)：5–8.

［8］顾泽鑫，李明辉，苏文苹，等. 农业信息获取技术及应用分析［J］. 经济师，2015 (2)：82–83.

［9］经合组织－粮农组织. 2013—2022 年农业展望［M］. 北京：中国农业科学技术出版社，2013.

［10］赵英杰. 国外农业信息化发展模式及对中国的启示［J］. 世界农业，2007(4)：10–12.

［11］李道亮. 物联网与智慧农业［J］. 农业工程，2012(1)：1–7.

［12］郑素芳，郑业鲁，林伟君，等. 我国农产品市场监测预警研究综述［J］. 广东农业科学，2012 (23)：228–231.

［13］岳峻，傅泽田，高文. 农业信息智能获取技术［M］. 北京：科学出版社，2011.

［14］甘国辉，徐勇. 农业信息协同服务：理论方法与系统［M］. 北京：商务印书馆，2012.

［15］阮怀军，王凤云，李振波. 农村农业信息化系统建设关键技术研究与示范［M］. 北京：中国农业科学技术出版社，2014.

［16］中国科学技术协会. 农业科学学科发展报告：基础农学（2006—2007）［M］. 北京：中国科学技术出版社，2007.

［17］中国科学技术协会. 农业科学学科发展报告：基础农学（2008—2009）［M］. 北京：中国科学技术出版社，2009.

［18］中国科学技术协会. 农业科学学科发展报告：基础农学（2010—2011）［M］. 北京：中国科学技术出版社，2011.

［19］中国科学技术协会. 2012—2013 基础农学学科发展报告［M］. 北京：中国科学技术出版社，2014.

［20］Bishop-Hurley G，Swain D，Anderson D M，et al. Virtual fencing applications: implementing and testing an automated cattle control system［J］. Computers and Electronics in Agriculture，2007，56 (1):14–22.

［21］ Claassen R, Just R E. Heterogeneity and distributional form of farm-level yields ［J］. AmericanJournal of Agricultural Economics，2011，93 (1):144-160.

［22］ Gagic Nemanja.Unused Potentials of Electronic Business for the Increase of Sales of Agricultual Mechanization ［J］. Actual Tasks on Agricultural Engineering，2013(41):13-23.

撰稿人：许世卫　周向阳　孔繁涛

ABSTRACTS IN ENGLISH

Comprehensive Report

Research on the Development of Basic Agronomy

The basic agronomy science is the original impetus for the development and innovation of agricultural science and technology and the scientific basis for food security, effective supply of agricultural products and sustainable development of agriculture. From 2006 to 2015, with the support of Chinese Association of Science and under the conduct of the Chinese Association of Agricultural Science Societies, basic agricultural science has made significant improvement from the disciplinary perspective and at the same time has showed some new characters and trends. In the future, basic agricultural science will definitely lay a solid foundation for agricultural science and technology and the development of modern agriculture.

Written by Xu Shiwei, Zou Ruicang, Zhou Xiangyang

Reports on Special Topics

Research on the Development of Animal Biotechnology

Animal biotechnology is an important subject and its main aim is to utilize and modify animal individuals with excellent performance by molecular biology, cell biology, and quantitative genetic technologies to obtain novel and effective biological products or improve animal productive performance and quality of animal products.

There are four major research fields in animal biotechnology: I . Investigating genetic basis of important traits in excellent indigenous animal species and elucidating causative mutations underlying the traits. II. Illuminating molecular mechanisms causing critical diseases, developing diagnostic approaches or kits, and providing theoretical evidences to predict and treat diseases. III. Developing genetic modification technologies to produce food additives, drugs and transplantable organs used for human medical science. IV. Establishing accurate, ultra-early, high throughput breeding technologies, elevating animal genetic resource protection theories and technologies, in order to rapidly and effectively utilize excellent animal individuals.

Animal biotechnology is a prosperous field with high potential and wide application in modern animal breeding and production, biopharmacy, and human medical science. In this chapter, we reviewed the development and current progress of animal biotechnology, and summarized the significant achievements. We compared this field domestic and overseas and proposed the most important research areas.

Written by Lian Zhengxing, Lian Ling, Han Hongbing, Zhang Hao, Li Yan, Wu Hongping,

Yuan Yitong, Li Wenting, Wang Zhixian, Wei Shao

Research on the Development of Plant Biotechnology

Plants are primary producers of natural ecosystem. Ancient farmers in many different parts of the world over a few thousand years gradually and independently converted hundreds wild species into cultivated crops, that is the wild forms of these plants mutated, crossed and were selected to result into new, domesticated species that were easier to get more harvest. This process continues today. As a consequence domesticated crops (grains, fibres, oils, fruits, vegetables, feeds, woods, etc.) are primary sources of raw materials for human life. Along with the development of agricultural productions, scientific experiments and the basic subjects and disciplines, plant biotechnology composed of plant cell engineering, plant chromosome engineering, plant molecular biology technology (genetic engineering, genome editing and molecular marker techniques) and conventional plant breeding have evolved from researches in laboratories and tests in fields into the industrialized productions since the beginning of the twentieth century.

Subject of plant biotechnology is developed on the basis of emerging theories, methods, technologies from botany, genetics, cytology, molecular biology and other basic subjects, especially our understanding of gene expression in plants and techniques for the identification, isolation of genes underlying interesting traits and the efficient gene transfer methods and the ability to edit genome and modify traits in plants. Its main target is the application of modern biotechnology to provide better crops varieties such as ones with increased resistance to pests and diseases, tolerance to drought and flood through plant breeding and the production of new plant-based products.

Plant bio-techniques offer effective approaches to increase production of food, feed, medicines, cellulosic biomass and carbohydrates for ethanol production and enhance food security in order to support the world's growing population in an environmentally sustainable manner especially our considering temperature extremes, floods, and droughts in climate variation which all exacerbate the vulnerability of field crops to pests and diseases. Plant scientists now use molecular and genetic techniques to selectively identify phenotypes and genotypes in the narrow germplasms of economically important crops, in model plants even in all living organisms that are associated with traits of interest. Gene expression techniques have been combined with forward and reverse genetic methods to isolate and introgress desirable genes into breeding populations that are used to develop elite crops. The GM crops still in their early states of adoption have been primarily used to impart herbicide tolerance (HT) and pest resistance (PR) in crops used for processed foods, cloth production and animal feed, in the near future, transgenic crops will be commercialized with agronomic traits (e.g. increased yield and environmental stress tolerance). Though not a silver bullet, transgenic biotechnologies represent the most important tools to increase agricultural productivity on existing arable land; address issues of loss related to pests, disease, and drought; increase access to food through income gains; raise nutrition levels; and promote sustainable agriculture that increase efficiency of agricultural production and decrease intensive agriculture's environmental impacts. However, realizing their full potential will require addressing non-technical challenges related to business models, regulations and public opinion.

In recent years, in response to the impact of global economical adjustment and international trade on China's agricultural modernization, Chinese government increased investments in plant biotechnology, mainly through the National Major Science and Technology Projects, the National Basic Research Program of China and the National High-tech R&D Program, therefore plant biotechnology in China has made remarkable achievements in terms of the basic theory, technology, safety management, industrialized development and so on.

Written by Xiao Guoying, Deng Xiangyang, Liu Citao, Weng Lvshui, Deng Lihua, Li Jinjiang

Research on the Development of Microbial Biotechnology

The UN Convention of Biological Diversity has been given a definition of biotechnology, it believe that Biotechnology means any technological application that uses biological systems, living organisms, or derivatives thereof, to make or modify products or processes for specific use. According to this definition, agricultural crops planting are likely to be seen as the earliest biotechnology. By the early biotechnology, farmers choose cultivating suitable crops, livestock breeds to increase production and producing enough food to support the growth of population. Also, people also found that some particular species or by-products can effectively improve soil fertility, fixed nitrogen, control pest, reduce the disease occurs, and these species or by-products were select and extensive applied for their specific functions. The application of biotechnology promoted the development of material civilization and social civilization. Recently, biotechnology has been expanding to multidisciplinary including biology, medicine, engineering, mathematics, computer science, and electronics. In terms of agricultural microbial biotechnology, it involves microorganisms or its derivatives thereof application in food, feed, veterinary drugs, fertilizers, pesticides, and other agricultural fields. Thus it can be seen that agricultural microbial biotechnology is application beneficial microorganisms in agricultural, it also contains the biological technique to improve the agricultural microorganisms.

Written by Zhang Jie, Shu Changlong, Wang Zeyu, Jiang Jian

Research on the Development of Agricultural Information Technology

Agricultural information technology refers to use of information technology to collect, store, process and analyze the information of agricultural production, management and strategic decision-making process of natural, economic and social, providing technical consulting, decision support, and automatic control and many other services for agricultural researchers, manufacturers, operators and management.

Compared with the developed countries, China's agricultural information technology started relatively late, mainly experienced three phases include stepping, evolution and mature stage. In recent years, with the development of Internet of Things, cloud computing, big data and other disciplines theory and technology aging, agricultural information technology is showing intelligent and integrated development, which is shown in the following technology field, Internet of Things and equipment used in agriculture, fine work and intelligence equipment, agriculture sensor, intelligent robotics of agriculture, agricultural data management and information services, rural distance education of agriculture. In Agriculture Production Management, especially in the following aspects, such as the mode of crop cultivation and production management, pests monitoring and prevention of agricultural, information perception in the process of agricultural production, intelligent control of integrative water and fertilizer, intelligent control of facility agriculture, intelligent control of agricultural machine and equipment obtains a good application result, and has produced a number of high-level outcomes which have large social influence.

Nowadays, there are many problems in China's agricultural development, which is shown in serious shortage of primary agricultural resources, agricultural growth in the rigid demand; agricultural production, fertilizers, pesticides, plastic sheeting and other agricultural products severely over-investment, the deterioration of ecological environment in agriculture; agriculture "small producers" and "big market" is very conspicuous contradictions; agricultural product quality safety accidents Occurring Frequently; the lack of effective information acquisition means. The strategic thinking of agricultural information technology in recent years is around these problems, made innovative agricultural information technology as a starting point, foster agricultural information market, develop agricultural information industry, then leveraging the modernization development of agriculture, achieve national agricultural modernization and drive four modernizations simultaneous development to service national strategic demand. The future priority areas of agriculture networking technology are including "Internet + agriculture", agricultural big data, agricultural e-commerce and agriculture "cloud services" technology.

Written by Liu Shihong, Zheng Huoguo, Jiang Lihua, Guo Leifeng, Chen Tao

Research on the Development of Agricultural Information Management

Agricultural information is the important resource which uses in the agricultural scientific research and education, agricultural production and operation, agricultural management decisions, and rural economic and social development. With efficient agricultural information dissemination and using of increasingly obvious importance to promote the development of modern agriculture, agricultural information management is to achieve the main goal. Science and agricultural information management will help to understand the new achievements of agricultural science and technology both at home and abroad and the new trend in a timely manner, and to grasp the new trends of domestic and foreign markets for agricultural products, to improve the efficiency of agricultural scientific research innovation and technology level of agricultural production, to accelerate the development of agricultural science and technology talents, to promote the transformation of scientific and technological achievements in agriculture, to optimizing the allocation of agricultural resources, etc. With the continuous development of information management theory, method, technology, and its application in the field of agriculture, the agricultural information management discipline has been born. Agricultural information management is to achieve a certain goal of agricultural information collection, processing, storage, transmission and utilization of each factor on agricultural information activities (information, people, technology, infrastructure, institutions, etc.) to carry on the reasonable plan, organization, command, control and coordination, so as to realize the rational allocation of agricultural information and the relevant resources, the development and utilization, so as to effectively meet the demand of organization itself and social agricultural information process.

From the point of discipline development, agricultural information management is an important branch of information management discipline, is the concrete application in the field of agriculture of information management discipline results, which compared with some developed countries. Though the agricultural information management research in China started late, but in recent years, relying on computer network and information technology such as information system support, the research and practice of our country's agricultural information management greatly improved its level of development, and obtained a series of important achievements, such as digital intelligent processing large-scale agricultural science and technology literature resource, multi-level agricultural knowledge organization system, agriculture knowledge service system, etc. At present, the coming of the era of big data, the development of agricultural information management discipline has brought new opportunities and challenges, agricultural information management methods and technology put forward higher request. Agricultural information management research and practice, therefore, the future need based on global strategic needs of agricultural development. We should develop the agriculture information resource construction, agricultural information service (knowledge) and new technology development and application of priority, and breakthrough in the open, acquisition, organization and application of agricultural information resource in the fragmentation of agricultural information resource in the process, organizations and associations, agricultural information, knowledge-based service individuation, cloud computing, cloud services, big data applications in the fields of agricultural scientific research, etc, in order to realize the open agricultural information resources integration, depth of agricultural information resource in the aggregation and association, and discovery and knowledge mining services of agriculture knowledge.

Written by Meng Xianxue, Zhao Ruixue, Lei Jie, Xian Guojian,

Zhu Liang, Kou Yuantao, Wang Dechuan

Research on the Development of Agricultural Information Analysis

Agricultural information analysis is the science of applying information analysis technology to the agricultural fields from manufacturing, circulation, consumption to operating and management, and of scientific generalization of practices in these fields. Our definition of agricultural information analysis is a new interdisciplinary science focusing on agricultural information flow and based on the sciences of agriculture, information, economics and management. It aims to discover rules of information in the agricultural product chain through analyzing information flow during the process from agricultural manufacturing, circulation and consumption by information technology.

This thesis, first of all, analyzes the background from which agricultural analysis arose, namely the strategic need for agricultural development – the fundamental impetus, scientific research and practices about agriculture and information – the internal impetus; and the fast development of information technology – the effective tool. At the same time, it reviews the history of agricultural analysis which can be divided into three stages, the infancy stage (from the 1950s to the 1980s), the fast developing stage (from the 1980s to the 2010s) and the improvement stage (from the 2010s to now).

Secondly, this thesis introduces the current status and renewals of agricultural information analysis from the aspects of information collecting, analysis and services. As for information collecting, the thesis covers the development of information collecting equipment, the application of advanced information technology and the construction of agricultural information database. As for information analysis, the thesis focuses on agricultural information monitoring and warning, risk analysis and food safety decision-making simulation. As for information services, the thesis centers on research of public service techniques on food safety, the research and building of agriculture-related information application system and references and support for government policies. Meanwhile, the thesis introduces the significant progress and signal achievement of agricultural information analysis, including breakthroughs of information collecting techniques on the agricultural product markets, significant progress in agricultural information analysis theory, preeminent achievement of agricultural risks identification and analysis, the perspective report concerning the support of monitoring and preview warning technologies on Chinese agriculture. Besides, the thesis compares the development of the science with similar disciplines in other countries.

Finally, the thesis analyzes the strategic need to develop agricultural information analysis and points out its key fields as well as its development direction of priority, which are innovation of data collecting technology, research on advanced analysis model, construction of smart analysis system and the improvement of agricultural information issuing system and the strengthen of agricultural information comprehensive services. At the same time, the thesis provides several strategic development possibilities for the discipline in the years to come: building a monitoring and warning system and technological mechanism with Chinese characteristics, rolling out research on techniques of manufacturing according to different products and methods for market prospects analysis, strengthening research on agricultural risks, facilitating research on food security decision-making simulation and promoting international cooperation and exchanges. The thesis also proposes three measures: emphasizing personnel training, finely planning the project subjects and accelerating the construction of experiment laboratories and stations.

Written by Xu Shiwei, Zhou Xiangyang, Kong Fantao

索 引